D1718730

COMMANDE
et
OPTIMISATION
des
PROCESSUS

1 MÉTHODES ET TECHNIQUES DE L'INGÉNIEUR
Collection dirigée par Pierre BORNE
Professeur, Directeur Scientifique de l'IDN (Institut Industriel du Nord, Lille)

AUTOMATIQUE

COMMANDE
et
OPTIMISATION
des
PROCESSUS

Pierre BORNE
Geneviève DAUPHIN-TANGUY
Jean-Pierre RICHARD
Frédéric ROTELLA
Irène ZAMBETTAKIS

Professeurs à l'IDN, Lille

1990

ÉDITIONS TECHNIP   27 RUE GINOUX 75737 PARIS CEDEX 15

ISBN 2-7108-0599-5

Présentation de la collection

La collection "Méthodes et Techniques de l'Ingénieur" se propose de réunir un ensemble d'ouvrages et de monographies s'adressant tout particulièrement aux ingénieurs, mais aussi aux étudiants, chercheurs, enseignants et techniciens supérieurs désireux de découvrir ou d'approfondir un domaine particulier parmi l'ensemble des sciences de l'ingénieur.

Dans ce sens, il a fallu concilier trois objectifs :

— rendre accessibles au lecteur non spécialiste les bases des méthodes les plus couramment employées dans les différentes disciplines ;

— proposer un bilan des développements récents des méthodes et techniques pour chaque spécialité ;

— mettre l'accent sur l'application des résultats fondamentaux, en rapport avec les progrès des différentes technologies mises en œuvre.

D'un point de vue pratique, cette collection est divisée en domaines thématiques, regroupés sous les rubriques Automatique, Electrotechnique, Electronique, Mécanique...

Les premiers volumes parus ou à paraître concernent plus particulièrement l'Automatique.

Trois ouvrages de base :

— *Analyse et régulation des processus,*

— *Modélisation et identification des processus ;*

— *Commande et optimisation des processus ;*

exposent les fondements de l'étude et de la commande des processus à état continu.

Deux volumes explicitant la mise en œuvre des Grafcets et réseaux de Petri sont consacrés aux méthodes de conception et d'analyse des processus à événements discrets.

Six volumes sont en cours de préparation, correspondant aux domaines spécifiques suivants : systèmes à paramètres distribués, bond-graphs, robotique, systèmes non linéaires, mathématiques pour l'automatique, stabilité. D'autres volumes sont à l'étude.

Pour répondre aux objectifs, que nous avons soulignés, de généralité, d'approfondissement et d'application pratique, les grandes lignes du contenu des trois premiers volumes ont été définies dans le cadre d'une large coopération entre enseignants, chercheurs et utilisateurs, et en particulier au sein d'un programme d'échanges ERASMUS. Ainsi, de nombreux intervenants de diverses

4

écoles et universités, tant françaises qu'étrangères, sont dès à présent associés à la réalisation de cette collection.

Les établissements concernés sont : *Institut Industriel du Nord (IDN)*, *Université des Sciences et Techniques de Lille-Flandres-Artois (USTLFA)*, *Conservatoire National des Arts et Métiers (CNAM)*, *Ecole Nationale Supérieure des Techniques et Industries des Mines de Douai (ENSTIMD)* pour la France, *University of Manchester Institute of Sciences and Technology (UMIST)* pour la Grande-Bretagne, *Technische Universitat München (TUM)* pour l'Allemagne, *Escuela Tecnica Superior de Ingenieros Industriales de la Universidad de Zaragoza (ETSIZ)* pour l'Espagne, *National Technical University of Athens (NTUA)* pour la Grèce et *Université Libre de Bruxelles (ULB)* pour la Belgique.

Pour l'accueil compréhensif qu'elles ont bien voulu réserver à cette collection, il nous est particulièrement agréable de remercier les Editions TECHNIP, et tout spécialement J. MONICAT, Directeur du Service Technique, pour ses conseils éclairés relatifs à la réalisation pratique des divers volumes et l'amabilité attentive dont il a toujours fait preuve.

Enfin, la réalisation matérielle de cette collection n'aurait pas été possible sans le support logistique de l'IDN que nous tenons également à remercier vivement.

Au nom des divers auteurs,
Le directeur de la collection :

P. BORNE

Table des matières

Avant-propos

La commande des processus constitue un objectif fondamental dans le domaine des sciences de l'ingénieur.

Avant de commencer toute étude, il est nécessaire de préciser certaines notions. Tout d'abord qu'est ce qu'un processus? La définition la plus simple consiste à dire que c'est un "système" physique qui évolue au cours du temps, sous l'effet de diverses influences internes et externes parmi lesquelles figure le temps lui-même.

En général sur un processus on peut distinguer des entrées, des sorties et des perturbations (fig.1).

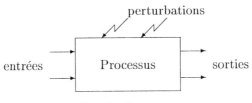

FIG. 1 : Processus

Dans ce sens, on peut dire qu'un processus est traversé par des flux de matière, d'énergie et d'information. Les sorties sont des variables mesurables, ou du moins perceptibles, caractéristiques de l'évolution du processus. Les entrées sont des variables d'origine externe susceptibles d'influencer l'évolution de ce processus. Lorsque l'on peut agir de façon volontaire sur les variables d'entrée, on leur donne en général le nom de variables de commande. Indépendamment des entrées et des sorties, il est possible de constater l'existence d'autres variables caractéristiques du processus dont l'évolution est susceptible d'influencer les sorties.

Commander un processus c'est déterminer les commandes à appliquer à ce processus afin de lui assurer un comportement donné.

Afin de définir des règles de détermination des commandes en vue d'un objectif fixé, il convient de définir un modèle de ce processus, c'est-à-dire un ensemble de relations, en général de nature mathématique, qui permettent une estimation satisfaisante de l'évolution prévisible des variables intéressant l'utilisateur pour des entrées données. Il est évident qu'un modèle est une abstraction dont l'objet est de proposer une description simple de la réalité, le processus existant indépendamment de tout modèle.

La détermination d'un modèle permettant un raisonnement afin de déterminer la commande d'un processus constitue un préalable à toute étude, et correspond à une phase de modélisation et d'identification. Celle-ci s'effectue à partir de la connaissance *a priori* du système étudié, à partir de l'expression des lois physiques et à partir d'un certain nombre d'expérimentations et de mesures. Le lecteur intéressé par ces problèmes pourra se référer au volume **"Modélisation et identification des processus"** publié dans la même collection. Dans toute la suite de cet ouvrage nous considérerons que nous partons d'un modèle représentatif du processus, que nous pourrons éventuellement manipuler et modifier. Nous l'appelerons pour simplifier et par abus de langage "processus", tout en restant conscient que le modèle considéré ne constitue en fait qu'une approximation de la réalité.

Toute étude réalisée à partir de ce modèle devra donc posséder certaines propriétés, dites de robustesse, c'est-à-dire rester valable pour des modèles "légèrement" différents du modèle initial, afin d'avoir une certaine tolérance vis-à-vis des erreurs et simplifications inévitables intervenant au niveau de la modélisation et de l'identification.

Un processus, au sens où nous venons de le définir, sera caractérisé par un vecteur état, c'est-à-dire par un ensemble de variables, en nombre minimum, dont la connaissance à un instant donné, associée à celle du modèle et à celle de l'évolution future des entrées peut, dans l'hypothèse déterministe, permettre de prévoir l'évolution future. Ces variables dites d'état ne sont pas nécessairement mesurables mais peuvent parfois être estimées à partir de la connaissance du modèle et de l'observation des entrées et sorties mesurables. L'existence de perturbations et de bruits variés peut également dans de nombreux cas invalider l'hypothèse déterministe elle-même, rendant plus complexe la résolution du problème.

Il n'est pas d'usage dans un ouvrage scientifique de commencer par les conclusions, les énoncer *a priori* pourra cependant donner un fil conducteur au lecteur :

— les modèles utilisés en pratique seront déterministes, l'aspect aléatoire étant modélisé sous forme de bruits intervenant sur le modèle ou sur les variables mesurées;

— la détermination de la commande d'un système bruité s'effectue le plus souvent à partir d'un modèle non bruité, l'effet du bruit étant envisagé *a posteriori*;

— lorsque la mise en œuvre de la commande, en vue d'un objectif donné, nécessite la connaissance de variables internes au système, non directement mesurables, l'étude sera effectuée en supposant ces variables connues, leur estimation pouvant être effectuée séparément grâce au principe de séparation;

— l'effet d'une commande donnée sur un processus doit, dans la mesure du possible, être validé par l'observation des sorties dont l'évolution est susceptible d'influencer le choix des commandes, ce qui conduit à la notion de commande en boucle fermée;

— l'objectif d'une commande doit être choisi de façon compatible avec les tendances, contraintes et dynamiques naturelles du système sous peine de grande consommation d'énergie et éventuellement de danger matériel ou humain;

— toute mise en oeuvre de commandes en vue d'objectifs donnés doit être robuste, la réalisation de ces derniers devant être peu affectée par d'éventuelles erreurs inhérentes à l'imperfection du modèle.

CHAPITRE 1

Introduction

1.1 Processus continus

1.1.1 Définition

Un processus est dit **continu** si les grandeurs qui le caractérisent sont de nature continue, c'est-à-dire si leur évolution au cours du temps est caractérisée par des signaux continus au sens mathématique du terme.

Dans ce cas, l'information définie par ces grandeurs est disponible à chaque instant, contrairement aux systèmes discrets, et peut prendre toutes les valeurs possibles dans un intervalle donné. Un système continu peut, dans la plupart des cas, être modélisé valablement par un ensemble d'équations différentielles et éventuellement algébriques de la forme :

$$\begin{aligned} \dot{x} &= f(x, u, t, p), \\ y &= h(x, u, t, p), \end{aligned} \tag{1.1}$$

où $\dot{x} = \frac{\mathrm{d}x}{\mathrm{d}t}$, $t \in \Re$ désigne le temps, $x \in \Re^n$ le vecteur **état**, $u \in \Re^l$ le vecteur de **commande**, $y \in \Re^m$ le vecteur de **sortie**, et $p \in \Re^p$ le vecteur des **perturbations**. Les fonctions $f(.)$ et $h(.)$ sont, respectivement, les fonctions d'**évolution** et de sortie, de $\Re^n \times \Re^l \times \Re \times \Re^p$ dans, respectivement, $\Re^n$ et $\Re^m$.

Les signaux ou variables intervenant dans la description du processus sont des fonctions du temps, ils sont **déterministes** si leurs valeurs sont parfaitement définies à chaque instant. Lorsque seule la probabilité d'avoir une amplitude donnée est définie à chaque instant, le signal est dit **aléatoire** (c'est le cas des signaux bruités par exemple).

Un processus décrit par un modèle de la forme (1.1) est dit **monovariable** si $m = l = 1$ (une seule entrée et une seule sortie). Dans le cas contraire le processus est dit **multivariable**.

1.1.2 Processus continu linéaire

Parmi les diverses représentations possibles d'un processus, une description très utilisée correspond au choix d'un modèle linéaire, obtenu soit directement soit par linéarisation d'un modèle non linéaire, dans ce cas le modèle n'est valable qu'au voisinage d'un point de fonctionnement donné.

Un système est dit **linéaire** si le **principe de superposition** est valable. C'est-à-dire que si, $\forall i \in \{1, \ldots, k\}$, l'entrée $u_i(t)$ provoque la sortie $y_i(t)$, alors toute entrée combinaison linéaire des $u_i(t)$:

$$u(t) = \sum_{i=1}^{k} \alpha_i u_i(t), \ \alpha_i \in \Re, \ \forall i \in \{1, \ldots, k\}, \tag{1.2}$$

provoquera la sortie :

$$y(t) = \sum_{i=1}^{k} \alpha_i y_i(t). \tag{1.3}$$

Un processus continu linéaire peut être décrit, en l'absence de bruits, par une relation de la forme :

$$\begin{aligned}
\dot{x} &= A(t)x + B(t)u, \\
y &= C(t)x + D(t)u,
\end{aligned} \tag{1.4}$$

où $\forall t$, $A(t) \in \Re^{n \times n}$, $B(t) \in \Re^{n \times l}$, $C(t) \in \Re^{m \times m}$, et $D(t) \in \Re^{m \times l}$. L'existence d'une matrice $D(t)$ non nulle correspond à une transmission directe d'information de l'entrée vers la sortie et pour beaucoup de modèles de processus il vient $D(t) \equiv 0$.

Si le temps n'apparait pas de façon explicite dans la définition du modèle le processus est dit **stationnaire**. Un processus continu, linéaire, stationnaire est décrit par des équations différentielles à coefficients constants, dans (1.4) les matrices A, B, C, D sont alors constantes. En général, dans la littérature, le mot "linéaire" est utilisé pour dire "linéaire stationnaire", le système étant dit "linéaire non stationnaire" dans le cas contraire.

Une représentation communément utilisée pour les processus linéaires stationnaires correspond à la notion de matrice de transfert, utilisant l'opérateur de Laplace s (cette approche est développée dans le volume "Modélisation et Identification des Processus" de la même collection).

Il vient :

$$Y(s) = M(s)U(s), \tag{1.5}$$

avec :

$$M(s) = C(sI - A)^{-1}B + D. \tag{1.6}$$

1.2   Processus discrets

1.2.1   Définition

Un processus est dit **discret** lorsque l'évolution et/ou l'observation des variables caractéristiques du système ne peut se faire qu'à des instants particuliers du temps, c'est le cas par exemple des systèmes échantillonnés et des systèmes logiques séquentiels.

Un processus discret peut généralement être décrit sous la forme de relations récurrentes de la forme :

$$x_{k+1} = f(x_k, u_k, t_k, p_k),$$
$$y_k = h(x_k, u_k, t_k, p_k), \tag{1.7}$$

où v_k désigne la valeur de la variable $v(t)$ à l'instant t_k, $k \in \mathcal{N}$; x_k, u_k, y_k, et p_k ont la même signification et les mêmes dimensions que dans le cas des processus continus.

1.2.2   Processus discret linéaire

Un processus discret est linéaire si le principe de superposition est valable. En l'absence de bruits, il vient une description de la forme :

$$x_{k+1} = A_k x_k + B_k u_k,$$
$$y_k = C_k x_k + D_k u_k, \tag{1.8}$$

avec $A_k \in \Re^{n \times n}$, $B_k \in \Re^{n \times l}$, $C_k \in \Re^{m \times n}$, et $D_k \in \Re^{m \times l}$, mais le plus souvent $D_k \equiv 0$.

Lorsque le système est stationnaire les matrices A, B, C, D sont constantes et indépendantes de l'indice k.

Lorsque la forme discrète du modèle est due au fait que les variables du système (continues au départ) sont observées à des instants discrets du temps, comme dans le cas de processus contrôlés par ordinateur, le processus est dit **échantillonné**. Si de plus, les prises de mesures et les affichages des commandes se font à intervalles de temps constants, l'échantillonnage est dit **à période constante**.

Une représentation par matrice de transfert est également valable pour les systèmes discrets linéaires stationnaires.

En notant z l'opérateur d'avance temporelle (pour les systèmes échantillonnés, $z = e^{Ts}$), on peut écrire :

$$Y(z) = M(z)U(z), \tag{1.9}$$

avec :

$$M(z) = C(zI - A)^{-1}B + D. \tag{1.10}$$

1.3   Commande d'un processus

L'objectif de la commande d'un processus est d'imposer à celui-ci un comportement souhaité conduisant en fait à un asservissement de ce processus. Le schéma utilisé est en général celui décrit figure 1.1, le système de commande

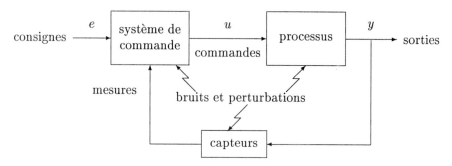

FIG. 1.1 : Asservissement d'un processus.

élaborant à partir des informations disponibles (modèles, consignes, mesures des sorties, informations sur les bruits) la commande du processus, une telle structure de commande est dite **bouclée**. Le bouclage peut être réalisé en permanence ou seulement à des instants discrets du temps comme pour les systèmes échantillonnés.

La structure bouclée, pour laquelle les sorties réagissent sur les entrées permet, si elle est convenablement réalisée, de limiter les imperfections et erreurs dues aux simplifications effectuées lors de la réalisation du modèle du processus, comme par exemple le choix d'un modèle linéaire pour décrire un processus non linéaire, ou l'existence d'imprécisions dans la détermination des paramètres du modèle.

Dans beaucoup de problèmes de commande de processus non linéaires à consignes constantes ou lentement variables, il est possible de se ramener à l'étude d'un système linéaire défini et valable pour de petites variations autour de la

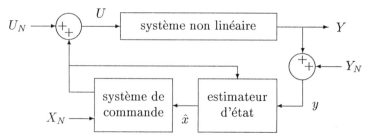

FIG. 1.2 : Commande d'un système non linéarisé.

trajectoire nominale du système initial. On aboutit au schéma de régulation de la figure 1.2, où X, Y, U désignent respectivement l'état, la sortie et la commande du système non linéaire, X_N, Y_N, U_N les mêmes grandeurs pour un comportement nominal, et $x = X - X_N$, $y = Y - Y_N$, $u = U - U_N$, les écarts par rapport aux valeurs nominales, le modèle relatif aux variables d'écart étant choisi linéaire.

1.4 Présentation du volume

Cet ouvrage pourrait être décomposé en deux parties.

• Dans la première partie qui s'intéresse à la détermination de modes de commande, le modèle du processus est supposé défini et la totalité des variables d'état accessibles.

Les modes de commande étudiés sont essentiellement basés sur la notion d'état. Les approches de nature fréquentielle et les méthodes simplifiées de synthèse d'un asservissement sont présentées de façon détaillée dans le volume **"Analyse et régulation des processus"** de la même collection.

Les méthodes proposées ici sont les suivantes :

— le placement de pôles, qui a pour objectif d'imposer par le moyen de retours d'état appropriés un comportement dynamique souhaité;

— la commande non interactive dont l'objet est de découpler les effets des entrées sur les sorties afin de simplifier la représentation du modèle en remplaçant par exemple, lorsque c'est possible, un processus multivariable par un ensemble de processus monovariables;

— la commande à modèle interne;

— la commande adaptative;

— la détermination de commandes optimales au sens de critères définis par l'utilisateur. Deux approches sont présentées :

    — l'une basée sur les méthodes variationnelles et utilisant les notations canoniques de Hamilton et le principe du maximum;

    — l'autre basée sur la programmation dynamique.

Ces deux approches utilisent le principe de Bellman qui peut s'exprimer comme suit :

Si la solution d'un problème donné est fonction d'un ensemble de décisions d_i :

$$S = S(d_1, d_2, \ldots, d_k),$$

et si S^* est la solution optimale pour un problème donné avec les décisions d_i^* :

$$S^* = S(d_1^*, d_2^*, \ldots, d_k^*),$$

alors il vient, $\forall i \in \{1, \ldots, k\}$:

$$d_i^* = \arg \operatorname{opt}/_{d_i} S(d_1^*, \ldots, d_{i-1}^*, d_i, d_{i+1}^*, \ldots, d_k^*).$$

Ce principe peut s'interpréter très simplement en disant que la meilleure solution pour un problème donné est telle que toute autre est nécessairement moins bonne.

• La deuxième partie concerne les problèmes d'estimation et de filtrage en vue de générer ou de donner une estimation des informations manquantes indispensables à la mise en œuvre de la commande déterminée selon l'une des méthodes définies dans la première partie. Deux points de vue sont détaillés :

— l'observation qui a pour but l'estimation de variables dans un cadre déterministe;
— le filtrage qui permet de résoudre le même problème, mais cette fois dans un cadre stochastique.

qui fournissent, dans chaque cas, des méthodes permettant de construire un système, l'estimateur, dont la fonction est de donner la variable manquante, ou tout au moins une approximation de cette variable. Des méthodes permettant également de faciliter leur implantation sont présentées.

La détermination des estimateurs fait appel à des notions d'optimalité par rapport à certains critères, les méthodes exposées dans cette partie sont donc analogues (duales pour être plus précis) de celles de la première partie. Les deux aspects, **Commande** et **Estimation**, lors de l'asservissement d'un processus, sont donc complémentaires par leur but, et voisins par leur mise en œuvre. Cette particularité justifie leur présentation dans un même volume.

CHAPITRE 2

Commande non optimale

2.1 Placement de pôles

Un processus linéaire stationnaire est décrit par l'équation d'état :

— cas continu :

$$\dot{x}(t) = Ax(t) + Bu(t),$$
$$y(t) = Cx(t);$$

(2.1)

— cas discret :

$$x_{k+1} = Ax_k + Bu_k,$$
$$y_k = Cx_k;$$

(2.2)

avec, dans les deux cas, $x \in \Re^n$, $u \in \Re^l$, et $y \in \Re^m$. Le triplet (A, B, C) est supposé à la fois commandable et observable, c'est-à-dire tel que les matrices d'observabilité, $\mathcal{O}_{(A,C)}$, et de commandabilité, $\mathcal{C}_{(A,B)}$, définies par :

$$\mathcal{O}_{(A,C)} = \begin{bmatrix} C \\ CA \\ CA^2 \\ \vdots \\ CA^{n-1} \end{bmatrix}, \mathcal{C}_{(A,B)} = [B, AB, \ldots, A^{n-1}B],$$

(2.3)

soient de rang maximum : rang $\mathcal{O}_{(A,C)} = n$ et rang $\mathcal{C}_{(A,B)} = n$.

L'objet de l'étude est d'imposer au système une dynamique donnée par simple réaction d'état, c'est-à-dire sans utiliser de régulateur susceptible d'introduire de nouveaux modes dans le système bouclé. La commande est choisie de la forme :

$$u = Kx + e,$$

(2.4)

dans laquelle K représente une matrice constante dont les coefficients sont à déterminer et e représente les entrées ou consignes du système.

2.1.1   Système à une seule entrée

2.1.1.1   Description du système

Dans cette hypothèse la commande u est de dimension $l = 1$. La méthode consiste à mettre le modèle du processus, par le changement de base défini par la matrice P :

$$x = Px^*, \tag{2.5}$$

sous la forme canonique :

— cas continu :

$$
\begin{aligned}
\dot{x}^*(t) &= A^*x^*(t) + B^*u(t), \\
y(t) &= C^*x^*(t);
\end{aligned}
\tag{2.6}
$$

— cas discret :

$$
\begin{aligned}
x^*_{k+1} &= A^*x^*_k + B^*u^*_k, \\
y_k &= C^*x^*_k;
\end{aligned}
\tag{2.7}
$$

avec

$$A^* = P^{-1}AP, \ B^* = P^{-1}B, \ C^* = CP, \tag{2.8}$$

où A^* et B^* sont telles que :

$$
A^* = \begin{bmatrix}
0 & 1 & 0 & \dots & 0 & 0 \\
0 & 0 & 1 & \dots & 0 & 0 \\
\vdots & \vdots & \vdots & \ddots & \vdots & \vdots \\
0 & 0 & 0 & \dots & 1 & 0 \\
0 & 0 & 0 & \dots & 0 & 1 \\
-a_0 & -a_1 & -a_2 & \dots & -a_{n-2} & -a_{n-1}
\end{bmatrix}, \ B^* = \begin{bmatrix} 0 \\ \vdots \\ 0 \\ 1 \end{bmatrix}. \tag{2.9}
$$

Cette forme de description fait apparaître, dans la dernière ligne de la matrice A^*, les coefficients du polynôme caractéristique $p_A(\lambda)$ de la matrice A, dont les racines sont les modes du système initial :

$$
\begin{aligned}
p_A(\lambda) &= \det(\lambda I - A), \\
&= a_0 + a_1\lambda + a_2\lambda^2 + \cdots + a_{n-1}\lambda^{n-1} + \lambda^n.
\end{aligned}
\tag{2.10}
$$

La commande s'écrit :

$$u = KPx^* + e, \tag{2.11}$$

soit :

$$u = K^*x^* + e, \tag{2.12}$$

expressions dans lesquelles K et $K^* = KP$ désignent des vecteurs lignes.

2.1.1.2   Détermination du gain de bouclage

Dans chaque cas, le système bouclé prend la forme :

$$\dot{x}^*(t) = (A^* + B^*K^*)x^*(t) + B^*e(t),$$
$$x^*_{k+1} = (A^* + B^*K^*)x^*_k + B^*e_k, \tag{2.13}$$

qui met en évidence la matrice $A^* + B^*K^*$ caractérisant le régime libre.

Notons :

$$K^* = [k^*_1, k^*_2, \ldots, k^*_n], \tag{2.14}$$

il vient :

$$A^* + \;^*K^* =$$

$$\begin{bmatrix} \jmath & 1 & 0 & \ldots & 0 & 0 \\ 0 & 0 & 1 & \ldots & 0 & 0 \\ \vdots & \vdots & \vdots & \ddots & \vdots & \vdots \\ 0 & 0 & 0 & \ldots & 1 & 0 \\ 0 & 0 & 0 & \ldots & 0 & 1 \\ k^*_1 - a_0 & k^*_2 - a_1 & k^*_3 - a_2 & \ldots & k^*_{n-1} - a_{n-2} & k^*_n - a_{n-1} \end{bmatrix} \tag{2.15}$$

qui admet comme polynôme caractéristique :

$$p_{A^*+B^*K^*}(\lambda) = \lambda^n + (a_{n-1} - k^*_n)\lambda^{n-1} + \cdots + (a_1 - k^*_2)\lambda + a_0 - k^*_1. \tag{2.16}$$

Imposer les modes du système bouclé revient à imposer les coefficients α_i de ce polynôme, soit :

$$p_{A^*+B^*K^*}(\lambda) = \lambda^n + \alpha_{n-1}\lambda^{n-1} + \alpha_{n-2}\lambda^{n-2} + \cdots + \alpha_1\lambda + \alpha_0. \tag{2.17}$$

On obtient alors par identification des deux expressions :

$$\begin{aligned} \alpha_0 &= a_0 - k^*_1, \\ \alpha_1 &= a_1 - k^*_2, \\ \alpha_{n-2} &= a_{n-2} - k^*_{n-1}, \\ \alpha_{n-1} &= a_{n-1} - k^*_n, \end{aligned} \tag{2.18}$$

donc :

$$K^* = [a_0 - \alpha_0, a_1 - \alpha_1, \ldots, a_{n-1} - \alpha_{n-1}], \tag{2.19}$$

soit pour le système initial :

$$K = K^* P^{-1}. \tag{2.20}$$

2.1.1.3   Calcul du changement de base

Il peut s'effectuer simplement par récurrence [FOSSARD, 1972] à partir des relations (2.8). Notons P_i la i-ème colonne de P :

$$P = [P_1, P_2, \ldots, P_n], \tag{2.21}$$

il vient d'après (2.8) :

$$PA^* = AP \text{ et } PB^* = B, \tag{2.22}$$

soit :

$$[P_1, \ldots, P_n] \begin{bmatrix} 0 & 1 & \ldots & 0 \\ \vdots & \vdots & \ddots & \vdots \\ 0 & 0 & \ldots & 1 \\ -a_0 & -a_1 & \ldots & -a_{n-1} \end{bmatrix} = A[P_1, \ldots, P_n], \tag{2.23}$$

$$P_n = B.$$

Développons la première de ces relations, il vient :

$$
\begin{aligned}
P_{n-1} - a_{n-1}P_n &= AP_n, \\
P_{n-2} - a_{n-2}P_n &= AP_{n-1}, \\
&\vdots \\
P_1 - a_1 P_n &= AP_2, \\
-a_0 P_n &= AP_1,
\end{aligned}
\tag{2.24}
$$

soit par éliminations successives :

$$
\begin{aligned}
P_{n-1} &= (A + a_{n-1}I)P_n, \\
P_{n-2} &= (A^2 + a_{n-1}A + a_{n-2}I)P_n, \\
&\vdots \\
P_1 &= (A^{n-1} + a_{n-1}A^{n-2} + \cdots + a_1 I)P_n, \\
0 &= (A^n + a_{n-1}A^{n-1} + \cdots + a_1 A + a_0 I)P_n.
\end{aligned}
\tag{2.25}
$$

Comme, d'après le théorème de Cayley-Hamilton, toute matrice vérifie son équation caractéristique, la dernière de ces relations est toujours satisfaite. On obtient donc :

$$
\begin{aligned}
P_{n-1} &= (A + a_{n-1}I)B, \\
P_{n-2} &= (A^2 + a_{n-1}A + a_{n-2}I)B, \\
&\vdots \\
P_1 &= (A^{n-1} + a_{n-1}A^{n-2} + \cdots + a_1 I)B.
\end{aligned}
\tag{2.26}
$$

2.1.1.4   Exemple de mise en œuvre

Soit le système décrit par l'équation :

$$\dot{x} = \begin{bmatrix} -2 & 0 & 0 \\ 0 & +1 & 0 \\ 0 & 0 & +3 \end{bmatrix} x + \begin{bmatrix} 1 \\ -1 \\ 1 \end{bmatrix} u,$$

$$y = \begin{bmatrix} 1 & 0 & 1 \\ 0 & 1 & 1 \end{bmatrix} x,$$

auquel on veut imposer les modes $-2, -3$, et -4, c'est-à-dire imposer pour la matrice du régime libre du système bouclé un polynôme caractéristique de la forme :

$$p_{A+BK}(\lambda) = \lambda^3 + 9\lambda^2 + 26\lambda + 24.$$

Comme le polynôme caractéristique de la matrice du régime libre du système initial était de la forme :

$$p_A(\lambda) = \lambda^3 - 2\lambda^2 - 5\lambda + 6,$$

avec les notations précédentes, il vient :

$$a_0 = 6, \;\; a_1 = -5, \;\; a_2 = -2,$$

$$B = \begin{bmatrix} 1 \\ -1 \\ 1 \end{bmatrix}, \; AB = \begin{bmatrix} -2 \\ -1 \\ 3 \end{bmatrix}, \; A^2 B = \begin{bmatrix} 4 \\ -1 \\ 9 \end{bmatrix},$$

soit :

$$P = [A^2 B + a_2 AB + a_1 B, \; AB + a_2 B, B] = \begin{bmatrix} 3 & -4 & 1 \\ 6 & 1 & -1 \\ -2 & 1 & 1 \end{bmatrix},$$

et :

$$P^{-1} = \frac{1}{30} \begin{bmatrix} 2 & 5 & 3 \\ -4 & 5 & 9 \\ 8 & 5 & 27 \end{bmatrix}.$$

D'après (2.19), on obtient directement :

$$K^* = [-18, -31, -11],$$

soit :

$$K = [0, -10, -21].$$

2.1.2   Système à plusieurs entrées

2.1.2.1   Position du problème

Dans ce cas $l > 1$ et deux hypothèses sont à envisager :

— le système est commandable par la i-ème entrée, c'est-à-dire, en notant B_i la $i$ème colonne de la matrice B, il vient :

$$\text{rang } [B_i, AB_i, \ldots, A^{n-1}B_i] = n.$$

Dans ce cas il est possible d'imposer les modes du processus en faisant un retour uniquement sur l'entrée u_i, on est alors ramené au cas précédent. Cette méthode bien que de mise en œuvre aisée n'est pas à retenir en général car elle ne tire pas avantage de l'existence de plusieurs entrées ;
— l'ensemble des entrées est utilisé en vue de réaliser le système bouclé. Dans ce cas, il suffit que la commandabilité soit assurée par rapport à l'ensemble des entrées.

2.1.2.2   Cas continu

A.   Détermination du gain de bouclage

La méthode est basée sur une décomposition du système en r sous-systèmes commandés chacun par une seule entrée, le modèle adopté correspond à une structure de type **hiérarchisé** (fig.2.1), la matrice du régime libre du système initial ayant une forme bloc-triangulaire spécifique. En général, on a intérêt à prendre $r = l$.

Le sous-système $\mathbf{S}_i$, $i \in \{1, \ldots, r\}$, est décrit par le vecteur état $x_i^* \in R^{n_i}$, $\sum_{i=1}^{r} n_i = n$, dans une base telle que l'on ait la représentation :

$$\dot{x}_i^* = A_{ii}^* x_i^* + \sum_{j=i+1}^{r} A_{ij}^* x_j^* + B_i^* u_i + \beta_i \bar{u}, \qquad (2.27)$$

avec $u = [u_1, u_2, \ldots, u_r, \bar{u}^T]^T$, $\bar{u} = [u_{r+1}, \ldots, u_l]^T$. De plus, si $r = l$, $\forall i \in \{1, \ldots, r\}$, $\beta_i = 0$. Une représentation de la forme (2.27) est obtenue par un changement de base $x = Px^*$ à partir de la forme initiale de façon à obtenir des matrices :

$$A^* = P^{-1}AP, \ B^* = P^{-1}B \text{ et } C^* = CP, \qquad (2.28)$$

qui possèdent la structure suivante :

$$A^* = \begin{bmatrix} A_{11}^* & A_{12}^* & \ldots & A_{1r}^* \\ 0 & A_{22}^* & \ldots & A_{2r}^* \\ \vdots & \vdots & \ddots & \vdots \\ 0 & 0 & \ldots & A_{rr}^* \end{bmatrix}, \ B^* = \begin{bmatrix} B_1^* & 0 & \ldots & 0 & \beta_1 \\ 0 & B_2^* & \ldots & 0 & \beta_2 \\ \vdots & \vdots & \ddots & \vdots & \vdots \\ 0 & 0 & \ldots & B_r^* & \beta_r \end{bmatrix}, \qquad (2.29)$$

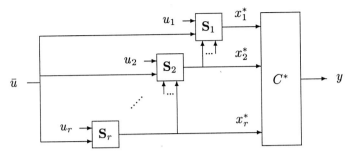

FIG. 2.1 : Structure hierarchisée.

où :

$$A_{ij}^* = \begin{bmatrix} \times & 0 & \cdots & 0 \\ \vdots & \vdots & & \vdots \\ \times & 0 & \cdots & 0 \end{bmatrix}, \text{ si } j > i,$$

et :

$$A_{ii}^* = \begin{bmatrix} 0 & 1 & 0 & \cdots & 0 & 0 \\ 0 & 0 & 1 & \cdots & 0 & 0 \\ \vdots & \vdots & \vdots & \ddots & \vdots & \vdots \\ 0 & 0 & 0 & \cdots & 1 & 0 \\ 0 & 0 & 0 & \cdots & 0 & 1 \\ -a_0^i & -a_1^i & -a_2^i & \cdots & -a_{n_i-2}^i & -a_{n_i-1}^i \end{bmatrix}, \; B_i = \begin{bmatrix} 0 \\ 0 \\ \vdots \\ 0 \\ 0 \\ 1 \end{bmatrix}. \tag{2.30}$$

Dans le cas où $r = l$, cette structure correspond à la forme canonique commandable de Luenberger [LUENGERGER, 1967] et les n_i correspondent aux l **indices de commandabilité**. Pour déterminer de façon systématique la matrice P et les indices de commandabilité on peut utiliser la méthode détaillée dans l'annexe A, où l'on construit la forme canonique observable d'un système. Il suffit donc d'appliquer les calculs proposés dans cette annexe sur le système **dual** :

$$\dot{x}^d = A^T x^d + C^T u^d,$$
$$y^d = B^T x^d,$$

pour obtenir, par simple transposition, la forme canonique commandable du système initial.

Le polynôme caractéristique associé au i-ème bloc diagonal se met donc sous la forme :

$$p_{A_{ii}^*}(\lambda) = a_0^i + a_1^i \lambda + a_2^i \lambda^2 + \cdots + a_{n_i-1}^i \lambda^{n_i-1} + \lambda^{n_i}, \tag{2.31}$$

et :

$$p_A(\lambda) = \prod_{i=1}^r p_{A_{ii}^*}(\lambda). \tag{2.32}$$

Il suffit donc, pour imposer les divers modes de la matrice du régime libre du système bouclé, d'imposer les modes de chaque sous-système pris isolément. Le choix du vecteur ligne k_i^* définissant le retour :

$$u_i = k_i^* x_i^* + e_i,\qquad (2.33)$$

permet d'atteindre cet objectif.

Posons :

$$k_i^* = [a_0^i - \alpha_0^i, a_1^i - \alpha_1^i, \ldots, a_{n_i-1}^i - \alpha_{n_i-1}^i],\qquad (2.34)$$

il vient pour le système bouclé, une matrice de régime libre $A^* + B^* K^*$ de forme triangulaire supérieure par blocs dont le i-ème bloc diagonal est sous forme compagne et admet un polynôme caractéristique :

$$p_{A_{ii}^* + B_i^* K_i^*}(\lambda) = \alpha_0^i + \alpha_1^i \lambda + \cdots + \alpha_{n_i-1}^i \lambda^{n_i-1} + \lambda^{n_i},\qquad (2.35)$$

dans lequel les coefficients α_j^i sont choisis *a priori*.

Il vient alors pour le système complet :

$$u = K^* x^* + e,$$

avec :

$$K^* = \begin{bmatrix} k_1^* & 0 & 0 & \ldots & 0 \\ 0 & k_2^* & 0 & \ldots & 0 \\ \vdots & \vdots & \vdots & \ddots & \vdots \\ 0 & 0 & 0 & \ldots & k_r^* \\ 0 & 0 & 0 & \ldots & 0 \end{bmatrix} \Big\} l, \qquad (2.36)$$

et le gain de retour K à mettre en œuvre pour le système initial :

$$u = Kx + e,\qquad (2.37)$$

s'exprime alors sous la forme :

$$K = K^* P^{-1}.\qquad (2.38)$$

B. Exemple

Le processus étudié est décrit par la relation :

$$\dot{x} = \begin{bmatrix} -1 & 0 & 0 \\ 0 & -2 & 0 \\ 0 & 0 & 3 \end{bmatrix} x + \begin{bmatrix} 1 & 1 \\ 0 & -1 \\ 1 & -1 \end{bmatrix} u,$$

et les modes à imposer sont $-2, -3, -5$.

Il apparait ici de façon évidente que le processus est incomplètement commandable par u_1 et complètement commandable par u_2. Plusieurs solutions sont donc envisageables.

Utilisation d'une seule commande

L'application de la méthode définie pour une seule entrée conduit, u_2, à la modélisation suivante :

$$A^* = \begin{bmatrix} 0 & 1 & 0 \\ 0 & 0 & 1 \\ 6 & 7 & 0 \end{bmatrix}, B^* = \begin{bmatrix} -0,3 & 0 \\ 0,1 & 0 \\ -0,7 & 1 \end{bmatrix},$$

avec :

$$P = \begin{bmatrix} -6 & -1 & 1 \\ 3 & 2 & -1 \\ -2 & -3 & -1 \end{bmatrix}.$$

La condition :

$$p_{A^*+B^*K^*}(\lambda) = \lambda^3 + 10\lambda^2 + 31\lambda + 30,$$

implique :

$$K^* = \begin{bmatrix} 0 & 0 & 0 \\ -36 & -38 & -10 \end{bmatrix},$$

soit :

$$K = K^*P^{-1} = \begin{bmatrix} 0 & 0 & 0 \\ 2 & 0 & 12 \end{bmatrix}.$$

Décomposition en sous-systèmes

Il existe trois possibilités de décomposition en sous-systèmes. La recherche d'une modélisation de la forme :

$$A^* = \begin{bmatrix} 0 & 1 & X \\ 3 & 2 & X \\ 0 & 0 & -2 \end{bmatrix}, B^* = \begin{bmatrix} 0 & 0 \\ 1 & 0 \\ 0 & 1 \end{bmatrix},$$

conduit à une matrice $P = [P_1, P_2, P_3]$ satisfaisant à $PB^* = B$. Il en résulte :

$$P_2 = \begin{bmatrix} 1 \\ 0 \\ 1 \end{bmatrix}, P_3 = \begin{bmatrix} 1 \\ -1 \\ -1 \end{bmatrix}.$$

La relation $AP = PA^*$ implique alors :

$$P_1 = \begin{bmatrix} -3 \\ 0 \\ 1 \end{bmatrix}, A^* = \begin{bmatrix} 0 & 1 & 0 \\ 3 & 2 & 1 \\ 0 & 0 & -2 \end{bmatrix}, P^{-1} = \frac{1}{4}\begin{bmatrix} -1 & -2 & 1 \\ 1 & -2 & 3 \\ 0 & -4 & 0 \end{bmatrix}.$$

La matrice A^* est bloc-triangulaire supérieure, le premier sous-système ayant été choisi de dimension 2, le second de dimension 1, il vient $a_0^1 = -3$, $a_1^1 = -2$, $a_0^2 = 2$.

Trois possibilités apparaissent à nouveau en ce qui concerne l'affectation des modes à chaque sous-système :

— le choix $p_1(\lambda) = (\lambda + 3)(\lambda + 5)$, $p_2(\lambda) = \lambda + 2$, implique :

$$\alpha_0^1 = 15, \ \alpha_1^1 = 8, \ \alpha_0^2 = 2,$$

d'où :

$$k_1^* = [-18, -10],$$

$$k_2^* = 0,$$

donc :

$$K^* = \begin{bmatrix} -18 & -10 & 0 \\ 0 & 0 & 0 \end{bmatrix},$$

soit :

$$K = \begin{bmatrix} 2 & 14 & -12 \\ 0 & 0 & 0 \end{bmatrix};$$

— le choix $p_1(\lambda) = (\lambda + 2)(\lambda + 5)$, $p_2(\lambda) = \lambda + 3$, implique :

$$K^* = \begin{bmatrix} -13 & -9 & 0 \\ 0 & 0 & -1 \end{bmatrix},$$

soit :

$$K = \begin{bmatrix} 1 & 11 & -10 \\ 0 & 3 & 0 \end{bmatrix};$$

— le choix $p_1(\lambda) = (\lambda + 2)(\lambda + 3)$, $p_2(\lambda) = \lambda + 5$, implique :

$$K^* = \begin{bmatrix} -9 & -7 & 0 \\ 0 & 0 & -3 \end{bmatrix},$$

soit :

$$K = \begin{bmatrix} 0.5 & 8 & 7.5 \\ 0 & 3 & 0 \end{bmatrix}.$$

2.1.2.3   Cas discret

A.   Méthode générale

La méthode utilisée est semblable a celle du cas continu et peut dans le cas général être exploitée rigoureusement de la même façon en prenant une représentation avec des notations de même type, le processus étant supposé formé de r sous systèmes interconnectés de vecteur état, pour le sous-système $\mathbf{S}_i$ à l'instant k, $x_{i,k}^* \in \Re^{n_i}$:

$$x_{i,k+1}^* = A_{ii}^* x_{i,k}^* + \sum_{j=i+1}^r A_{ij}^* x_{j,k}^* + B_i^* u_{i,k} + \beta_i u_k. \tag{2.39}$$

La seule différence intervient dans les notations, la variable λ pouvant maintenant s'interpréter comme l'opérateur de décalage temporel q ou z au lieu de l'opérateur de dérivation s.

B. Réponse pile

Un cas particulier envisageable pour les systèmes discrets correspond à l'annulation stricte des modes du système bouclé, cela permet d'assurer l'amortissement du régime transitoire du système en un nombre fini de séquences de commandes, c'est-à-dire en temps rigoureusement fini.

Posons, pour le système (2.2) :

$$u_k = Kx_k + De_k, \tag{2.40}$$

où $D \in R^{l \times l}$. Il vient alors pour le système bouclé :

$$x_{k+1} = (A + BK)x_k + BDe_k. \tag{2.41}$$

Le principe de la **réponse pile** consiste à chercher K tel que le polynôme minimal [GANTMATCHER, 1966] de la matrice $A + BK$, noté $p^m_{(A+BK)}(\lambda)$, soit de la forme :

$$p^m_{(A+BK)}(\lambda) = \lambda^\nu, \tag{2.42}$$

ce qui entraine la relation :

$$(A + BK)^\nu = 0, \tag{2.43}$$

où ν est au plus égal à n lorsque le polynôme minimal de $A + BK$ se réduit au polynôme caractéristique de cette matrice.

Il vient alors, en itérant la relation (2.41) :

$$x_{k+\nu} = (A + BK)^\nu x_k + \sum_{i=0}^{\nu-1} (A + BK)^i BDe_{k+\nu-1-i}, \tag{2.44}$$

ce qui s'écrit, compte tenu de (2.43) :

$$x_{k+\nu} = \sum_{i=0}^{\nu-1} (A + BK)^i BDe_{k+\nu-1-i}. \tag{2.45}$$

Dans le cas d'une consigne constante ($\forall k, \ e_k = e_0$), il vient :

$$\forall \mu \geq \nu, \ x_{k+\mu} = \left(\sum_{i=0}^{\nu-1} (A + BK)^i \right) BDe_0. \tag{2.46}$$

La matrice K ayant été déterminée préalablement en vue de satisfaire la condition (2.43), le choix de la matrice D permet, si le processus est commandable, d'imposer arbitrairement l conditions aux composantes du vecteur état à chaque instant d'échantillonnage. Par exemple, si $l = m$, il suffira de prendre D tel que :

$$C \left(\sum_{i=0}^{\nu-1} (A + BK)^i \right) BD = I_m, \tag{2.47}$$

pour obtenir, $\forall \mu \geq \nu, \ y_{k+\mu} = e_0.$

Trois cas importants peuvent être remarqués :

— $l = m = 1$:

Dans ce cas le système est monovariable, et le retour assurant l'annulation des modes de $A + BK$ est un retour de type **tachymétrique** généralisé. La matrice D se réduit à un gain scalaire dont le réglage permet d'imposer la variable de sortie y à chaque période d'échantillonnage ;

— $l = n$:

La matrice B étant régulière, le choix $K = -B^{-1}A$ conduit directement à $A + BK = 0$, et il est alors possible d'imposer, à chaque instant, la totalité des composantes du vecteur état, avec un retard d'une période d'échantillonnage. Il vient en effet :

$$x_{k+1} = BDe_k, \qquad (2.48)$$

et le choix $D = B^{-1}$, permet d'assurer :

$$\forall k, \ x_{k+1} = e_k; \qquad (2.49)$$

— $1 < l < n$:

Dans le cas, il vient $1 < \nu \leq n$, et il existe en général plusieurs solutions possibles pour K.

2.1.3 Remarques sur le placement de pôles par réaction d'état

• La mise en oeuvre de la méthode de placement de pôles nécessite de faire des retours sur l'ensemble des composantes du vecteur état. Ces composantes n'étant en général pas toutes accessibles à la mesure, il convient de remplacer les variables non captées par leur estimation définie à partir d'un observateur. Il est important de noter que **l'introduction d'un observateur ne modifie pas les pôles du système dynamique bouclé**. Si l'introduction de l'observateur est susceptible de modifier le comportement transitoire du système, elle est sans effet sur son comportement dynamique permanent. Tous ces points, ainsi que les diverses méthodes de construction des observateurs sont détaillés dans le chapitre Observation.

• Dans la décomposition du système initial en sous-systèmes, il existe en général diverses possibilités. Le choix peut dans ce cas être guidé par les considérations suivantes :

— les gains les plus forts doivent intervenir sur les variables les plus significatives ou les moins bruitées;

— on aura en général intérêt à décomposer le processus en le plus grand nombre possible de sous-systèmes;

— la liberté de choix peut être utilisée en vue d'affecter un mode donné, ce qui s'effectue par le choix de la représentation initiale suivi de celui de l'affectation du mode;

— la décomposition peut s'effectuer de façon systématique en utilisant la méthode de Luenberger (annexe A).

• Dans certains cas, préalablement à la mise en oeuvre de la technique de placement de pôles, il peut s'avérer utile d'introduire un régulateur devant le processus. Le système étudié admet alors un vecteur état de la forme :

$$x^* = \begin{bmatrix} x \\ v \end{bmatrix}, \tag{2.50}$$

avec, à titre d'exemple, dans le cas continu :

$$\begin{aligned} \dot{x} &= Ax + Bv, \\ \dot{v} &= Fx + Gv + Hu, \end{aligned} \tag{2.51}$$

les expressions étant similaires dans le cas discret.

Il vient alors la modélisation :

$$\dot{x}^* = \begin{bmatrix} A & B \\ F & G \end{bmatrix} x^* + \begin{bmatrix} O \\ H \end{bmatrix} u, \tag{2.52}$$

à partir de laquelle s'effectue le placement de pôles.

La nouvelle variable v permet, si nécessaire, d'introduire une action de nature intégrale dans la commande du processus et d'accroître le nombre de paramètres de réglage disponibles. Il convient cependant d'être vigilant vis-à-vis des nouvelles dynamiques introduites.

2.2 Découplage entrée-sortie

Dans un processus multivariable l'ensemble des entrées est en général susceptible d'influer sur l'évolution de l'ensemble des sorties. Le but du **découplage** est de permettre, dans la mesure du possible, de limiter l'effet d'une entrée à une seule sortie permettant alors de modéliser le processus sous la forme d'un ensemble de systèmes monovariables évoluant en parallèle, les commandes sont alors **non interactives**. La mise en œuvre nécessite l'existence d'un nombre d'entrées au moins égal au nombre de sorties et de préférence égal.

2.2.1 Découplage utilisant un régulateur

Une approche simplifiée du problème consiste à dire que, si $M(s) = C(sI - A)^{-1}B$ représente la matrice de transfert du processus correspondant au triplet (A, B, C), il suffit (fig.2.2) de placer un régulateur $R(s)$ en amont de façon à ce que la matrice de transfert, $D(s) = M(s)R(s)$, du nouveau système soit diagonale :

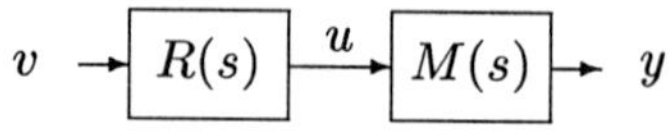

$$v \rightarrow \boxed{R(s)} \xrightarrow{u} \boxed{M(s)} \rightarrow y$$

FIG. 2.2 : Découplage par régulateur.

Une telle approche implique divers commentaires :

— la méthode est susceptible de faire apparaître des modes non observables ou non commandables, ce qui est particulièrement dangereux, en particulier si ces modes sont instables. On doit donc éviter de faire des simplifications de pôles et zéros instables entre $M(s)$ et $R(s)$;

— le réseau correcteur ne doit pas être un prédicteur, c'est à dire que le degré de son numérateur doit être inférieur ou égal au degré de son dénominateur;

— lorsqu'il existe une inverse généralisée à droite, $M^*(s)$, de la matrice $M(s)$, définie par :

$$\exists l \in \mathcal{N}, \ M(s)M^*(s) = Is^{-l}, \tag{2.53}$$

avec I matrice unité définie dans $\Re^{n \times n}$ une solution évidente consiste à prendre :

$$R(s) = M^*(s)D^*(s), \tag{2.54}$$

avec $D^*(s)$ matrice diagonale choisie. Ce cas, rare en pratique implique de rechercher l'inverse à droite de $M(s)$ de degré minimal. Compte tenu de la première remarque, la solution obtenue n'est pas acceptable s'il y a introduction de pôles ou zéros instables.

Ces remarques indiquent qu'il est préférable avant d'envisager une méthode de découplage de ce type, d'effectuer un retour d'état de façon à assurer la stabilisation du système. Cette méthode perd donc son principal avantage qui est de permettre une simplification du calcul du régulateur ou de la commande.

Considérons à titre d'application le processus décrit par le modèle :

$$\dot{x} = \begin{bmatrix} -2 & 1 \\ 3 & -1 \end{bmatrix} x + \begin{bmatrix} 1 & 1 \\ 0 & 1 \end{bmatrix} u, \ y = \begin{bmatrix} 1 & 0 \\ 0 & 1 \end{bmatrix} x,$$

dont la matrice du régime libre du système admet comme polynôme caractéristique :

$$P_A(\lambda) = \lambda^2 + 3\lambda - 1.$$

Ce processus est instable, il est donc préférable de le stabiliser avant d'effectuer un découplage. Divers bouclages permettent d'atteindre cet objectif, prenons par exemple :

$$u = \begin{bmatrix} -1 & 0 \\ 0 & -3 \end{bmatrix} x + u^* = Kx + u^*,$$

il vient alors :

$$\dot{x} = \begin{bmatrix} -3 & -2 \\ 3 & -4 \end{bmatrix} x + \begin{bmatrix} 1 & 1 \\ 0 & 1 \end{bmatrix} u^*.$$

Le processus bouclé a pour matrice de transfert $M(s)$:

$$M(s) = \frac{1}{s^2 + 7s + 18} \begin{bmatrix} s+4 & s+2 \\ 3 & s+6 \end{bmatrix}.$$

Par inversion de la matrice $M(s)$ il vient :

$$M(s)^{-1} = \begin{bmatrix} s+6 & -(s+2) \\ -3 & s+4 \end{bmatrix},$$

et le choix de $R(s)$:

$$R(s) = \frac{1}{s}M(s)^{-1},$$

permet d'atteindre l'objectif souhaité par la structure (fig.2.3), avec la relation entrées-sorties découplées :

$$\dot{y}_1 = v_1,$$

$$\dot{y}_2 = v_2.$$

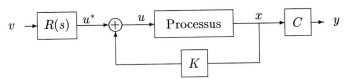

FIG. 2.3 : Découplage après stabilisation.

2.2.2   Découplage par retour d'état

Partons du modèle :

$$\dot{x} = Ax + Bu,$$
$$y = Cx, \tag{2.55}$$

où $x \in \Re^n$, $y \in \Re^m$, $u \in \Re^m$, les matrices B et C sont de rang maximum et la sortie y est commandable, ce qui s'exprime par la condition :

$$\text{rang } [CB, CAB, \ldots, CA^{n-1}B] = m. \tag{2.56}$$

L'objectif est de déterminer un retour d'état :

$$u = Kx + Lv, \tag{2.57}$$

v désignant le nouveau vecteur d'entrée, qui découple le système de façon à ce que la sortie y_i ne dépende que de l'entrée v_i.

Il suffit pour cela de déterminer L et K de façon à ce que la matrice de transfert $M_B(s)$ caractérisant le système bouclé soit diagonale :

$$M_B(s) = C[sI - (A + BK)]^{-1}BL. \qquad (2.58)$$

En pratique la résolution d'une telle équation en L et K n'est pas simple et nécessite une manipulation des expressions mises en œuvre.

2.2.2.1   Résolution

Notons C_i la i-ème ligne de la matrice C la commandabilité de la sortie scalaire y_i s'exprime sous la forme :

$$\text{rang } (C_iB, C_iAB, \ldots, C_iA^{n-1}B) = 1. \qquad (2.59)$$

La sortie y du système étant commandable, il en est de même de y_i, c'est-à-dire que si la condition (2.56) est vérifiée alors, pour tout i dans $\{1, \ldots, m\}$, il existe nécessairement un $d_i \in \{0, 1, \ldots, n-1\}$ tel que :

$$C_iA^{d_i}B \neq 0, \ \forall \alpha \in \mathcal{N}, \alpha < d_i, \ C_iA^{\alpha}B = 0. \qquad (2.60)$$

Dans ce cas, une solution au problème posé peut être obtenue simplement de la façon suivante. Par dérivations successives des relations (2.55) et (2.57), on obtient pour la i-ème sortie :

$$
\begin{aligned}
\dot{y}_i &= C_i(A + BK)x + C_iBLv & &= C_iAx, \\
\ddot{y}_i &= C_iA(A + BK)x + C_iABLv & &= C_iA^2x, \\
&\ \vdots & &\ \ \vdots \\
y_i^{(d_i)} &= C_iA^{d_i-1}(A + BK)x + C_iA^{d_i-1}BLv & &= C_iA^{d_i}x, \\
y_i^{(d_i+1)} &= C_iA^{d_i}(A + BK)x + C_iA^{d_i}BLv,
\end{aligned}
\qquad (2.61)
$$

soit, en écrivant cette relation pour chacune des sorties :

$$
\begin{bmatrix} y_1^{(d_1+1)} \\ \vdots \\ y_i^{(d_i+1)} \\ \vdots \\ y_m^{(d_m+1)} \end{bmatrix}
=
\left[\begin{pmatrix} C_1A^{d_1+1} \\ \vdots \\ C_iA^{d_i+1} \\ \vdots \\ C_mA^{d_m+1} \end{pmatrix} + \begin{pmatrix} C_1A^{d_1} \\ \vdots \\ C_iA^{d_i} \\ \vdots \\ C_mA^{d_m} \end{pmatrix} BK \right] x
+
\begin{bmatrix} C_1A^{d_1} \\ \vdots \\ C_iA^{d_i} \\ \vdots \\ C_mA^{d_m} \end{bmatrix} BLv,
\qquad (2.62)
$$

que l'on peut mettre sous la forme :

$$y^* = (A^* + B^*K)x + B^*Lv. \qquad (2.63)$$

Si B^* est inversible, le choix :

$$L = (B^*)^{-1} , \ K = -(B^*)^{-1}A^*, \qquad (2.64)$$

conduit à $y^* = v$, soit la relation entrées-sorties découplées :

$$\forall i \in \{1, \ldots, m\}, \ Y_i(s) = \frac{1}{s^{d_i+1}} V_i(s). \tag{2.65}$$

La condition B^* inversible constitue ici une condition nécessaire et suffisante de découplage. Il convient également de regarder la structure du système bouclé obtenu, pour vérifier si des pôles instables n'ont pas été introduits.

2.2.2.2   Exemples

A.   Exemple 1

Soit le système :

$$\dot{x} = \begin{bmatrix} 1 & -2 & 1 \\ 0 & -1 & 0 \\ 1 & -1 & 2 \end{bmatrix} x + \begin{bmatrix} 1 & 1 \\ 1 & 0 \\ 0 & 0 \end{bmatrix} u, \ y = \begin{bmatrix} 0 & 1 & 0 \\ 0 & 0 & 1 \end{bmatrix} x,$$

il vient :

$$B^* = \begin{bmatrix} C_1 B \\ C_2 AB \end{bmatrix} = \begin{bmatrix} 1 & 0 \\ 0 & 1 \end{bmatrix}, \ A^* = \begin{bmatrix} C_1 A \\ C_2 A^2 \end{bmatrix} = \begin{bmatrix} 0 & -1 & 0 \\ 3 & -3 & 5 \end{bmatrix}.$$

Comme B^* est inversible, le bouclage $u = Kx + Lv$, avec :

$$K = \begin{bmatrix} 0 & 1 & 0 \\ -3 & 3 & -5 \end{bmatrix}, \ L = \begin{bmatrix} 1 & 0 \\ 0 & 1 \end{bmatrix},$$

conduit au système découplé :

$$Y_1 = \frac{1}{s} V_1,$$

$$Y_2 = \frac{1}{s^2} V_2.$$

Pour le système bouclé, on obtient :

$$\dot{x} = \begin{bmatrix} -2 & 2 & -4 \\ 0 & 0 & 0 \\ 1 & -1 & 2 \end{bmatrix} x + \begin{bmatrix} 1 & 1 \\ 1 & 0 \\ 0 & 0 \end{bmatrix} v,$$

soit :

$$\begin{bmatrix} Y_1 \\ Y_2 \end{bmatrix} = \frac{1}{s^3} \begin{bmatrix} s^2 & 0 \\ 0 & s \end{bmatrix} \begin{bmatrix} V_1 \\ V_2 \end{bmatrix}.$$

B. Exemple 2

Soit le processus décrit par le modèle suivant :

$$\dot{x} = \begin{bmatrix} 0 & 1 & 0 \\ 1 & 2 & 4 \\ 1 & 3 & -1 \end{bmatrix} x + \begin{bmatrix} 0 & 0 \\ 1 & 0 \\ 0 & 1 \end{bmatrix} u, \ y = \begin{bmatrix} -1 & 1 & 0 \\ 0 & 0 & 1 \end{bmatrix} x,$$

soit :

$$B^* = \begin{bmatrix} 1 & 0 \\ 0 & 1 \end{bmatrix}.$$

D'après (2.64), il vient :

$$u = \begin{bmatrix} -1 & -1 & -4 \\ -1 & -3 & 1 \end{bmatrix} x + \begin{bmatrix} 1 & 0 \\ 0 & 1 \end{bmatrix} v,$$

soit le système bouclé :

$$\dot{x} = \begin{bmatrix} 0 & 1 & 0 \\ 0 & 1 & 0 \\ 0 & 0 & 0 \end{bmatrix} x + \begin{bmatrix} 0 & 0 \\ 1 & 0 \\ 0 & 1 \end{bmatrix} v.$$

Il en résulte :

$$\begin{bmatrix} Y_1 \\ Y_2 \end{bmatrix} = \frac{1}{s^2(s-1)} \begin{bmatrix} s(s-1) & 0 \\ 0 & s(s-1) \end{bmatrix} \begin{bmatrix} V_1 \\ V_2 \end{bmatrix}.$$

qui conduit au modèle découplé :

$$Y_1 = \frac{1}{s} V_1,$$

$$Y_2 = \frac{1}{s} V_2,$$

par la simplification d'un pôle par un zéro instable, ce qui n'est pas acceptable.

2.2.2.3   Remarques

L'examen de ces exemples induit un certain nombre de commentaires :

— le retour d'état conduisant au découplage est calculé à partir d'un modèle et le découplage ne sera rigoureux que dans la mesure où le modèle est exact ce qui est difficile à affirmer en pratique.

— l'apparition dans le système bouclé de modes stables inobservables peut être gênante car alors il peut y avoir des différences importantes entre les transitoires du processus et du modèle.

— dans le cas de modes instables inobservables le modèle simplifié obtenu est à rejeter. Une règle permettant d'éviter des erreurs trop graves consiste à calculer la matrice de transfert du système bouclé et à vérifier si le calcul n'a pas conduit à effectuer des simplifications de pôles instables par des zéros instables comme c'est le cas dans le deuxième exemple présenté.

— en règle générale, il est indispensable de vérifier l'observabilité du modèle bouclé obtenu dans l'espace d'état, et de vérifier la stabilité de la
partie inobservable.

— lorsque la totalité de l'état n'est pas mesurable il convient d'utiliser un
reconstructeur d'état, dans ce cas il est nécessaire de faire, préalablement
à toute étude, un bouclage stabilisant.

2.2.2.4 Découplage dans le cas non linéaire

La méthode précédente peut être généralisée au découplage par linéarisation
des processus non linéaires [ISIDORI, 1985] dont l'évolution est décrite par une
équation de la forme :

$$\dot{x} = f(x) + G(x)u,$$
$$y = h(x),$$

(2.66)

avec $f : \Re^n \to \Re^n$, $G : \Re^n \to \Re^{n \times m}$, $h : \Re^n \to \Re^m$, le vecteur y étant
éventuellement complété par des sorties fictives pour avoir, comme dans le cas
linéaire, la même dimension que le vecteur des commandes.

Nous supposons que les fonctions f, G et h sont suffisamment continues et
dérivables.

La méthode consiste comme dans le cas linéaire à dériver chaque sortie y_i
jusqu'à faire apparaître le vecteur des commandes.

Notons $h^T(x) = [h_1(x), \dots, h_m(x)]$, $h_{i,x}^0 = h_{i,x}$ et pour $r \geq 1$:

$$h_i^r(x) = h_{i,x}^{r-1^T}(x)f(x),$$
$$G_i^r(x) = h_{i,x}^{r-1^T}(x)G(x),$$

(2.67)

soit d_i tel que $G_i^{d_i+1}(x) \neq 0$ et $\forall \alpha \in \mathcal{N}^+, \alpha \leq d_i, G_i^\alpha(x) = 0$, il vient :

$$y_i = h_i^0(x),$$
$$y_i^{(1)} = h_i^1(x),$$
$$\vdots$$
$$y_i^{(d_i)} = h_i^{d_i}(x),$$
$$y_i^{(d_i+1)} = h_i^{d_i+1}(x) + G^{d_i+1}(x)u,$$

(2.68)

soit en écrivant cette relation pour chacune des sorties :

$$\begin{bmatrix} y_1^{(d_1+1)} \\ \vdots \\ y_i^{(d_i+1)} \\ \vdots \\ y_m^{(d_m+1)} \end{bmatrix} = \begin{bmatrix} h_1^{d_1+1}(x) \\ \vdots \\ h_i^{d_i+1}(x) \\ \vdots \\ h_m^{d_m+1}(x) \end{bmatrix} + \begin{bmatrix} G_1^{d_1+1}(x) \\ \vdots \\ G_i^{d_i+1}(x) \\ \vdots \\ G_m^{d_m+1}(x) \end{bmatrix} u.$$

(2.69)

Cette relation peut être mise sous la forme :

$$y^* = h^* + G^* u, \qquad (2.70)$$

et si G^* est inversible, les indices d_i étant invariants, le choix d'un retour de la forme :

$$u = (G^*(x))^{-1} [v - h^*(x)], \qquad (2.71)$$

conduit comme dans le cas linéaire, à la relation $y^* = v$ où v désigne la nouvelle entrée du système, soit :

$$\forall i \in \{1, \dots, m\}, \ y_i^{(d_i+1)} = v_i, \qquad (2.72)$$

le système obtenu est non seulement découplé mais linéaire.

En plus des conditions de validité déjà exprimées, indices d_i invariants et $G^*(x)$ inversible dans le domaine d'étude envisagé, si le système linéarisé par découplage est de dimension inférieure à celle du système initial, il convient de vérifier que la partie non observable du processus est stable. Dans le cas contraire, la commande est à rejeter, mais il est possible de rechercher un découplage en partant d'une autre représentation du processus (par exemple en utilisant d'autres sorties ou en introduisant des intégrations sur les entrées).

Un des principaux obstacles à la mise en œuvre de cette méthode de linéarisation-découplage est en fait, la difficulté de réaliser des reconstructeurs d'état en non linéaire lorsque la totalité de l'état du système n'est pas mesurable.

2.3   Commande à modèle interne

2.3.1   Présentation du cas discret

Ce mode de commande des systèmes dynamiques est très utilisé du fait de sa simplicité, toutefois sa mise en œuvre n'est possible que dans le cas de systèmes stables, si le système est instable il est nécessaire d'effectuer, préalablement à l'étude, un bouclage stabilisant.

La présentation qui suit correspond au cas discret. L'opérateur de décalage temporel est noté q, il correspond à l'opérateur z, dans le cas des processus linéaires stationnaires échantillonnés à période constante T.

Dans le schéma de base de la commande à modèle interne représenté sur la figure 2.4, on explicite les dynamiques de poursuite et de régulation.

Ce schéma comporte :

— un modèle $\tilde{M}(q)$ de comportement ;

— une représentation du procédé avec des entrées de perturbation v_k localisées sur la sortie ;

— un contrôleur dont la synthèse s'effectue en vue d'une commande du processus en boucle ouverte (d'où la nécessité de stabilité du processus étudié) ;

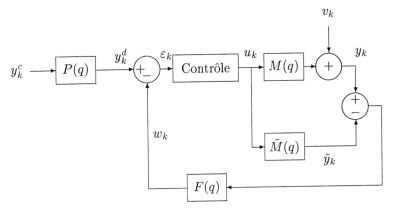

FIG. 2.4 : Structure de la CMI.

— un filtre de régulation $F(q)$ qui permet d'imposer la dynamique de rejet de la perturbation v_k indépendamment de la dynamique de poursuite de la consigne y_k^c. Par défaut, on choisit des dynamiques d'amortissement du premier ordre caractérisées par une constante de temps τ_r.

En notant T la période d'échantillonnage, il vient :

$$F(q) = \frac{1 - D_r}{1 - D_r q^{-1}}, \qquad (2.73)$$

avec

$$D_r = \exp(-\frac{T}{\tau_r}); \qquad (2.74)$$

— un générateur de trajectoire $P(q)$ (modèle de référence-poursuite) qui génère des trajectoires y_k^d réalistes par rapport à une séquence de points de consigne y_k^c. En particulier si le processus a un retard entrée-sortie de d périodes, la sortie à l'instant k du générateur de trajectoire doit être la valeur désirée de la sortie du processus à l'instant $k+d$.

L'intérêt de ce type de commande est de permettre un réglage séparé des caractéristiques de poursuite de trajectoire et de rejet de perturbation ; le mode simplifié de mise en œuvre est représenté figure 2.5.

2.3.2   Stabilité

En cas de modélisation parfaite ($M(q) = \tilde{M}(q)$) le signal de retour w_k représenté sur la figure 2.5 est, après amortissement du transitoire (le système est supposé stable), égal à v_k, ce qui conduit au choix :

$$C(q) = \tilde{M}^{-1}(q), \qquad (2.75)$$

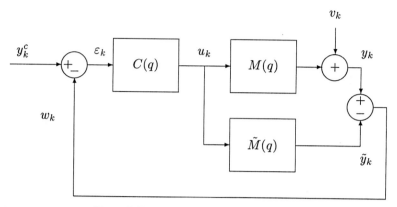

FIG. 2.5 : Structure de base de la CMI.

on a alors une poursuite parfaite avec rejet total de la perturbation v_k soit (fig.2.6) :

$$y_k = y_k^c. \qquad (2.76)$$

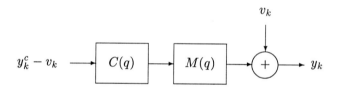

FIG. 2.6 : Commande en boucle ouverte dans le cas idéal.

En pratique, un contrôleur correspondant à l'équation (2.75) est, dans la plupart des cas, anticipatif. Par exemple, pour un processus du premier ordre parfaitement modélisé :

$$M(q) = \tilde{M}(q) = \frac{(1 - D)q^{-1}}{1 - Dq^{-1}}, \qquad (2.77)$$

avec

$$D = \exp(-\frac{T}{\tau}), \qquad (2.78)$$

ce contrôleur idéal s'exprimerait sous la forme :

$$C(q) = \frac{(1 - Dq^{-1})}{1 - D}q = \frac{u_k}{\varepsilon_k}. \qquad (2.79)$$

Le système se comporterait alors comme un système en boucle ouverte d'entrée $y_k^c - v_k$. Il est évident que dans ce cas "idéal" la stabilité est assurée lorsque processus et contrôleur sont tous deux séparément asymptotiquement stables d'où la nécessité d'un bouclage stabilisant préalable à toute étude lorsque le processus est initialement instable.

La conception d'un correcteur réalisable sans anticipation conduit donc à accepter un retard, ce qui dans notre exemple donne :

$$\frac{u_k}{\varepsilon_k} = \frac{1 - Dq^{-1}}{1 - D}. \tag{2.80}$$

2.3.3 Poursuite et régulation

2.3.3.1 Le contrôleur parfait

Dans un problème de poursuite, le cas idéal correspond à une valeur de sortie égale à chaque instant à la valeur désirée :

$$y_k = y_k^d, \tag{2.81}$$

avec un tel correcteur, l'expression de la sortie est :

$$y_k = v_k + \left(\frac{(1 - D)q^{-1}}{1 - Dq^{-1}}\right)\left(\frac{1 - Dq^{-1}}{1 - D}\right)(y_k^c - v_k), \tag{2.82}$$

soit

$$y_k = y_{k-1}^c + v_k - v_{k-1}. \tag{2.83}$$

Les performances idéales sont donc dégradées :

— la consigne est suivie avec retard ;
— ne sont rejetées que les perturbations constantes ou lentement variables ($v_k \simeq v_{k-1}$). Cette propriété de réseau correcteur de type intégral se généralise facilement, même dans le cas de modélisation imparfaite ($\tilde{M}(q) \neq M(q)$).

2.3.3.2 Mise en œuvre pratique

Le modèle $\tilde{M}(q)$ est nécessairement entaché d'erreurs. Considérons le schéma de commande de la figure 2.5, les consignes et les perturbations étant supposées constantes : $y_k^c = y_0^c = $ cste, $v_k = v_0 = $ cste. Il vient :

$$u_k = C(q)(y_k^c - (M(q) - \tilde{M}(q))u_k - v_k), \tag{2.84}$$

soit :

$$u_k = \left[I + C(q)[M(q) - \tilde{M}(q)]\right]^{-1} C(q)[y_k^c - v_k]. \tag{2.85}$$

La sortie s'exprime donc sous la forme :

$$y_k = v_k + M(q)\left[I + C(q)[M(q) - \tilde{M}(q)]\right]^{-1} C(q)(y_k^c - v_k), \tag{2.86}$$

avec $C(q)$ stable et réalisable (non anticipatif). En cas de modélisation parfaite $(\tilde{M}(q) = M(q))$, il vient :

$$y_k = \tilde{M}^+(q)y_k^c + (I - \tilde{M}^+(q))v_k, \qquad (2.87)$$

où $\tilde{M}^+(q) = M(q)C(q)$. Si l'on choisit $C(q)$ tel que $\tilde{M}^+(1) = I$, l'objectif asymptotique est donc bien assuré et on a $y_k \to y_0^c$ lorsque $k \to \infty$, en cas de consignes et perturbations constantes.

En cas de modélisation imparfaite, le comportement asymptotique est caractérisé par :

$$y_\infty = v_0 + M(1)[I + C(1)(M(1) - \tilde{M}(1))]^{-1}C(1)(y_0^c - v_0), \qquad (2.88)$$

et le choix de $C(q)$ tel que $C(1)\tilde{M}(1) = I$, implique :

$$y_\infty = y_0^c, \qquad (2.89)$$

Ce régime permanent ne présente un sens que s'il est stable, hypothèse qui est à vérifier dans le cas de modélisation imparfaite.

D'après les expressions de u_k (0.15) et de y_k (0.16), cette stabilité est liée aux pôles de :

$$M(q)\left[I + C(q)[M(q) - \tilde{M}(q)]\right]^{-1}C(q), \qquad (2.90)$$

$M(q)$ et $C(q)$ étant *a priori* supposés stables, la stabilité est assurée si les zéros de :

$$I + C(q)[M(q) - \tilde{M}(q)] \qquad (2.91)$$

sont de module inférieur à l'unité. Lorsque $M(q)$ est stable, on sait qu'il existe un voisinage de $M(q)$ dans lequel tout modèle $\tilde{M}(q)$ vérifie la même propriété. Ainsi quand $M(q)$ et $\tilde{M}(q)$ ont la même structure, le voisinage peut s'interpréter comme un voisinage des paramètres définissant le modèle.

Considérons maintenant la structure globale de CMI avec filtre de régulation (fig.2.4). Il vient :

$$\begin{aligned}
u_k &= [I + C(q)F(q)(M(q) - \tilde{M}(q))]^{-1}C(q)[y_k^d - F(q)v_k], \\
y_k &= v_k + M(q)u_k, \qquad\qquad\qquad\qquad\qquad\qquad\qquad (2.92)\\
y_k^d &= P(q)y_k^c.
\end{aligned}$$

La poursuite de consignes constantes sans erreur asymptotique en présence de perturbations constantes :

$$y_\infty = y_0^c, \qquad (2.93)$$

est donc assurée si sont vérifiées les conditions

$$C(1)F(1)\tilde{M}(1) = I, \quad F(1) = P(1), \qquad (2.94)$$

le plus simple étant de choisir un gain statique unité pour le filtre de régulation $F(q)$ et le générateur de trajectoire $P(q)$. On retrouve dans ce cas la condition $C(1)\tilde{M}(1) = I$.

L'asservissement doit bien sûr être stable, c'est-à-dire les zéros de :

$$I + C(q)F(q)(M(q) - \tilde{M}(q)), \tag{2.95}$$

doivent être situés à l'intérieur du disque de module unité.

2.3.4 Interprétation et spécification du filtre de régulation $F(q)$

Considérons la réponse du système à l'entrée de perturbation v_k. En cas de modélisation parfaite, on voit que la **dynamique de régulation** obtenue en posant $y_k^c \equiv 0$ s'effectue suivant :

$$y_k^r = [I - M(q)C(q)F(q)]v_k, \tag{2.96}$$

alors que la **dynamique de poursuite**, obtenue en posant $v_k \equiv 0$ s'exprime par :

$$y_k^p = M(q)C(q)P(q)y_k^c. \tag{2.97}$$

En comparant ces deux équations, il apparaît que indépendamment des dynamiques non compensables du processus (partie non inversible du modèle composée de retards et de zéros instables), on peut assigner séparément les dynamiques de poursuite et de régulation.

Un résultat important [GARCIA*et al.*, 1985] accroît l'intérêt du filtre $F(q)$. En effet, il a été montré que pour n'importe quel écart de modélisation $M(q) - \tilde{M}(q)$, il existe une constante de temps $\tilde{\tau}$ telle que n'importe quel filtre de la forme :

$$F(q) = \frac{1 - \exp(-\dfrac{T}{\tau_r})}{1 - \exp(-\dfrac{T}{\tau_r})q^{-1}} I, \tag{2.98}$$

avec $\tau_r > \tilde{\tau}$, stabilise l'asservissement en maintenant les zéros de :

$$I + C(q)F(q)(M(q) - \tilde{M}(q)), \tag{2.99}$$

à l'intérieur du disque unité.

Sans rappeler la démonstration originale de cette propriété, on peut la justifier en remarquant qu'un temps de réponse τ_r suffisamment grand de $F(q)$ (à la limite infini) revient à couper la chaîne de retour dans le schéma de CMI qui est alors stable puisque constitué de la mise en série d'éléments stables.

2.3.5 Equivalence entre la CMI et la commande par réseau correcteur

A.   Cas discret

Une CMI sans filtre de régulation correspond au schéma (fig.2.7) : On cons-

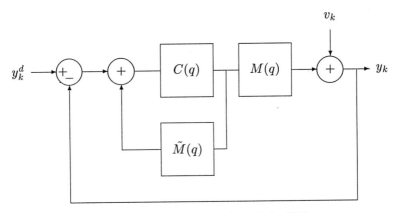

FIG. 2.7 : Schéma équivalent de la CMI.

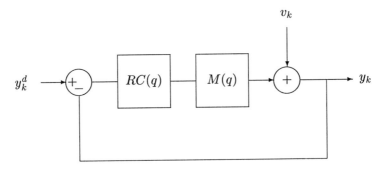

FIG. 2.8 : Régulation avec réseau correcteur.

tate l'équivalence avec le schéma à réseau correcteur de la figure 2.8 : Dans cette figure, il vient :

$$RC(q) = [I - C(q)\tilde{M}(q)]^{-1}C(q). \qquad (2.100)$$

B.   Cas continu : prédicteur de Smith

Le prédicteur de Smith, utilisé dans la compensation de processus continus à retard qui ont une transmittance de la forme :

$$M(s) = G(s)\exp(-sT), \qquad (2.101)$$

correspond lui aussi à un cas de CMI. En effet, le schéma de la figure 2.9 est équivalent aux schémas des figures 2.10 et 2.11, ce qui permet la synthèse du réseau correcteur $R(s)$ à partir des méthodes traditionnelles, le retard entrée-sortie défini par $\exp(-sT)$ étant maintenu.

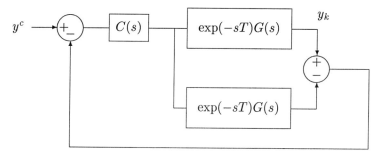

FIG. 2.9 : Equivalent CMI d'un prédicteur de Smith.

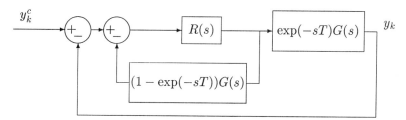

FIG. 2.10 : Régulation par prédicteur de Smith.

2.3.6 Procédure de choix d'un correcteur à modèle interne dans le cas monovariable discret

2.3.6.1 Principe de la méthode

La méthode présentée ici, et que nous ne justifierons pas, correspond à celle proposée par [ZAFIROU et MORARI, 1985].

Le processus est modélisé par une fonction de transfert discrète factorisée sous la forme :

$$\tilde{M}(q) = q^{-(d+1)} \frac{\displaystyle\prod_{i=1}^{n-1}(1 - z_i q^{-1})}{\displaystyle\prod_{i=1}^{n}(1 - p_i q^{-1})}, \qquad (2.102)$$

z_i et p_i désignant respectivement les zéros et les pôles de $\tilde{M}(q)$. Les zéros sont répartis en trois classes :

— les zéros instables à partie réelle positive :

$$|z_i^I| \geq 1 \quad , \quad \mathcal{R}e(z_i^I) \geq 0 \quad , \quad i = 1, \ldots, n_I; \qquad (2.103)$$

— les zéros stables insuffisamment amortis et les zéros instables à partie

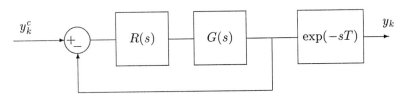

$$\text{F{\small IG}. 2.11 : Schéma équivalent.}$$

réelle négative :

$$z_i^0 \quad , \quad i = 1, \dots, n_0; \tag{2.104}$$

— les zéros stables et suffisamment amortis :

$$z_i^s \quad , \quad i = 1, \dots, n_s. \tag{2.105}$$

Le contrôleur $C(q)$ est construit à partir des règles suivantes, le modèle $\tilde{M}(q)$ étant supposé stable :

— les zéros de $C(q)$ sont les pôles de $\tilde{M}(q)$;
— les pôles de $C(q)$ sont les zéros stables et amortis de $\tilde{M}(q)$, z_i^s, et les inverses des zéros instables à partie réelle positive $(z_i^I)^{-1}$;
— la réalisation est complétée par des pôles à l'origine de façon à éviter les anticipations et par un gain statique de façon à satisfaire :

$$C(1)\tilde{M}(1) = 1. \tag{2.106}$$

Il vient donc :

$$C(q) = k_c q^{-(n-(n_I+n_s))} \frac{\prod\limits_{i=1}^{n}(q - p_i)}{\prod\limits_{i=1}^{n_s}(q - z_i^s) \cdot \prod\limits_{i=1}^{n_I}(q - (z_i^I)^{-1})}, \tag{2.107}$$

ou sous forme équivalente :

$$C(q) = k_c \frac{(1 - p_1 q^{-1})(1 - p_2 q^{-1}) \dots (1 - p_n q^{-1})}{(1 - z_1^s q^{-1}) \dots (1 - z_{n_s}^s q^{-1})(1 - (z_1^I)^{-1} q^{-1} \dots (1 - (z_{n_I}^I)^{-1} q^{-1})}. \tag{2.108}$$

où :

$$k_c = \frac{(-1)^{n_I}}{\prod\limits_{i=1}^{n_I} z_i^I \prod\limits_{i=1}^{n_0}(1 - z_i)} \tag{2.109}$$

2.3.7   Placement de pôles, cas discret

Ici encore l'étude part d'un processus stable ou préalablement stabilisé par un bouclage du type retour d'état. Les divers éléments mis en œuvre sont caractérisés par leur fonction de transfert selon le schéma de la figure 2.12, dans laquelle $S(q)$, $R(q)$ et $P(q)$ sont des polynômes en q^{-1} de degré respectifs n_S, n_R et n_P avec $S(0) \neq 0$. Le problème est ici de déterminer l'expression de ces polynômes à partir de spécifications prédéfinies.

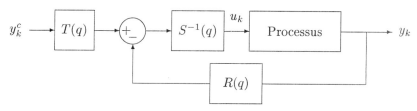

FIG. 2.12 : Commande par retour de sortie.

Le modèle adopté pour le processus non perturbé correspond à l'équation (2.110) dans laquelle $A(q)$ et $B(q)$ sont des polynômes en q^{-1} à terme constant différent de zéro et de degrés respectifs n_A et n_B, et $d \geq 1$ représente le retard entrée-sortie :

$$A(q)y_{k+d} = B(q)u_k. \tag{2.110}$$

soit :

$$M(q) = \frac{B(q)q^{-d}}{A(q)}. \tag{2.111}$$

Le comportement en poursuite d'une consigne y_k^c est spécifié par un modèle de poursuite, supposé stable *a priori* :

$$A_P(q)y_{k+d}^d = B_P(q)y_k^c, \tag{2.112}$$

avec A_P et B_P polynômes en q^{-1} de degrés respectifs n_{AP} et n_{BP}.

Enfin les performances en régulation (la dynamique d'annulation de $y_k - y_k^d$) sont spécifiées par le polynôme $A_R(q)$ de degré n_{AR} :

$$A_R(q)(y_{k+d} - y_{k+d}^d) = 0. \tag{2.113}$$

2.3.7.1   Placement de pôles avec placement de zéros

L'obtention d'une commande assurant les objectifs de poursuite et de régulation exprimés par les relations (2.110) et (2.112) s'effectue de la manière suivante :

— diviser $A_R(q)$ par $A(q)$ suivant les puissances croissantes de q^{-1} jusqu'à l'ordre d :

$$A_R(q) = \tilde{S}(q)A(q) + q^{-d}R(q), \tag{2.114}$$

il vient :

$$n_R = \max(n_{AR}, n_A) - 1, \qquad (2.115)$$

par exemple pour un système du deuxième ordre et une dynamique de régulation du premier ordre, on a :

$$A_R(q) \;=\; 1 + a_{R1}q^{-1} \quad , \quad a_{R1} = -\exp(-\frac{T}{\tau_R}),$$

$$A(q) \;=\; 1 + a_1 q^{-1} + a_2 q^{-2},$$

$$\tilde{S}(q) \;=\; 1 + (a_{R1} - a_1)q^{-1},$$

$$R(q) \;=\; (-a_2 + a_1(a_1 - a_{R1})) + a_2(a_1 - a_{R1})q^{-1};$$

— mettre en œuvre la commande définie par :

$$\begin{aligned}
S(q)u_k &= A_R(q)y_{k+d}^d - R(q)y_k, \\
S(q) &= \tilde{S}(q)B(q), \\
A_P(q)y_{k+d} &= B_P(q)y_k^c,
\end{aligned} \qquad (2.116)$$

à condition que $B(q)$ ait des zéros stables. Il résulte en effet des équations (2.110) et (2.116) :

$$\tilde{S}(q)A(q)y_{k+d} = A_R(q)y_{k+d}^d - R(q)y_k. \qquad (2.117)$$

L'interprétation physique de cette commande se déduit aisément des schémas blocs équivalents de la figure 2.13. La simplification par $B(q)$ dans le schéma équivalent implique bien que ce polynôme ait des zéros stables.

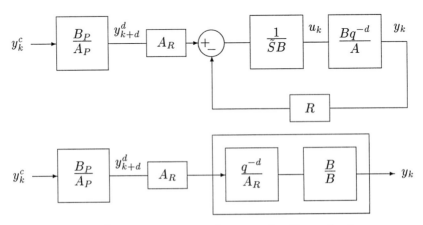

FIG. 2.13 : Commande par placement de pôles et de zéros.

2.3.7.2 Placement de pôles sans placement de zéros

Lorsque cette propriété est difficile à vérifier, il faut effectuer une commande par placement de pôles sans placement de zéros. On cherche alors des polynômes $R(q)$ et $S(q)$ tels que les deux schémas de la figure 2.14 soient équivalents.

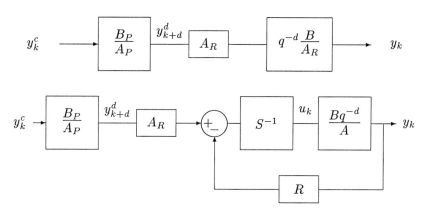

FIG. 2.14 : Commande par placement de pôles.

Il vient :

$$A_R(q) = S(q)A(q) + q^{-d}B(q)R(q), \qquad (2.118)$$

la commande étant encore caractérisée par :

$$S(q)u_k = A_R(q)y_{k+d}^d - R(q)y_k. \qquad (2.119)$$

La comparaison des relations (2.114) et (2.118) fait apparaître dans les deux cas une relation de la forme :

$$A_R(q) = S(q)A(q) + P(q)R(q), \qquad (2.120)$$

dans laquelle les données sont les polynômes $A(q)$ et $P(q)$ avec :

$$P(q) = q^{-d}, \qquad (2.121)$$

pour le placement de pôles et de zéros, et :

$$P(q) = q^{-d}B(q), \qquad (2.122)$$

pour le placement de pôles sans placement de zéros.

2.4   Systèmes de commande adaptatifs et auto-réglables

2.4.1   Principes de base de la commande adaptative

Dans l'approche des systèmes adaptatifs, les études développées jusqu'en 1978 ont donné naissance à des applications ayant conduit à des résultats intéressants mais qui ont aussi soulevé divers problèmes qui n'avaient pas été envisagés dans les premiers travaux.

D'un point de vue pratique, on regroupe sous les termes de **commande adaptative** un ensemble de concepts et de techniques utilisés pour l'ajustement automatique et en temps réel des régulateurs mis en œuvre dans la commande d'un processus lorsque les paramètres de ce processus sont difficiles à déterminer ou varient avec le temps.

La synthèse d'un contrôleur adaptatif impose le plus souvent les phases suivantes :

— spécification des performances désirées, (temps de réponse, déviation maximale admissible, localisation de pôles, minimisation d'énergie de commande, rentabilité maximum...), on cherche, lorsque c'est possible, à les caractériser par un indice de performance ;

— définition de la structure de commande ou de type de régulateur qui sera utilisé en vue de réaliser les performances souhaitées ;

— conception du mécanisme d'adaptation qui permettra d'ajuster de façon "optimale" les paramètres du régulateur utilisé. Suivant le type d'utilisation : à la mise en route ou en régime permanent, on parle d'**aide au réglage** ou de **contrôle adaptatif**.

Les tâches qui incombent au mécanisme d'adaptation sont les suivantes :

— ajustement automatique des régulateurs et optimisation de leurs paramètres en les divers points de fonctionnement du processus ;

— maintenance des performances exigées en cas de variation des paramètres du processus ;

— détection des variations anormales des caractéristiques du processus (pouvant éventuellement avoir pour origine des perturbations structurelles).

Un point important à noter est que dans l'étude qui suit, les seules perturbations envisagées sont des perturbations paramétriques et non structurelles.

L'intérêt de la commande adaptative apparaît essentiellement au niveau des perturbations paramétriques, c'est-à-dire agissant sur les caractéristiques du processus à commander, les commandes non adaptatives s'avérant capables d'éliminer les effets des perturbations agissant sur les variables à réguler ou à commander.

Le principe de mise en œuvre d'un système de commande adaptative est représenté sur la figure 2.15.

Un préalable à la détermination du mécanisme d'adaptation est la définition d'un indice de performance mesurable dont la recherche d'optimisation fournira un argument de réglage du système de commande.

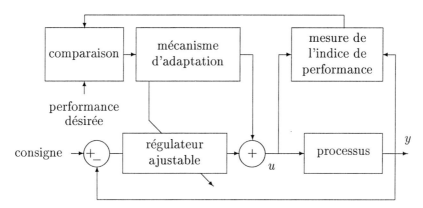

FIG. 2.15 : Principe d'un système de commande adaptative.

Une approche simplifiée de la commande adaptative peut être effectuée comme dans le cas des régulateurs à **gains programmés**. Dans ce cas, les valeurs des paramètres sont ajustées en fonction de l'évolution de variables caractéristiques de l'environnement et du processus lui-même. L'adaptation se fait alors par lecture dans une table prédéfinissant les valeurs des réglages en fonction des mesures disponibles sur l'environnement et le processus (ce peut être le cas lorsque le régulateur est conçu à partir d'un modèle du processus formé de modèles linéaires successifs). Ce type de réglage, représenté sur la figure 2.16, peut nécessiter la mise en œuvre de capteurs supplémentaires et suppose une grande robustesse du type de commandes mises en œuvre.

Deux approches principales existent [LANDAU, 1979] pour la commande adaptative des processus à paramètres inconnus ou variables dans le temps :

— la **commande adaptative directe**, dans laquelle les paramètres du régulateur sont ajustés directement et en temps réel à partir de comparaison entre performances réelles et performances désirées (c'est le cas en particulier de la commande adaptative à modèle de référence) ;

— la **commande adaptative indirecte**, qui suppose une estimation des paramètres du processus par une procédure d'identification (c'est le cas des régulateurs auto-ajustables). Ce dernier type de commande adaptative qui tient compte des caractéristiques d'évolution du processus, est en fait plus utilisé que le précédent.

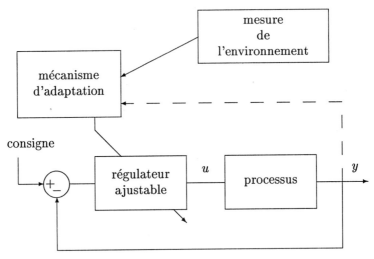

FIG. 2.16 : Système de commande à gains programmés.

2.4.2   Recherche de la commande adaptative

2.4.2.1   Commande adaptative indirecte

Ce type de commande est représenté figure 2.17. Il constitue la généralisation du mode de détermination usuel d'un régulateur pour un système à paramétres constants, le modèle du processus utilisé pour le calcul étant estimé ici en temps réel à partir des mesures des entrées et sorties du processus. L'estimation à chaque instant des paramètres du processus s'effectue à partir d'un prédicteur de sortie en utilisant l'erreur de prédiction.

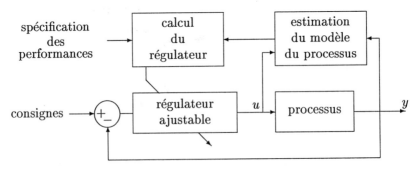

FIG. 2.17 : Commande adaptative indirecte.

A titre d'exemple, pour une commande par placement de pôles, dans le cas d'un processus monovariable présentant un retard d :

— on détermine des estimées $\hat{A}_k(q)$ et $\hat{B}_k(q)$ des caractéristiques de la relation entrée-sortie :

$$A(q)y_{k+d} = B(q)u_k; \qquad (2.123)$$

— on détermine la commande en appliquant la méthode présentée dans la section "commande à modèle interne" ce qui permet de définir deux polynômes en q^{-1}, $\hat{S}_k(q)$ et $\hat{R}_k(q)$;
— on applique la commande :

$$u_k = \hat{S}_k^{-1}(q)[A_R(q)y_{k+d}^d - \hat{R}_k(q)y_k]. \qquad (2.124)$$

Il convient à ce niveau de faire les remarques suivantes :

— la commande adaptative d'un système linéaire stationnaire est non stationnaire ou non linéaire ;
— la méthode de synthèse doit être prévue pour tous les modèles $\hat{A}_k$ et $\hat{B}_k$ possibles, il est donc en particulier nécessaire de prévoir la possibilité où $\hat{A}_k(q)$ et $\hat{B}_k(q)$ admettent un zéro commun.

2.4.2.2   Commande adaptative directe

A. *Présentation*

Dans ce cas, on ne dispose pas *a priori* d'un modèle du processus et les paramètres de la loi de commande sont définis à partir d'une optimisation de l'indice de performance adopté. Le schéma correspondant est représenté sur la figure 2.18 qui constitue une généralisation de la méthode à modèle de référence.

B. *Commande par placement de pôles*

a. *Principe*

Avec les notations définies dans la section "commande à modèle interne", l'indice de performance que l'on cherche à minimiser s'exprime sous la forme :

$$J(u_k) = [A_R(q)(y_{k+d} - y_{k+d}^d)]^2, \qquad (2.125)$$

la trajectoire de référence (désirée) étant définie à partir de la valeur de consigne par la relation :

$$A_P(q)y_{k+d}^d = B_P(q)y_k^c. \qquad (2.126)$$

Nous avons vu dans la recherche de commandes par modèle interne qu'il existe deux polynômes $R(q)$ et $S(q)$ satisfaisant :

$$A_R(q)y_{k+d}^d = B(q)R(q)y_k + S(q)u_k. \qquad (2.127)$$

La réalisation de la commande va s'effectuer en utilisant des estimées $\hat{B}, \hat{R}$ et $\hat{S}$ des polynômes B, R, S sans avoir explicitement identifié les polynômes A et B caractérisant le modèle du processus.

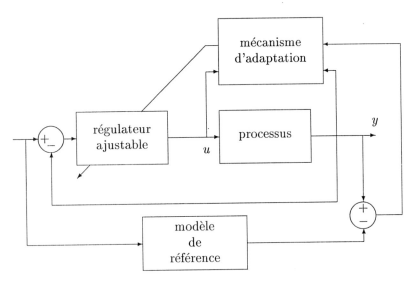

F$_{\text{IG}}$. 2.18 : Commande adaptative directe.

Exprimons la commande u_k sous forme linéaire des paramètres non iden-tifiés, il vient :

$$
\begin{aligned}
s_0 u_k \;=\; &-s_1 u_{k-1} - s_2 u_{k-2} \cdots - s_{n_S} u_{k-n_S} - b_0^r y_k - b_1^r y_{k-1} \cdots \\
&-b_{n_R+n_B}^r y_{k-n_R-n_B} + A_R(q) y_{k+d}^d.
\end{aligned}
\tag{2.128}
$$

Notons : $\phi_{0,k}$ le vecteur des mesures disponibles à l'instant k et Θ_0 le vecteur regroupant les paramètres à régler :

$$
\phi_{0k} = \begin{bmatrix} u_{k-1} & u_{k-2} \ldots u_{k-n_S} & y_k & y_{k-1} \ldots y_{k-n_R-n_B} \end{bmatrix}^T,
\tag{2.129}
$$

$$
\Theta_0 = \begin{bmatrix} s_1 & s_2 \ldots s_{n_s} & b_0^r & b_1^r \ldots b_{n_R+n_B}^r \end{bmatrix}^T.
\tag{2.130}
$$

La commande optimale qui s'exprime sous la forme :

$$
s_0 u_k = -\phi_{0k}^T \Theta_0 + A_R(q) y_{k+d}^d,
\tag{2.131}
$$

doit assurer l'annulation de l'indice de performance :

$$
J(u_k) = [A_R(q)(y_{k+d} - y_{k+d}^d)]^2.
\tag{2.132}
$$

Une approche de cette commande est obtenue en utilisant les estimations $\hat{s}_{0k}$ et $\hat{\Theta}_{0k}$, à l'instant k, des paramètres s_0 et Θ_0. La version adaptative directe de la commande à modèle de référence conduit alors à la relation :

$$
\hat{s}_{0k} u_k = -\phi_{0k}^T \hat{\Theta}_{0k} + A_R(q) y_{k+d}.
\tag{2.133}
$$

soit, en notant ϕ_k et Θ_k les vecteurs :

$$\phi_k^T = [u_k, \phi_{0k}^T],$$
$$\Theta_k^T = [s_0, \Theta_{0k}^T], \tag{2.134}$$

il vient :

$$0 = \phi_k^T \hat{\Theta}_k - A_R(q)y_{k+d}. \tag{2.135}$$

Soit $\vartheta_{0,k+d}$ la variable liée à l'indice de performance par la relation :

$$\vartheta_{0,k+d} = A_R(q)(y_{k+d}^d - y_{k+d}), \tag{2.136}$$

alors en faisant la différence des relations (2.131) et (2.135), on obtient :

$$\vartheta_{0,k+d} = -\phi_k^T(\hat{\Theta}_k - \Theta). \tag{2.137}$$

b.   Algorithme du mécanisme d'adaptation

En remarquant que $\vartheta_{0,k}$ est mesurable à l'instant k, il est possible de proposer un mécanisme d'adaptation pour $\hat{\Theta}_k$:

$$\vartheta_k = \frac{\vartheta_{0,k} + A_R(q)y_k^d - \phi_{k-d}^T \hat{\Theta}_{k-1}}{1 + \phi_{k-d}^T P_k \phi_{k-d}},$$

$$P_k = \frac{1}{\lambda_{1k}}[P_{k-1} - \frac{P_{k-1}\phi_{k-d}\phi_{k-d}^T P_{k-1}}{\frac{\lambda_{1k}}{\lambda_{2k}} + \phi_{k-d}^T P_{k-1}\phi_{k-d}}], \tag{2.138}$$

$$\hat{\Theta}_k = \hat{\Theta}_{k-1} + P_k \phi_{k-d} \vartheta_k,$$

où λ_{1k} et $\lambda_{2k} \in [0,1]$. L'expression définissant P_k est équivalente à la relation :

$$P_k^{-1} = \lambda_{1k} P_{k-1}^{-1} + \lambda_{2k} \phi_{k-d} \phi_{k-d}^T, \tag{2.139}$$

qui ne nécessite pas d'inversion de matrice.

Il a été montré [LANDAU, 1979] que l'algorithme présenté garantit la stabilité des trajectoires de u_k et y_k autour des comportements nominaux linéaires (correspondant aux commandes définies lorsque les paramètres du processus sont parfaitement identifiés) à condition que le comportement linéaire de l'asservissement soit stable. A l'intérieur de cette classe de méthodes, les différentes variantes se caractérisent par différents algorithmes de calcul de la matrice de gain P_k, qui doit être définie positive et bornée.

c.   Mise en œuvre

La commande minimisant $J(u_k)$ ou ce qui est équivalent $|\vartheta_{0,k+d}|$, peut se décomposer sous la forme R, S, T avec :

$$R = \sum_{i=0}^{n_R} r_i q^{-i}, \quad S = \sum_{i=0}^{n_S} s_i q^{-i}, \quad T = \sum_{i=0}^{n_T} t_i q^{-i}, \tag{2.140}$$

$$s_0 u_k = -\sum_{i=1}^{n_S} s_i u_{k-i} - \sum_{i=0}^{n_R} r_i y_{k-i} + \sum_{i=0}^{n_T} t_i y_{k+d-i}^d. \qquad (2.141)$$

Cette dernière expression est une forme linéaire en les paramètres, soit en utilisant le vecteur ϕ_k des mesures disponibles à l'instant k et le vecteur Θ des paramètres :

$$\phi_{0k}^T = [\, u_{k-1} \quad u_{k-2} \ldots u_{k-n_S} \quad -y_k \ldots -y_{k-n_R} \quad y_k^d \ldots y_{k-n_T}^d \,], \qquad (2.142)$$

$$\Theta_0^T = [\, s_1 \quad s_2 \ldots s_{n_S} \quad r_0 \ldots r_{n_R} \quad t_0 \ldots t_{n_T} \,], \qquad (2.143)$$

$$\phi_k^T = [\, u_k \quad \phi_{0k}^T \,], \qquad (2.144)$$

$$\Theta^T = [\, s_0 \quad \Theta_0 \,]^T, \qquad (2.145)$$

on obtient la relation :

$$0 = -\phi_k^T \Theta + T(q) y_{k+d}^d. \qquad (2.146)$$

La séquence $\lambda_{1k}, \lambda_{2k}$ étant choisie, il vient pour le mécanisme d'adaptation la séquence d'opérations suivante :

1. mesure de y_k ;
2. calcul de ϑ_{0k} ;
3. calcul de ϑ_k ;
4. actualisation de Θ_k ;
5. $u_k = \dfrac{1}{s_0}[-\phi_{0k}^T \hat{\Theta}_{0k} + T(q) y_{k+d}^d]$;
6. calcul de P_{k+1} ;
7. calcul de y_{k+d+1}^d et de $T(q) y_{k+d+1}^d$.

Le volume des calculs à effectuer peut nécessiter de retarder la mise en œuvre de la commande u_k d'une période pour l'appliquer au moment de la mesure de y_{k+1}. Ce retard additionel doit être pris en compte dans le modèle du processus.

C. Analyse du mécanisme d'adaptation.

a. $\lambda_{1k} = \lambda_{2k} = 1$

Ce cas correspond à un algorithme à gain décroissant caractérisé par l'expression :

$$P_k^{-1} = P_0^{-1} + \sum_{i=0}^{k} \phi_i \phi_i^T. \qquad (2.147)$$

Pour une entrée suffisamment importante P_k^{-1} croît indéfiniment et donc P_k décroît vers 0. L'estimation issue du mécanisme d'adaptation tend vers une constante :

$$\hat{\Theta}_k = \hat{\Theta}_{k-1} + P_k \phi_{k-d} \vartheta_k. \qquad (2.148)$$

Il s'agit donc là d'**aide au règlage** puisqu'on ne suit pas les variations des paramètres du processus.

b. $\lambda_{1k} = \lambda < 1$, $\lambda_{2k} = 1$

On a alors :

$$P_k^{-1} = \lambda^k P_0^{-1} + \sum_{i=0}^{k} \lambda^i \phi_{k-d-i} \phi_{k-d-i}^T. \qquad (2.149)$$

Il s'agit d'un algorithme à **facteur d'oubli** exponentiel dont la fenêtre d'exploration est conventionnellement :

$$H = 1 + \lambda + \ldots + \lambda^i + \ldots = \frac{1}{1-\lambda}, \qquad (2.150)$$

cette valeur correspondant à peu près au nombre d'échantillons qui permettent d'avoir une estimation satisfaisante de P_k. Il en résulte la possibilité de suivre les variations des paramètres du processus, toutefois cet estimateur possède l'inconvénient majeur d'"exploser" dans les périodes calmes. Supposons, en effet, une régulation parfaite $\phi_{k-d} = 0$, dans ce cas la matrice de gain P_k évoluant en régime libre est instable :

$$P_{k+1} = \frac{1}{\lambda} P_k. \qquad (2.151)$$

On peut utiliser diverses heuristiques pour éviter l'explosion dans les zônes de calme et éviter la dégénérescence de tout ou partie de P_k, une technique simple consiste à bloquer l'actualisation ($\lambda_{1k} = 1, \lambda_{2k} = 0$) lorsque l'écart de régulation est suffisamment faible (on définit alors une "bande de bruit" admissible dans laquelle l'erreur ϑ_k ne provoque aucune évolution). Une autre méthode consiste à multiplier la matrice P_{k+1} actualisée de manière à éviter que sa trace ne décroisse arbitrairement et à ajouter des quantités positives aux termes diagonaux lorsque ceux-ci s'annulent évitant ainsi la dégénérescence. En notant :

$$P_k^* = P_{k-1} - \frac{P_{k-1} \phi_{k-d} \phi_{k-d}^T P_{k-1}}{1 + \phi_{k-d}^T P_{k-1} \phi_{k-d}}, \qquad (2.152)$$

on effectue l'algorithme suivant :

$$\text{si} \quad \text{trace} P_k^* > t_{r0}, \qquad \text{alors} \quad \lambda_{1k} = 1, \lambda_{2k} = 0, P_k = P_{k-1},$$

$$\text{sinon} \quad \lambda_{1k} = 1, \lambda_{2k} = \text{trace}(P_k^*/t_{r0}), \quad (2.153)$$

$$\text{si} \quad \det(P_k) \leq d_0, \qquad \text{alors} \quad P_k \to P_k + \sigma \text{ trace} P_k^*.I, \qquad (2.154)$$

sinon conserver l'algorithme défini en (2.139).

Dans cette méthode, la valeur de σ est en général définie à partir d'essais en simulation.

De nombreuses autres méthodes ont été proposées [GOODWIN *et al.*, 1984] [SAELID S. *et al.*, 1985] dont les performances sont comparables.

2.4.3   Adaptation en boucle ouverte

Dans ce mode de commande, le mécanisme d'adaptation ne s'effectue pas à partir de mesures de l'écart sortie-consigne du processus bouclé mais en boucle ouverte à partir de prises de mesures des perturbations agissant sur le processus.

Le principe de ce type d'adaptation suppose qu'il est possible d'établir une relation directe entre les réglages à effectuer sur les paramètres de la loi de commande et les mesures des perturbations qui influent sur la dynamique du processus. Cette relation est alors utilisée pour définir une adaptation en boucle ouverte des paramètres du régulateur ce qui correspond à la **commande à gains programmés** déjà définie et dont le schéma de principe est décrit figure 2.16.

En pratique, il est souvent possible d'accroître les performances de ce type de régulation en ajoutant à la commande en boucle fermée, une action en boucle ouverte qui permet d'accroître la rapidité du processus à l'élimination d'éventuelles perturbations (figure 2.19), la stabilité et la précision de l'ensemble étant assurées par la boucle de retour.

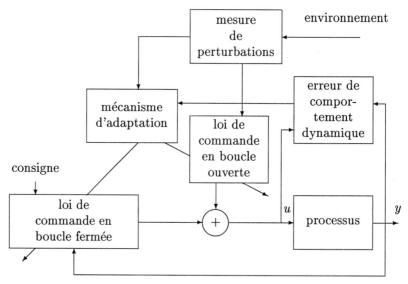

Fɪɢ. 2.19 : Commande adaptative associant boucle ouverte et boucle fermée.

2.4.4   Algorithmes d'adaptation paramétrique

Les algorithmes récursifs d'adaptation à mettre en œuvre ont pour but l'ajustement des paramètres du régulateur dans les méthodes de commande adaptative directe et l'ajustement des paramètres du modèle (prédicteur) du processus dans les méthodes de commande adaptative indirecte. Le principe est d'optimiser un indice de performance correspondant le plus souvent à la minimisation d'un critère quadratique caractérisant l'écart entre le comportement souhaité pour le processus et son comportement réel. Un problème difficile à résoudre est d'assurer un transitoire d'adaptation satisfaisant et d'assurer la stabilité du système bouclé indépendamment des gains d'adaptation. Nous allons détailler ici l'établissement d'un algorithme d'adaptation basé sur la minimisation d'un critère au sens des moindres carrés.

2.4.4.1   Formulation du problème d'adaptation du modèle

Le modèle du processus est supposé donné sous forme discrète et dans l'hypothèse linéaire stationnaire, il vient la fonction de transfert :

$$M(z) = \frac{B(z)}{A(z)}, \tag{2.155}$$

avec

$$B(z) = b_1 z^{-1} + b_2 z^{-2} + \ldots + b_m z^{-m},$$
$$A(z) = 1 + a_1 z^{-1} + a_2 z^{-2} + \ldots + a_n z^{-n}. \tag{2.156}$$

La récurrence caractérisant l'évolution du processus s'écrit alors :

$$A(q)y_k = B(q)u_k, \tag{2.157}$$

soit

$$y_{k+1} = \sum_{i=1}^{m} b_i u_{k+1-i} - \sum_{i=1}^{n} a_i y_{k+1-i}. \tag{2.158}$$

Dans le problème d'adaptation du modèle, les paramètres à identifier sont regroupés dans le vecteur Θ qui s'écrit :

$$\Theta^T = [\, a_1 \quad a_2 \ldots a_n \quad b_1 \quad b_2 \ldots b_m \,], \tag{2.159}$$

et les mesures sont regroupées dans le vecteur :

$$\phi_k^T = [\, -y_k \ldots -y_{k-n+1} \quad u_k \ldots u_{k-m+1} \,], \tag{2.160}$$

la relation (2.158) peut alors être réécrite :

$$y_{k+1} = \Theta^T \phi_k, \tag{2.161}$$

et un modèle de prédiction du processus peut être obtenu en remplaçant dans la relation précédente le vecteur Θ par son estimation $\hat{\Theta}_k$ à l'instant k. Il vient la prédiction *a priori* $\hat{y}_{k+1}$ de y_{k+1} :

$$\hat{y}_{k+1} = \hat{\Theta}_k^T \phi_k. \tag{2.162}$$

et l'erreur de prédiction s'écrit :

$$\varepsilon_{k+1} = y_{k+1} - \hat{y}_{k+1}, \tag{2.163}$$

il convient maintenant de déterminer un algorithme permettant de minimiser cette erreur au sens d'un critère à définir.

2.4.4.2 Algorithme des moindres carrés récursif

Ce type d'algorithme est détaillé dans le volume "Modélisation et Identification des processus" de la même collection. Nous allons brièvement en indiquer les caractéristiques essentielles.

Le critère à minimiser s'exprime sous la forme :

$$J_k = \sum_{i=1}^{k} [y_i - \hat{\Theta}_k^T \phi_{i-1}]^2. \tag{2.164}$$

La minimisation de J_k par rapport à $\hat{\Theta}_k$ impose la condition de stationnarité :

$$[J_k]_{\hat{\Theta}_k} = 0 \tag{2.165}$$

soit :

$$\sum_{i=1}^{k} (y_i - \hat{\Theta}_k^T \phi_{i-1}) \phi_{i-1} = 0 \tag{2.166}$$

d'où :

$$\hat{\Theta}_k = \left[\sum_{i=1}^{k} \phi_{i-1} \phi_{i-1}^T \right]^{-1} \sum_{i=1}^{k} y_i \phi_{i-1}. \tag{2.167}$$

On peut mettre cette relation sous la forme :

$$\hat{\Theta}_k = P_k \sum_{i=1}^{k} y_i \phi_{i-1}, \tag{2.168}$$

avec :

$$P_k^{-1} = \sum_{i=1}^{k} \phi_{i-1} \phi_{i-1}^T, \tag{2.169}$$

et l'expression de $\hat{\Theta}_{k+1}$ à partir de $\hat{\Theta}_k$, corrigé à partir de la relation (2.167) en utilisant la mesure ϕ_k de l'instant k conduit à l'algorithme récursif :

$$\hat{\Theta}_{k+1} = \hat{\Theta}_k + P_{k+1} \phi_k \varepsilon_{k+1}, \tag{2.170}$$

dans lequel :

$$P_{k+1}^{-1} = P_k^{-1} + \phi_k \phi_k^T. \tag{2.171}$$

Le calcul de P_{k+1} peut être simplifié en utilisant le lemme matriciel, il vient en effet :

$$(P_k^{-1} + \phi_k \phi_k^T)^{-1} = P_k - \frac{P_k \phi_k \phi_k^T P_k}{1 + \phi_k^T P_k \phi_k}, \tag{2.172}$$

soit l'algorithme d'adaptation :

$$\hat{\Theta}_{k+1} = \hat{\Theta}_k + P_{k+1} \phi_k \varepsilon_{k+1},$$

$$P_{k+1} = P_k - \frac{P_k \phi_k \phi_k^T P_k}{1 + \phi_k^T P_k \phi_k}, \tag{2.173}$$

$$\varepsilon_{k+1} = y_{k+1} - \hat{\Theta}_k^T \phi_k.$$

Une variante de la méthode consiste à utiliser l'erreur de prédiction *a posteriori* $\bar{\varepsilon}_{k+1}$ à partir de la sortie prédite $\bar{y}_{k+1} = \hat{\Theta}_{k+1}^T \phi_k$, soit :

$$\bar{\varepsilon}_{k+1} = y_{k+1} - \bar{y}_{k+1} = (\Theta - \hat{\Theta}_{k+1})^T \phi_k, \qquad (2.174)$$

ce qui se réécrit sous la forme :

$$\bar{\varepsilon}_{k+1} = \varepsilon_{k+1} - (\hat{\Theta}_{k+1} - \hat{\Theta}_k)^T \phi_k. \qquad (2.175)$$

Il vient, en utilisant les relations (2.173) :

$$\bar{\varepsilon}_{k+1} = \frac{\varepsilon_{k+1}}{1 + \phi_k^T P_k \phi_k}, \qquad (2.176)$$

d'où la nouvelle formulation de l'algorithme :

$$\begin{aligned}
\hat{\Theta}_{k+1} &= \hat{\Theta}_k + P_k \phi_k \bar{\varepsilon}_{k+1}, \\
P_{k+1} &= P_k - \frac{P_k \phi_k \phi_k^T P_k}{1 + \phi_k^T P_k \phi_k}, \\
\bar{\varepsilon}_{k+1} &= \frac{y_{k+1} - \hat{\Theta}_k^T \phi_k}{1 + \phi_k^T P_k \phi_k}.
\end{aligned} \qquad (2.177)$$

L'initialisation de l'algorithme peut s'effectuer en posant :

$$P_0 = \alpha I, \qquad (2.178)$$

avec $\alpha \gg 1$. L'obtention d'un algorithme avec facteur d'oubli exponentiel s'obtient en introduisant dans le critère une pondération des mesures :

$$J_k = \sum_{i=1}^{k} \lambda^{i-1} [y_i - \hat{\Theta}_k^T \phi_{i-1}]^2 \quad , \quad \lambda \in]0\ 1[, \qquad (2.179)$$

les équations de récurrence du gain P_k étant modifiées par :

$$P_{k+1}^{-1} = \lambda P_k^{-1} + \phi_k \phi_k^T. \qquad (2.180)$$

A ce niveau, l'évolution de P_k peut également être modulée en utilisant une pondération supplémentaire sur la prise en compte des mesures :

$$P_{k+1}^{-1} = \lambda_1 P_k^{-1} + \lambda_2 \phi_k \phi_k^T, \qquad (2.181)$$

avec $0 < \lambda_1 \leq 1$, $0 \leq \lambda_2 < 2$, et $P_0 > 0$. On peut remarquer que dans l'algorithme, λ_1 et λ_2 ont des effets contraires sur l'évolution du gain d'adaptation. Le choix de coefficients λ_1 et λ_2 non constants peut également être utilisé de façon à préciser la forme de la loi d'oubli. L'utilisation du lemme matriciel permet de retrouver une expression de la forme indiquée dans les relations (2.139), et les remarques relatives à la mise en œuvre dans le cas de l'algorithme présenté dans le mode de commande adaptative directe restent valables.

2.4.5   Remarques générales

La mise en œuvre pratique de la commande adaptative implique les réflexions suivantes :

— on ne peut rendre adaptatives que les commandes dont on domine bien la synthèse à partir d'un modèle du procédé et possédant une bonne robustesse en non-adaptatif ;

— l'aide au réglage est une technique facile à mettre en œuvre dès que le processus est supervisé par un conducteur qui active cette aide. Rappelons que l'aide au réglage n'est pas la commande adaptative ;

— la mise en œuvre de la commande adaptative nécessitant le plus souvent l'utilisation d'un microcalculateur, il est en général souhaitable de travailler à partir d'un modèle discret ou discrétisé du processus ;

— les boucles de régulation des systèmes de commande des processus à état continu sont souvent supervisées, pour la sécurité, par une gestion d'alarme par détection de seuils haut et bas. Un tel niveau de supervision est *indispensable* pour la commande adaptative afin de détecter si le processus reste bien dans la classe de structures de modèles qui a justifié le choix de la structure de commande utilisée. Dans le cas contraire, on se replie en général sur une structure de commande robuste si les variations du processus sont telles, que la commande adaptative, par ailleurs plus performante, devient mal adaptée.

CHAPITRE 3

Commande optimale

3.1 Principes et méthodes utilisés en commande optimale

3.1.1 Introduction

Le problème général de la détermination d'une **commande optimale** d'un processus peut se résumer comme suit :

Un processus étant donné et défini par son modèle, trouver parmi les commandes admissibles celle qui permet à la fois :

— *de vérifier des conditions initiales et finales données;*
— *de satisfaire diverses contraintes imposées;*
— *d'optimiser un critère choisi.*

Cette définition appelle quelques commentaires :

— toute recherche de commande, et a *fortiori* de commande optimale, nécessite la manipulation d'expressions mathématiques et en particulier de celles caractérisant l'évolution du processus, c'est-à-dire de son modèle. Le choix du modèle s'avère donc primordial. Trop simple, il ne caractérisera pas suffisamment bien le processus, et inutilement sophistiqué, il conduira à des calculs très complexes;
— la commande est en général soumise à diverses contraintes liées à sa réalisation (accélération limitée, vitesse de montée en puissance bornée, débit borné, discontinuités exclues, réservoir de capacité limitée...) elle même liée au matériel disponible au niveau de la mise en œuvre;
— les variables caractéristiques du processus peuvent être soumises à diverses contraintes liées aux saturations, à la sécurité, à la construction, au confort, au coût...
— les états initiaux et finaux du processus peuvent également être soumis à diverses contraintes liées aux conditions de départ et à l'objectif à atteindre. Par exemple un hélicoptère décollant d'un bateau pour atterrir sur un autre, tous deux en déplacement;

— le critère à optimiser doit correspondre à l'expression d'un choix étudié avec soin, il peut être lié aux valeurs de l'état et de la commande pris à des instants donnés, lié à une intégrale d'une fonction de ces variables sur un intervalle de temps fixé ou non, ou les deux à la fois ;
— l'existence d'une commande satisfaisant un objectif donné suppose que le processus est commandable, hypothèse qui sera faite implicitement de façon systématique.

3.1.2   Position du problème

Le processus étudié est décrit dans l'espace d'état sous la forme :

$$\dot{x} = f(x, u, t), \tag{3.1}$$

où $x \in \Re^n$, représente l'état, et $u \in \Re^l$, la commande.

Les conditions initiales et finales x_0 et x_f prises aux instants respectifs t_0 et t_f doivent satisfaire les conditions :

$$k(x_0, t_0) = 0, \quad l(x_f, t_f) = 0. \tag{3.2}$$

Les contraintes imposées au système sont de nature **instantanée** :

$$\forall t, \ q(x, u, t) \leq 0, \ q(.) \in \Re^{k_q}, \tag{3.3}$$

ou **intégrale** :

$$\int_{t_0}^{t_f} p(x, u, t) \mathrm{d}t \leq 0, \ p \in \Re^{k_p}. \tag{3.4}$$

La commande optimale, u^*, cherchée doit, tout en satisfaisant les conditions précédentes, minimiser le critère :

$$J = \int_{t_0}^{t_f} r(x, u, t) \mathrm{d}t + g(x_0, t_0, x_f, t_f). \tag{3.5}$$

Le terme $g(x_0, t_0, x_f, t_f) \in \Re$ est appelé partie terminale. On note parfois $f_0(x, u, t)$ au lieu de $r(x, u, t)$.

Pour aborder la résolution de ce problème, nous nous placerons dans le cas plus général qui consiste à rechercher la trajectoire $x(t)$ qui satisfait aux contraintes précédentes tout en minimisant le critère :

$$J(x) = \int_{t_0}^{t_f} r(x, \dot{x}, t) \mathrm{d}t + g(x_0, t_0, x_f, t_f). \tag{3.6}$$

La résolution de ce problème fait appel au **calcul des variations**, et permet de traiter le problème initial en tant que cas particulier, en faisant la transformation : $x := [x^T, u^T]^T$.

3.2   Calcul des variations

Afin de ne pas alourdir l'exposé, nous présenterons ici une démonstration simplifiée de la méthode pour le problème sans contrainte avec les conventions suivantes :

— le fait d'écrire une dérivée (totale ou partielle) présuppose que celle-ci existe et que les conditions d'existence ont bien été vérifiées;

— tout passage à la limite, ou développement limité implique que celui-ci présente un sens, la vérification étant à faire dans la mise en oeuvre pratique;

— nous appelerons trajectoire dans $\Re^n$ la représentation dans cet espace de l'évolution en fonction du temps du vecteur $x(t)$;

— suivant les notations indiquées dans l'annexe B, pour une fonction scalaire de plusieurs variables $f(x)$, f_x représente le vecteur colonne des **dérivées partielles premières**, F_{xx}, la matrice symétrique des **dérivées partielles secondes**, et dans le cas où $f(x)$ est une fonction vectorielle, F_x représente alors la matrice **jacobienne** des dérivées partielles premières;

— de plus, lorsqu'il n'y a pas d'ambiguité, les évaluations des variables au début et à la fin du mouvement seront désignées respectivement par les indices 0 et f.

3.2.1   Variation d'une fonctionnelle

Soit la fonctionnelle $J(x)$ définie pour la trajectoire $x(t)$:

$$J(x) = \int_{t_0}^{t_f} r(x, \dot{x}, t) \mathrm{d}t + g(x_0, t_0, x_f, t_f), \qquad (3.7)$$

avec pour la trajectoire $x(t)$ les conditions terminales :

$$k(x_0, t_0) = 0, \ l(x_f, t_f) = 0.$$

Considérons la trajectoire perturbée $x(t) + \delta x(t)$ voisine de $x(t)$, évoluant dans l'intervalle de temps $[t_0 + \delta t_0, t_f + \delta t_f]$, et satisfaisant les conditions terminales :

$$k(x_0 + \delta x_0, t_0 + \delta t_0) = 0, \ l(x_f + \delta x_f, t_f + \delta t_f) = 0, \qquad (3.8)$$

où δx_0, δt_0, δx_f, δt_f, sont des petites variations de la trajectoire, aux instants initial et final (fig.3.1).

Notons pour simplifier :

$$\begin{aligned}
\delta J &= J(x + \delta x) - J(x), \\
r_0 &= r(x(t_0), \dot{x}(t_0), t_0), \\
r_f &= r(x(t_f), \dot{x}(t_f), t_f).
\end{aligned} \qquad (3.9)$$

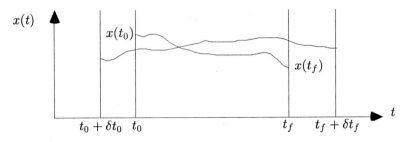

FIG. 3.1 : Variations de trajectoire.

Il vient en faisant un développement limité au premier ordre :

$$\delta J \quad = \quad \int_{t_0}^{t_f} (r_x^T \delta x + r_{\dot{x}}^T \frac{\mathrm{d}}{\mathrm{d}t}(\delta x))\,\mathrm{d}t$$

$$+ (r_f \delta t_f - r_0 \delta t_0)$$

$$+ (g_{x_0}^T \delta x_0 + g_{t_0} \delta t_0) + (g_{x_f}^T \delta x_f + g_{t_f} \delta t_f). \tag{3.10}$$

Le premier terme correspond à la variation sous le signe somme, le second à la variation des bornes d'intégration et le troisième provient de la variation de la partie terminale du critère.

L'intégration par parties du second terme de l'intégrale donne :

$$\int_{t_0}^{t_f} r_{\dot{x}}^T \frac{\mathrm{d}}{\mathrm{d}t}(\delta x)\,\mathrm{d}t \quad = \quad [r_{\dot{x}}^T \delta x]_{t_0}^{t_f} - \int_{t_0}^{t_f} \frac{\mathrm{d}}{\mathrm{d}t}(r_{\dot{x}}^T) \delta x\,\mathrm{d}t,$$

$$= \quad r_{\dot{x}}^T(t_f)\delta x(t_f) - r_{\dot{x}}^T(t_0)\delta x(t_0) - \int_{t_0}^{t_f} \frac{\mathrm{d}}{\mathrm{d}t}(r_{\dot{x}}^T) \delta x\,\mathrm{d}t. \tag{3.11}$$

Les nouveaux états initiaux et finaux du système (fig.3.2) s'expriment sous la forme :

$$x(t_f + \delta t_f) = x(t_f) + \delta x(t_f) + \dot{x}(t_f)\delta t_f,$$
$$x(t_0 + \delta t_0) = x(t_0) + \delta x(t_0) + \dot{x}(t_0)\delta t_0, \tag{3.12}$$

soit, en notant δx_0 et δx_f les variations respectives des états initiaux et finaux :

$$\delta x_f = \delta x(t_f) + \dot{x}(t_f)\delta(t_f),$$
$$\delta x_0 = \delta x(t_0) + \dot{x}(t_0)\delta(t_0). \tag{3.13}$$

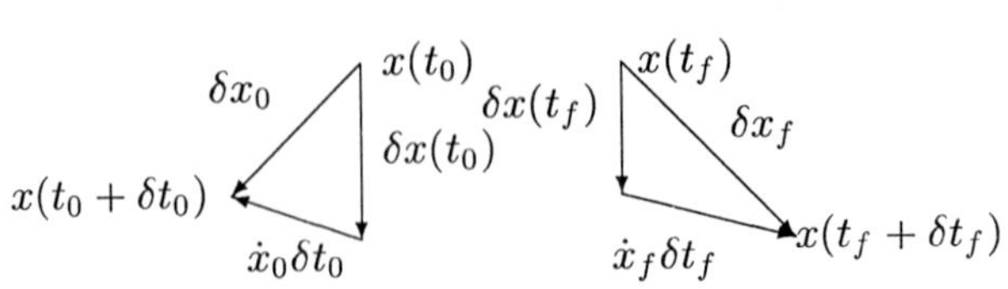

FIG. 3.2 : Variations des états terminaux.

Des relations (3.10), (3.11), et (3.13), il vient :

$$\delta J \;=\; \int_{t_0}^{t_f} (r_x - \frac{\mathrm{d}}{\mathrm{d}t} r_{\dot{x}})^T \delta x \,\mathrm{d}t$$

$$+ [(r - r_{\dot{x}}^T \dot{x})_f + g_{t_f}]\delta t_f + (r_{\dot{x}}(t_f) + g_{x_f})^T \delta x_f$$

$$- [(r - r_{\dot{x}}^T \dot{x})_0 - g_{t_0}]\delta t_O - (r_{\dot{x}}(t_0) - g_{x_0})^T \delta x_0. \qquad (3.14)$$

3.2.2   Minimisation sans contraintes

Si $x^*(t)$ est la trajectoire minimisant la fonctionnelle $J(x)$, cette minimisation implique que, quelles que soient les variations admissibles de la trajectoire, δx, δx_0 et δt_0, δx_f et δt_f telles que :

$$\begin{aligned} K_{x_0}\delta x_0 + k_{t_0}\delta t_0 &= 0, \\ L_{x_f}\delta x_f + l_{t_f}\delta t_f &= 0, \end{aligned} \qquad (3.15)$$

on ait :

$$\delta J = J(x^* + \delta x) - J(x^*) \geq 0, \qquad (3.16)$$

Compte tenu de l'expression de δJ (3.14) et du fait que les variations de δx, de δx_0, δt_0, et de δx_f, δt_f sont indépendantes, la condition (3.16) conduit aux conditions indépendantes :

— $\forall \delta x$,

$$\int_{t_0}^{t_f} (r_x - \frac{\mathrm{d}}{\mathrm{d}t} r_{\dot{x}})^T \delta x \, \mathrm{d}t \geq 0; \qquad (3.17)$$

— $\forall \delta x_f$ et δt_f tels que $L_{x_f}\delta x_f + l_{t_f}\delta t_f = 0$,

$$((r - r_{\dot{x}}^T \dot{x})_f + g_{t_f})\delta t_f + (r_{\dot{x}}(t_f) + g_{x_f})^T \delta x_f \geq 0; \qquad (3.18)$$

— $\forall \delta x_0$ et δt_0 tels que $K_{x_0}\delta x_0 + k_{l_0}\delta t_0 = 0$,

$$((r - r_{\dot{x}}^T \dot{x})_0 - g_{t_0})\delta t_0 + (r_{\dot{x}}(t_0) - g_{x_0})^T \delta x_0 \geq 0. \qquad (3.19)$$

3.2.2.1   Conditions au premier ordre

A.   *Condition d'Euler*

L'utilisation du Lemme de Lagrange :
Si $y(t)$ est une fonction continue sur $[t_0, t_f]$ et si :

$$\int_{t_0}^{t_f} y^T(t)\alpha(t) \, \mathrm{d}t = 0, \qquad (3.20)$$

pour toute fonction $\alpha(t)$ continue, alors $y(t)$ est identiquement nulle sur $[t_0, t_f]$;

sur la condition (3.17) conduit à l'**équation d'Euler** :

$$r_x - \frac{\mathrm{d}}{\mathrm{d}t} r_{\dot{x}} = 0, \qquad (3.21)$$

pour $x = x^*$. En fait, il suffit de prendre, dans (3.17), δx colinéaire à $r_x - \frac{\mathrm{d}}{\mathrm{d}t} r_{\dot{x}}$ et de sens opposé, pour que l'intégrale soit négative ce qui implique bien que tout le long de la solution x^* la relation (3.21) soit vérifiée.

a.   *Intégrales premières de l'équation d'Euler*

Il existe trois cas remarquables pour lesquels l'équation d'Euler admet des intégrales premières.

— x n'apparait pas dans r :
Dans ce cas l'équation (3.21) prend la forme :

$$r_{\dot{x}} = \text{constante}; \qquad (3.22)$$

— $\dot{x}$ n'apparait pas dans r :
L'équation (3.21) est alors algébrique :

$$r_x = 0, \qquad (3.23)$$

et la satisfaction des conditions initiales et finales, lorsqu'elles sont fixées, impose souvent une discontinuité dans la solution;
— t n'apparait pas explicitement dans r :
Il vient $r_t = 0$. Comme :

$$\frac{\mathrm{d}}{\mathrm{d}t}(r - r_{\dot{x}}^T \dot{x}) = r_t + \left(r_x - \frac{\mathrm{d}}{\mathrm{d}t} r_{\dot{x}}\right)^T \dot{x}, \qquad (3.24)$$

cette expression est nulle si la condition d'Euler est satisfaite, soit :

$$r - r_{\dot{x}}^T \dot{x} = \text{constante}. \qquad (3.25)$$

b.   *Existence de discontinuités, conditions de Weierstrass-Erdmann*

Lorsque la solution impose un nombre fini de discontinuités, l'équation d'Euler doit être satisfaite sur les portions où la trajectoire est continue. Supposons que le système admette une discontinuité en T, on peut montrer que la condition de stationnarité au premier ordre s'exprime par les **conditions de Weierstrass-Erdmann** caractérisant la trajectoire $x(t)$ de part et d'autre de la discontinuité:

$$\begin{aligned} (r_{\dot{x}})(T_-) &= (r_{\dot{x}})(T_+), \\ (r - r_{\dot{x}}^T \dot{x})(T_-) &= (r - r_{\dot{x}}^T \dot{x})(T_+). \end{aligned} \qquad (3.26)$$

B. Equations canoniques de Hamilton

a. Equations de Hamilton

Posons sur la trajectoire optimale :

$$\lambda(t) = r_{\dot{x}}. \tag{3.27}$$

D'une part, l'équation d'Euler implique :

$$\dot{\lambda} = r_x, \tag{3.28}$$

d'autre part, lorsque $R_{\dot{x}\dot{x}}$ est non singulière, d'après le Théorème des fonctions implicites, il est possible d'écrire $\dot{x}$ sous la forme :

$$\dot{x} = \phi(x, \lambda, t). \tag{3.29}$$

Appelons **Hamiltonien** la quantité :

$$H(x, \lambda, t) = -r + \lambda^T \phi, \tag{3.30}$$

il vient :

$$H_x = \Phi_x^T \lambda - r_x - \Phi_x^T r_{\dot{x}} = -r_x, \tag{3.31}$$

soit d'après (3.28) :

$$H_x = -\dot{\lambda}. \tag{3.32}$$

De même :

$$H_\lambda = \phi + \Phi_\lambda^T \lambda - \Phi_\lambda^T r_{\dot{x}} = \phi = \dot{x},$$
$$H_t = -r_t - \phi_t^T r_{\dot{x}} + \lambda^T \phi_t = -r_t. \tag{3.33}$$

Comme :

$$\frac{\mathrm{d}H}{\mathrm{d}t} = H_x^T \dot{x} + H_\lambda^T \dot{\lambda} + H_t, \tag{3.34}$$

on obtient les **équations canoniques de Hamilton** :

$$\dot{x} = H_\lambda,$$
$$\dot{\lambda} = -H_x,$$
$$\frac{\mathrm{d}H}{\mathrm{d}t} = -r_t. \tag{3.35}$$

b. Equation de Hamilton-Jacobi

Soient x^* la trajectoire optimale et δx une variation de trajectoire à l'instant t, nulle à l'instant t_f. Pour simplifier l'écriture, les conditions initiales et finales sont supposées invariantes.

Posons :

$$J(x^*, t) = \int_t^{t_f} r(x^*, \dot{x}^*, \tau)\, \mathrm{d}\tau. \tag{3.36}$$

Il vient d'après (3.14) et si l'équation d'Euler est satisfaite sur la trajectoire :

$$\delta J = -[r - r_{\dot{x}}^T \dot{x}]\delta t - r_{\dot{x}}^T \delta x, \qquad (3.37)$$

soit, avec les notations canoniques de Hamilton :

$$\delta J = H(x^*, \lambda, t)\delta t - \lambda^T \delta x. \qquad (3.38)$$

Comme $\delta J = J_t \delta t + J_x^T \delta x$, on obtient :

$$\begin{aligned} J_t &= H(x^*, \lambda, t), \\ J_x &= -\lambda, \end{aligned} \qquad (3.39)$$

d'où **l'équation de Hamilton-Jacobi** :

$$J_t - H(x^*, -J_x, t) = 0, \qquad (3.40)$$

qui doit être satisfaite sur la trajectoire optimale avec la condition finale :

$$J(x^*(t_f), t_f) = 0. \qquad (3.41)$$

C.   Conditions de transversalité

On appelle ainsi les expressions à satisfaire pour vérifier les conditions terminales imposées à la trajectoire.

a.   Conditions initiales

Elles découlent directement des relations (3.19). Quels que soient δx_0 et δt_0, tels que $K_{x_0}\delta x_0 + k_{t_0}\delta t_0 = 0$, on doit avoir :

$$((r - r_{\dot{x}}^T \dot{x})_0 - g_{t_0})\delta t_0 + (r_{\dot{x}}(t_0) - g_{x_0})^T \delta x_0 = 0. \qquad (3.42)$$

En effet, les contraintes imposées à δx_0 et δt_0 restant satisfaites si ces quantités changent simultanément de signe, la relation (3.19) ne peut être vérifiée que par l'égalité à zéro.

b.   Conditions finales

Un raisonnement semblable au précédent montre qu'elles s'expriment, quels que soient δx_f et δt_f, tels que $L_{x_f}\delta x_f + l_{t_f}\delta t_f = 0$, sous la forme :

$$((r - r_{\dot{x}}^T \dot{x})_f + g_{t_f})\delta t_f + (r_{\dot{x}}(t_f) + g_{x_f})^T \delta x_f = 0. \qquad (3.43)$$

D.   Extension de la condition d'Euler

Supposons que l'on ait à résoudre le problème de la recherche de la trajectoire optimale $x^*(t)$ qui minimise le critère :

$$\mathcal{J} = \int_{t_0}^{t_f} r(x, x^{(1)}, \ldots, x^{(k)}, t)\,\mathrm{d}t, \qquad (3.44)$$

avec les contraintes terminales :

$$\forall j \in \{0, \ldots, n-1\}, \ x^{(j)}(t_0) = x_0^j, \ x^{(j)}(t_f) = x_f^j. \tag{3.45}$$

Le calcul de la première variation de la fonctionnelle $\mathcal{J}$, suivi d'une intégration par parties et de l'application du Lemme de Lagrange, conduit à exprimer une condition nécessaire d'extremum pour $x^*(t)$ sous la forme de l'équation d'**Euler-Poisson** :

$$\sum_{j=0}^{k} (-1)^j \left(\frac{\mathrm{d}}{\mathrm{d}t}\right)^j \frac{\partial r}{\partial x^{(j)}} = 0. \tag{3.46}$$

3.2.2.2 Conditions au second ordre

Elles sont en général appelées conditions de Weierstrass et de Legendre et leurs expressions supposent que les conditions au premier ordre et les conditions de transversalité soient satisfaites.

A. *Condition de Weierstrass*

Considérons l'expression $J = \int_{t_0}^{t_f} r(x, \dot{x}, t)\mathrm{d}t$ et envisageons une variation par rapport à la trajectoire optimale telle que $\dot{x}^*$ soit remplacé par $\dot{x}$ entre les instants t et $t + \mathrm{d}t$, l'effet de la variation étant nul à l'instant final (fig.3.3).

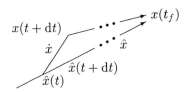

$$\mathrm{FIG.}\ 3.3 : \text{Perturbation de Weierstrass.}$$

Il en résulte les variations :

$$[\delta J(t)]_{t_0}^{t_f} = [\delta J(t)]_{t_0}^{t} + [\delta J(t)]_{t}^{t+\mathrm{d}t} + [\delta J(t)]_{t+\mathrm{d}t}^{t_f}, \tag{3.47}$$

avec :

$$[\delta J(t)]_{t_0}^{t} = 0, \ [\delta J(t)]_{t}^{t+\mathrm{d}t} = [r(x^*, \dot{x}, t) - r(x^*, \dot{x}^*, t)]\mathrm{d}t, \tag{3.48}$$

et :

$$[\delta J(t)]_{t+\mathrm{d}t}^{t_f} = \int_{t+\mathrm{d}t}^{t_f} (r_x - \frac{\mathrm{d}}{\mathrm{d}t} r_{\dot{x}})^T \delta x \mathrm{d}t - (r_{\dot{x}}^T \delta x)_{(t+\mathrm{d}t)}. \tag{3.49}$$

Dans cette dernière expression, le premier terme est nul à cause de l'équation d'Euler, et dans le second, il vient : $\delta x(t + \mathrm{d}t) = (\dot{x} - \dot{x}^*)\mathrm{d}t$, d'où :

$$\delta J(t) = [r(x^*, \dot{x}, t) - r(x^*, \dot{x}^*, t) - r_{\dot{x}}^T(x^*, \dot{x}^*, t)(\dot{x} - \dot{x}^*)]\mathrm{d}t. \tag{3.50}$$

Nous devons avoir : $\forall \dot{x}, \ \delta J(t) \geq 0$. Comme $\mathrm{d}t$ est positif par définition et que la solution optimale est obtenue pour $\dot{x} = \dot{x}^*$, il vient la condition nécessaire au second ordre de Weierstrass:

$$\forall \dot{x} \ \mathrm{et} \ \forall t \in [t_0, t_f], \ r(x^*, \dot{x}, t) - r(\dot{x}, \dot{x}^*, t) - r_{\dot{x}}^T(x^*, \dot{x}^*, t).(\dot{x} - \dot{x}^*) \geq 0. \tag{3.51}$$

B. Condition de Legendre

Lorsque $R_{\dot{x}\dot{x}}(.)$ existe et est continue dans un voisinage de la trajectoire optimale, il vient avec la notation $\delta\dot{x} = \dot{x} - \dot{x}^*$:

$$r(x^*, \dot{x}, t) - r(x^*, \dot{x}^*, t) - \delta\dot{x}^T r_{\dot{x}}(x^*, \dot{x}^*, t) \simeq \frac{1}{2}\delta\dot{x}^T R_{\dot{x}\dot{x}}(x^*, \dot{x}^*, t)\delta\dot{x}. \quad (3.52)$$

La condition au second ordre de Legendre prend dans ce cas la forme :

$$R_{\dot{x}\dot{x}}(x^*, \dot{x}^*, t) \geq 0. \quad (3.53)$$

3.2.3   Minimisation en présence de contraintes

3.2.3.1   Contraintes égalités

A. Problème de Bolza

Le problème consiste à trouver $x(t)$ satisfaisant les conditions terminales : $k(x_0, t_0) = 0$, $l(x_f, t_f) = 0$, et les contraintes instantanées et intégrales :

$$\forall\, t,\ q(.) \in \Re^{k_q},\ q(x, \dot{x}, t) = 0,$$
$$\forall\, t,\ p(.) \in \Re^{k_p}, \int_{t_0}^{t_f} p(x, \dot{x}, t)\mathrm{d}t = 0, \quad (3.54)$$

et minimisant la fonctionnelle :

$$J = \int_{t_0}^{t_f} r(x, \dot{x}, t)\mathrm{d}t + g(x_0, t_0, x_f, t_f), \quad (3.55)$$

les fonctions $r(.)$ et $g(.)$ admettant des dérivées partielles continues dans le domaine d'évolution de $x, \dot{x}$ et t.

Dans le cas où $g \equiv 0$ le problème porte le nom de **problème de Lagrange**, et si $r \equiv 0$ on a à résoudre un **problème de Mayer**.

B. Contraintes intégrales

La condition de stationnarité au premier ordre s'exprime, pour la fonctionnelle :

$$J = \int_{t_0}^{t_f} r(x, \dot{x}, t)\mathrm{d}t, \quad (3.56)$$

sous la forme : pour tout δx admissible on a :

$$\delta J = \int_{t_f}^{t_0} (r_x - \frac{\mathrm{d}}{\mathrm{d}t}r_{\dot{x}})^T \delta x\mathrm{d}t = 0. \quad (3.57)$$

Or la i-ème contrainte, $i \in \{1, \ldots, k_p\}$:

$$\int_{t_0}^{t_f} p_i(x, \dot{x}, t)\mathrm{d}t = 0, \quad (3.58)$$

doit être satisfaite. Après variation, il vient :

$$\int_{t_0}^{t_f} (p_{i_x} - \frac{\mathrm{d}}{\mathrm{d}t} p_{i_{\dot{x}}})^T \delta x \mathrm{d}t = 0. \tag{3.59}$$

Ces diverses intégrales, qui s'interprètent comme un produit scalaire :

$$(u|v) = \int_{t_0}^{t_f} u^T v \, \mathrm{d}t, \tag{3.60}$$

expriment que le vecteur $u = r_x - \dfrac{\mathrm{d}}{\mathrm{d}t} r_{\dot{x}}$ doit rester orthogonal à δx, quel que

soit δx normal à chacun des vecteurs $v_i = p_{i_x} - \dfrac{\mathrm{d}}{\mathrm{d}t} p_{i_{\dot{x}}}$. Les vecteurs u et v_i sont

donc linéairement dépendants, soit :

$$\exists \gamma_i, \; i \in \{1, \ldots, k_p\}, (r_x - \frac{\mathrm{d}}{\mathrm{d}t} r_{\dot{x}}) + \sum_i \gamma_i (p_{i_x} - \frac{\mathrm{d}}{\mathrm{d}t} p_{i_{\dot{x}}}) = 0. \tag{3.61}$$

Cette relation correspond à l'equation d'Euler obtenue en remplaçant $r(.)$
par :

$$\rho(x, \dot{x}, t, \gamma) = r(x, \dot{x}, t) + \gamma^T p(x, \dot{x}, t). \tag{3.62}$$

C.   Contraintes instantanées

Le cas des contraintes instantanées peut s'étudier simplement par discrétisation des équations. Notons, avec N très grand :

$$T = \frac{t_f - t_0}{N},$$
$$x_k = x(t_0 + kT), \tag{3.63}$$
$$y_k = \frac{x_{k+1} - x_k}{T}.$$

Si T est très petit, on peut considérer que $y_k \simeq \dot{x}(t_0 + kT)$, et le critère et les contraintes s'écrivent :

$$J = \sum_{k=0}^{N-1} r(x_k, y_k, k), \tag{3.64}$$
$$k = 0, \ldots, N - 1, \; q(x_k, y_k, k) = 0.$$

D'après les règles d'optimisation des fonctions en présence de contraintes, il est équivalent d'optimiser le critère précédent avec les contraintes instantanées discrétisées et d'optimiser sans contraintes l'expression :

$$E = \sum_{k=0}^{N-1} \rho(x_k, y_k, k), \tag{3.65}$$

où $\rho(x_k, y_k, k) = r(x_k, y_k, k) + \mu_k^T q(x_k, y_k, k)$.

Les conditions de stationnarité de E s'écrivent :

$$\forall k \in \{0, \ldots, N - 1\}, \ E_{x_k} = 0, \tag{3.66}$$

soit :

$$(\rho_x)_k + \frac{1}{T}(\rho_y)_{k+1} - \frac{1}{T}(\rho_y)_k = 0. \tag{3.67}$$

Par passage à la limite, on obtient :

$$\rho_x - \frac{\mathrm{d}}{\mathrm{dt}}\rho_{\dot{x}} = 0, \tag{3.68}$$

ce qui correspond à l'équation d'Euler relative à :

$$\rho(x, \dot{x}, t) = r(x, \dot{x}, t) + \mu^T q(x, \dot{x}, t). \tag{3.69}$$

D.   Résolution

Ainsi, dans ce type de problème :

— l'équation d'Euler (condition au premier ordre);
— les conditions de Weierstrass-Erdmann (conditions aux discontinuités);
— les conditions de Weierstrass et de Legendre (conditions au second ordre);
— les conditions de transversalité (conditions aux limites);

restent valables en remplaçant la fonction $r(.)$ par la fonction $\rho(.)$:

$$\rho(x, \dot{x}, t, \gamma, \mu) = r(x, \dot{x}, t) + \gamma^T q(x, \dot{x}, t) + \mu^T p(x, \dot{x}, t), \tag{3.70}$$

les contraintes devant être satisfaites.

Les contraintes intégrales peuvent s'exprimer sous la forme de contraintes instantanées en introduisant la nouvelle variable z :

$$z = \int_{t_0}^{t} p(x, \dot{x}, t)\mathrm{dt}, \tag{3.71}$$

et il vient la contrainte instantanée : $\dot{z} - p(x, \dot{x}, t) = 0$, avec les conditions terminales : $z(t_0) = 0$ et $z(t_f) = 0$.

L'équation d'Euler relative à la variable z s'écrit alors :

$$\frac{\mathrm{d}\mu}{\mathrm{dt}} = 0, \tag{3.72}$$

soit : $\mu = $ constante.

3.2.3.2 Contraintes inégalités

Les contraintes sur $x(t)$ s'expriment dans ce cas sous la forme :

$$\forall t, \ q(x, \dot{x}, t) \leq 0$$
$$\int_{t_0}^{t_f} p(x, \dot{x}, t) \mathrm{d}t \leq 0. \tag{3.73}$$

On se ramène au cas du problème avec contraintes égalités en introduisant les vecteurs supplémentaires $v^2 \in \Re^{k_q}$ et $w^2 \in \Re^{k_p}$ à composantes positives ou nulles :

$$v^2 = \begin{bmatrix} v_1^2 \\ v_2^2 \\ \vdots \\ v_{k_q}^2 \end{bmatrix}, \ w^2 = \begin{bmatrix} w_1^2 \\ w_2^2 \\ \vdots \\ w_{k_p}^2 \end{bmatrix}. \tag{3.74}$$

Les contraintes inégalités peuvent être réécrites sous la forme :

$$\forall t, \ q(x, \dot{x}, t) + v^2 = 0,$$
$$\int_{t_0}^{t_f} (p(x, \dot{x}, t) + w^2) \mathrm{d}t = 0, \tag{3.75}$$

et la fonction $\rho(.)$ prend alors la forme :

$$\rho(.) = r(x, \dot{x}, t) + \gamma^T(q(x, \dot{x}, t) + v^2) + \mu^T(p(x, \dot{x}, t) + w^2). \tag{3.76}$$

3.3 Détermination de la commande optimale d'un processus continu

On reprend ici la formulation du problème de commande optimale exposée dans le paragraphe "position du problème", avec la donnée supplémentaire que l'état et la commande peuvent, éventuellement, être contraints :

$$x \in \mathcal{X} \subset \Re^n, \ u \in \mathcal{U} \subset \Re^l. \tag{3.77}$$

L'équation d'état du processus intervient en fait comme une contrainte égalité : $\dot{x} - f(x, u, t,) = 0$, à laquelle nous associons le paramètre λ. Les autres contraintes s'expriment sous la forme :

$$q(x, u, t) - v^2 = 0, \int_{t_0}^{t_f} (p(x, u, t) + w^2) \mathrm{d}t = 0. \tag{3.78}$$

La fonction utilisée pour se ramener au problème sans contraintes s'écrit donc :

$$\begin{aligned} \rho(.) = \ & r(x, u, t) + \lambda^T(\dot{x} - f(x, u, t)) \\ & + \gamma^T(q(x, u, t) + v^2) + \mu^T(p(x, u, t) + w^2), \end{aligned} \tag{3.79}$$

expression sur laquelle nous allons appliquer les conditions nécessaires d'optimalité précédentes.

3.3.1 Conditions d'optimalité

3.3.1.1 Conditions d'Euler

— condition d'Euler en x : $\rho_x - \frac{d}{dt}\rho_{\dot{x}} = 0$,

$$\rho_x = r_x - F_x^T \lambda + Q_x^T \gamma + P_x^T \mu,$$
$$\rho_{\dot{x}} = \lambda, \tag{3.80}$$

soit :

$$\dot{\lambda} = r_x - F_x^T \lambda + Q_x^T \gamma + P_x^T \mu; \tag{3.81}$$

— condition d'Euler en u : $\rho_u - \frac{d}{dt}\rho_{\dot{u}} = 0$,

$$\rho_u = r_u - F_u^T \lambda + Q_u^T \gamma + P_u^T \mu,$$
$$\rho_{\dot{u}} = 0, \tag{3.82}$$

soit :

$$r_u - F_u^T \lambda + Q_u^T \gamma + P_u^T \mu = 0; \tag{3.83}$$

— conditions d'Euler en v_i : $\rho_{v_i} - \frac{d}{dt}\rho_{\dot{v}_i} = 0$,

$$\rho_{v_i} = 2\gamma_i v_i, \ \rho_{\dot{v}_i} = 0, \tag{3.84}$$

soit :

$$\gamma_i v_i = 0; \tag{3.85}$$

— condition d'Euler en w_i : $\rho_{w_i} - \frac{d}{dt}\rho_{\dot{w}_i} = 0$,

$$\rho_{w_i} = 2\mu_i w_i, \ \rho_{\dot{w}_i} = 0, \tag{3.86}$$

soit :

$$\mu_i w_i = 0. \tag{3.87}$$

De plus, nous avons vu précédemment que pour les contraintes intégrales :

$$\mu_i = \text{constante}. \tag{3.88}$$

3.3.1.2 Conditions de transversalité

— conditions finales :

$$((\rho - \rho_{\dot{x}}^T \dot{x})_f + g_{t_f})\delta t_f + (\rho_{\dot{x}}(t_f) + g_{x_f})^T \delta x_f = 0, \tag{3.89}$$

soit, en tenant compte des diverses contraintes et des conditions d'Euler :

$$[(r - \lambda^T f + \mu^T p)_f + g_{t_f}]\delta t_f + (\lambda(t_f) + g_{x_f})^T \delta x_f = 0, \tag{3.90}$$

avec : $l_{t_f}\delta t_f + L_{x_f}\delta x_f = 0$;

— conditions initiales : Un calcul semblable conduit à l'expression :

$$[(r - \lambda^T f + \mu^T p)_0 - g_{t_0}]\delta t_0 + (\lambda(t_0) - g_{x_0})^T \delta x_0 = 0, \tag{3.91}$$

avec : $k_{t_0}\delta t_0 + K_{x_0}\delta x_0 = 0$.

3.3.1.3 Condition de Weierstrass

La condition de Weierstrass s'exprime sous la forme :

$$\rho(x^*, \dot{x}, u, v, w, t) - \rho(x^*, \dot{x}^*, u^*, v^*, w^*, t)$$
$$-\rho_{\dot{x}}^T(x^*, \dot{x}^*, u^*, v^*, w^*, t)(\dot{x} - \dot{x}^*) \geq 0, \qquad (3.92)$$

où $\dot{x}$, u, v, et w sont compatibles avec les contraintes et les conditions d'Euler. Il vient :

$$(r(x^*, u, t) + \mu^T p(x^*, u, t))$$
$$-(r(x^*, u^*, t) + \mu^T p(x^*, u^*, t)) - \lambda^T(\dot{x} - \dot{x}^*) \geq 0, \qquad (3.93)$$

soit, puisque $\dot{x} = f(x^*, u, t)$ et $\dot{x}^* = f(x^*, u^*, t)$:

$$\lambda^T f(x^*, u^*, t) - r(x^*, u^*, t) - \mu^T p(x^*, u^*, t) \geq$$
$$\lambda^T f(x^*, u, t) - r(x^*, u, t) - \lambda^T p(x^*, u, t). \qquad (3.94)$$

La commande optimale est donc celle qui rend maximum l'expression :

$$H(x^*, u, \lambda, \mu, t) = \lambda^T f(x^*, u, t) - r(x^*, u, t) - \mu^T p(x^*, u, t). \qquad (3.95)$$

A ce stade de l'étude, on peut faire quelques commentaires importants :

— la condition d'Euler en u exprime la stationnarité de cette expression par rapport aux commandes, en tenant compte des diverses contraintes;
— si les contraintes intégrales ont été, préalablement à l'étude, transformées en contraintes instantanées , on reconnait dans H l'expression du Hamiltonien. La commande optimale est donc celle qui maximise le Hamiltonien en tenant compte des diverses contraintes; cette formulation correspond au **principe du maximum**.

3.3.2 Equations canoniques et principe du maximum

La formulation du problème étant inchangée, notons :

$$H(x, u, \lambda, t) = -r(x, u, t) + \lambda^T f(x, u, t), \qquad (3.96)$$

le Hamiltonien du système. Les conditions d'optimalité peuvent alors s'exprimer simplement par les équations canoniques de Hamilton et le principe du maximum.

3.3.2.1 Equations canoniques de Hamilton

$$\dot{x} = H_\lambda,$$
$$\dot{\lambda} = -H_x. \qquad (3.97)$$

Principe du maximum (forme simplifiée) : *La commande optimale est celle qui maximise le Hamiltonien, les contraintes étant satisfaites.*

3.3.2.2   Expression des conditions de transversalité

A l'instant initial :

$$(-H(t_0) - g_{t_0})\delta t_0 + (\lambda(t_0) - g_{x_0})^T \delta x_0 = 0, \tag{3.98}$$

avec $k_{t_0}\delta t_0 + K_{x_0}\delta x_0 = 0$.

A l'instant final :

$$(-H(t_f) + g_{t_f})\delta t_f + (\lambda(t_f) + g_{x_f})^T \delta x_f = 0, \tag{3.99}$$

avec $l_{t_f}\delta t_f + L_{x_f}\delta x - f = 0$.

3.3.2.3   Equation de Hamilton-Jacobi

Nous supposerons ici que les éventuelles contraintes intégrales imposées au système ont été transformées en contraintes instantanées. Notons :

$$J(x^*, t) = \int_t^{t_f} r(x^*(\tau), u^*(\tau), \tau) d\tau. \tag{3.100}$$

la valeur minimale du critère obtenue lorsque l'on part de la condition initiale x^* à l'instant t. Les contraintes étant satisfaites, on a $\rho(x^*, \dot{x}^*, u^*, v^*, t) = r(x^*, u^*, t)$, soit :

$$J(x^*, t) = \int_t^{t_f} \rho(x^*, \dot{x}^*, u^*, v^*, \tau) d\tau. \tag{3.101}$$

Il résulte de la condition d'optimalité au second ordre que la commande optimale u^* s'écrit :

$$u^* = u^*(x^*, \lambda, t) = \arg \min_u H(x^*, u, \lambda, t). \tag{3.102}$$

Soit une variation de trajectoire à l'instant t, nulle à l'instant t_f, il vient :

$$\begin{aligned}
\delta J &= -(\rho(*) - \rho_{\dot{x}}^T(*)\dot{x}^*)\delta t - \rho_{\dot{x}}^T(*)\delta x, \\
&= (-r(x^*, u^*, t) + \lambda^T f(x^*, u^*, t))\delta t - \lambda^T \delta x, \\
&= H(x^*, u^*, \lambda, t)\delta t - \lambda^T \delta x,
\end{aligned} \tag{3.103}$$

soit :

$$\begin{aligned}
J_t &= H(x^*, u^*(x^*\lambda, t), \lambda, t), \\
J_x &= -\lambda(t).
\end{aligned} \tag{3.104}$$

La trajectoire optimale satisfait donc l'équation de Hamilton-Jacobi :

$$J_t - H(x^*, u^*(x^*, -J_x, t), -J_x, t) = 0, \tag{3.105}$$

avec la condition limite $J(x_f, t_f) = 0$. Dans le cas où le critère comporte une partie terminale, cette condition devient : $J(x_f, t_f) = g(x_f, t_f)$.

3.3.3 Exemples de mise en oeuvre

3.3.3.1 Commande en temps minimum

A. Exemple 1

Le processus étant décrit par l'équation :

$$\ddot{y} = u,$$

avec la contrainte $\mid u \mid \leq 1$, il s'agit de trouver la commande permettant de faire évoluer le processus d'un état quelconque à l'origine en temps minimum.

Formulation du problème

— mise en équation :

Posons :

$$x_1 = y,$$
$$x_2 = \dot{y},$$

il vient :

$$\dot{x}_1 = x_2,$$
$$\dot{x}_2 = u;$$

— contraintes : $u^2 - 1 \leq 0$;

— critère :

$$J = t_f - t_0 = \int_{t_0}^{t_f} dt,$$

soit, $r(.) = 1$.

Résolution

— conditions terminales :

$$x_1(t_0) = y_0, \ x_2(t_0) = \dot{y}_0,$$
$$x_1(t_f) = 0, \ x_2(t_f) = 0;$$

— hamiltonien :

$$H = -1 + \lambda_1 x_2 + \lambda_2 u;$$

— conditions au premier ordre :

$$\dot{x} = H_\lambda = f,$$
$$\dot{\lambda} = -H_x,$$

soit :

$$\dot{\lambda}_1 = -H_{x_1} = 0,$$
$$\dot{\lambda}_2 = -H_{x_2} = -\lambda_1,$$

d'où en notant c_1 et c_2 deux constantes, $\lambda_1 = c_1$, et $\lambda_2 = c_2 - c_1 t$.

— maximisation du Hamiltonien :

Le Hamiltonien étant linéaire en u sera maximum en saturant la contrainte, soit $u = \text{signe}(\lambda_2)$. Comme λ_2 est une fonction linéaire de t, il change de signe au plus une fois. Nous aurons donc $u = u_0$ pour $t \in [t_0, t_c[$ puis $u = -u_0$ pour $t \in [t_c, t_f]$ avec $u_0 = \pm 1$, t_c étant l'instant de commutation de la commande.

— etude des trajectoires du système :

Pour $t \in [t_0, t_c[$,

$$\frac{\mathrm{d}x_1}{\mathrm{d}t} = x_2,$$

$$\frac{\mathrm{d}x_2}{\mathrm{d}t} = u_0,$$

on a la relation nécessaire :

$$u_0 \frac{\mathrm{d}x_1}{\mathrm{d}t} = x_2 \frac{\mathrm{d}x_2}{\mathrm{d}t},$$

qui, par intégration, donne :

$$u_0(x_1 - x_1(t_0)) = \frac{1}{2}(x_2^2 - x_2^2(t_0)),$$

soit :

$$x_1 = \frac{1}{2u_0}x_2^2 + \alpha.$$

Pour $t \in [t_c, t_f]$, on obtient :

$$x_1 = -\frac{1}{2u_0}x_2^2 + \alpha',$$

la commutation de la commande $u_0 \rightarrow -u_0$ se faisant à l'instant t_c.

Les trajectoires du système appartiennent donc à deux familles de paraboles.

Détermination de la commande

A ce niveau, deux approches sont possibles :

— Recherche d'une commande en boucle ouverte :

Intégrer les équations du système entre t_0 et t_c avec t_c et u_0 comme paramètres, puis intégrer les équations caractérisant l'évolution du processus à partir de t_c en prenant $x(t_c)$ comme état initial.

En exprimant $x_1(t_f) = x_2(t_f) = 0$, on obtient un jeu de deux équations en t_c et t_f avec u_0 comme paramètre. La valeur de $u_0 = \pm 1$ donnant la plus petite valeur de t_f nous permet alors d'obtenir la solution : u_0, t_c, t_f. Cette méthode systématique présente l'inconvénient de donner une commande en boucle ouverte et ne tient pas compte d'éventuelles perturbations intervenant sur le processus.

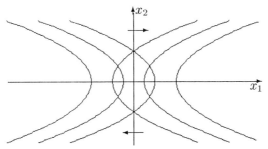

FIG. 3.4 : Allures des trajectoires.

— Recherche d'une commande en boucle fermée :

Traçons les trajectoires du processus dans l'espace d'état (fig.3.4).

La condition terminale étant $x(t_0) = 0$, la trajectoire finale doit obligatoirement passer par l'origine et est donc l'une des courbes de la figure 3.5 :

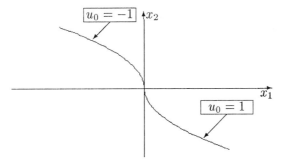

FIG. 3.5 : Trajectoires finales.

Si les conditions initiales du système correspondent à un point sur l'une de ces paraboles, alors la commande est constante et égale à la valeur associée de u_0. Dans le cas contraire, il y a eu une commutation et la portion précédente de trajectoire a conduit sur une parabole passant par l'origine la commande étant $-u_0$ avant la commutation.

Les deux demi-paraboles passant par l'origine divisent donc l'espace d'état en deux régions (fig.3.6), pour un point situé au dessus de la courbe, on applique la commande $u = -1$ pour un point situé en dessous, on applique la commande $u = +1$. Dans les deux cas, la commande change de signe sur la courbe de séparation.

Cette réalisation de la commande optimale tient donc compte de l'état réel du processus et constitue donc une commande en boucle fermée qui accorde la priorité à l'objectif en éliminant l'effet de perturbations possibles.

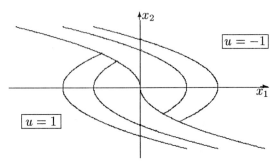

FIG. 3.6 : Trajectoires et commandes optimales.

B. Exemple 2

Le processus étant décrit par l'équation :

$$\ddot{y} + \dot{y} = u - \dot{u},$$

il s'agit de trouver la commande permettant de le faire évoluer d'un état inital quelconque donné à un état final caractérisé par $y(t_f) = 0$, en temps minimum avec la contrainte $\mid u \mid \leq 1$.

Une mise en équation effectuée par la méthode modale donne :

$$\dot{x} = \begin{bmatrix} 0 & 0 \\ 0 & -1 \end{bmatrix} x + \begin{bmatrix} 1 \\ -2 \end{bmatrix} u,$$

$$y = [\, 1 \quad 1\,]x,$$

soit :

$$\dot{x}_1 = u,$$

$$\dot{x}_2 = -x_2 - 2u,$$

$$y = x_1 + x_2.$$

Le Hamiltonien s'écrit :

$$H = -1 + \lambda_1 u + \lambda_2(-x_2 - 2u) = -1 - \lambda_2 x_2 + u(\lambda_1 - 2\lambda_2),$$

il vient :

$$\dot{\lambda}_1 = 0, \Rightarrow \lambda_1 = c_1,$$

$$\dot{\lambda}_2 = \lambda_2, \Rightarrow \lambda_2 = c_2 e^t.$$

Maximiser H par rapport à $u \in [-1, +1]$ conduit, puisque H est fonction linéaire de u à $u = \text{signe}(\lambda_1 - 2\lambda_2)$. L'état initial $x(t_0) = x_0$ et l'instant initial t_0 étant fixés, les conditions de transversalité à l'instant initial s'écrivent $\delta x_0 = 0$ et $\delta t_0 = 0$.

L'état final étant caractérisé pas $y_f = 0$ avec t_f non fixé, il vient $\delta y_f = 0$, et δt_f quelconque, soit $\delta x_{1f} + \delta x_{2f} = 0$.

Comme les conditions de transversalité à l'instant final s'écrivent :

$$-H(t_f)\delta t_f + \lambda_1(t_f)\delta x_{1f} + \lambda_2(t_f)\delta x_{2f} = 0,$$

δt_f quelconque implique que le maximum du Hamiltonien soit nul à l'instant final (δt_f indépendant de δx_f). On obtient donc :

$$\lambda_1(t_f)\delta x_{1f} + \lambda_2(t_f)\delta x_{2f} = 0,$$

ce qui impose nécessairement :

$$\lambda_1(t_f) = \lambda_2(t_f),$$

soit :

$$c_1 = c_2 e^{t_f}.$$

La commande optimale u est donc :

$$u^* = \text{signe}(c_2(e^{t_f} - 2e^t)),$$

qui admet au plus un changement de signe.

L'instant de commutation t_c, s'il existe, satisfait la relation :

$$e^{t_f} - 2e^{t_c} = 0,$$

soit, en notant $\log x$ le logarithme Népérien $\log_e x$ (notation qui sera utilisée par la suite) :

$$t_f = t_c + \log 2.$$

Soit $u = u_0$, une commande constante égale à ± 1, les équations caractérisant l'évolution du processus s'écrivent :

$$\dot{x}_1 = u_0,$$
$$\dot{x}_2 = -x_2 - 2u_0,$$

les trajectoires sont donc des courbes exponentielles définies par :

$$x_1(t) = x_{1,0} + u_0(t - t_0),$$
$$x_2(t) = e^{-(t-t_0)}x_{2,0} - 2u_0(1 - e^{-(t-t_0)}).$$

Deux cas sont à envisager, selon qu'il y a ou non commutation.

1. S'il existe une solution sans commutation, elle doit satisfaire la relation :

$$x_{1,f} + x_{2,f} = 0,$$

c'est-à-dire qu'il doit exister $t_f \geq t_0$ et $u^* = \pm 1$ solutions de :

$$x_{1,0} + u^*(t_f - t_0) + e^{-(t_f-t_0)}x_{2,0} - 2u^*(1 - e^{-(t_f-t_0)}) = 0;$$

2. Dans le cas contraire, il existe une commutation à l'instant t_c. La commande optimale s'obtient alors en résolvant le système d'équations suivant :

— pour $t \in [t_0, t_c[$, $u = u_0$:

$$
\begin{aligned}
x_1(t_c) &= x_{1,0} + u_0(t_c - t_0), \\
x_2(t_c) &= e^{-(t_c - t_0)}x_{2,0} - 2u_0(1 - e^{-(t_c - t_0)});
\end{aligned}
$$

— pour $t \in [t_c, t_f]$, $u = -u_0$:

$$
\begin{aligned}
x_{1,f} &= x_1(t_c) - u_0(t_f - t_c), \\
x_{2,f} &= e^{-(t_f - t_c)}x_2(t_c) + 2u_0(1 - e^{-(t_f - t_c)}).
\end{aligned}
$$

Comme $t_f - t_c = \log 2$ et $x_{1,f} + x_{2,f} = 0$, il vient :

$$
\begin{aligned}
0 &= x_{1,0} + u_0(t_c - t_0) - u_0 \log 2 \\
&+ 0.5[e^{-(t_c - t_0)}x_{2,0} - 2u_0(1 - e^{-(t_c - t_0)})] + u_0,
\end{aligned}
$$

l'instant de commutation $t_c \geq t_0$ et la valeur initiale de la commande $u_0 = \pm 1$ sont alors solutions de cette dernière équation.

Dans ce type de problème, s'il existe plusieurs solutions possibles, il faut évidemment prendre celle qui minimise le critère.

C.   Exemple 3

Avec le processus décrit dans l'exemple précédent, l'objectif est maintenant d'atteindre le point origine ($x_f = 0$) en temps minimum avec la contrainte $|u| \leq 1$.

Comme dans l'exemple précédent, on retrouve :

$$
u = \text{signe } (c_1 - c_2 e^t),
$$

mais les conditions terminales sont changées. Les conditions de transversalité s'écrivent maintenant :

$$
\delta x_f = 0.
$$

1. S'il existe $u_0 = \pm 1$ et $t_f > t_0$ tels que :

$$
\begin{aligned}
x_{1,f} &= x_{1,0} + u_0(t_f - t_0) = 0, \\
x_{2,f} &= e^{-(t_f - t_0)}x_{2,0} - 2u_0(1 - e^{-(t_f - t_0)}) = 0,
\end{aligned}
$$

alors il est possible d'atteindre l'origine avec la commande constante.

2. Dans le cas contraire, il existe une commutation à l'instant t_c ($u = u_0$ devient $u = -u_0$), il vient :

$$x_1(t_c) = x_{1,0} - u_0(t_c - t_0),$$

$$x_2(t_c) = e^{-(t_c-t_0)}x_{2,0} - 2u_0(1 - e^{-(t_c-t_0)}),$$

$$x_{1,f} = x_1(t_c) - u_0(t_f - t_c) = 0,$$

$$x_{2,f} = e^{-(t_f-t_c)}x_2(t_c) - 2u_0(1 - e^{-(t_f-t_c)}) = 0.$$

Les valeurs de t_f et t_c sont solutions du système :

$$x_{1,0} + u_0(t_c - t_0) - u_0(t_f - t_c) = 0,$$

$$e^{-(t_f-t_c)}[e^{-(t_c-t_0)}x_{2,0} - 2u_0(1 - e^{-(t_c-t_0)})] + 2u_0(1 - e^{-(t_f-t_c)}) = 0,$$

avec $u_0 = \pm 1$ comme paramètre.

S'il existe plusieurs solutions possibles, il convient de prendre celle correspondant à t_f minimal.

Dans cet exemple, la trajectoire finale est imposée et il est possible comme dans l'exemple 1 de définir une courbe de commutation séparant l'espace en deux zones, l'une telle que $u_0 = -1$ et l'autre telle que $u_0 = +1$. En effet, en notant u_0 la commande intervenant sur la trajectoire finale, il vient, par élimination du temps dans les équations du processus :

$$\frac{dx_1}{u_0} = -\frac{dx_2}{x_2 - 2u_0},$$

ce qui donne, en intégrant à partir de l'instant de commutation :

$$\frac{x_1 - x_1(t_c)}{u_0} = -\log\left(\left|\frac{x_2 - 2u_0}{x_2(t_c) - 2u_0}\right|\right).$$

Comme, à l'instant final, on doit avoir $x_{1,f} = x_{2,f} = 0$, l'équation de la courbe de commutation s'écrit :

$$x_{1c} = -u_0\log\left(\left|\frac{x_2(t_c) - 2u_0}{2u_0}\right|\right).$$

D.   Exemple 4

L'évolution du système étant décrite par l'équation :

$$\ddot{y} + y = u,$$

avec :

$$|u| \le 1,$$

il s'agit de déterminer la commande u permettant d'atteindre l'origine en temps minimum partant d'un état initial fixé quelconque.

En posant :

$$x_1 = y, \quad x_2 = \dot{y},$$

il vient la modélisation :

$$\dot{x}_1 = x_2,$$
$$\dot{x}_2 = -x_1 + u,$$

soit, pour le Hamiltonien :

$$H = -1 + \lambda_1 x_2 + \lambda_2(-x_1 + u).$$

La condition nécessaire d'optimalité, $\dot{\lambda} = -H_x$, conduit à :

$$\dot{\lambda}_1 = \lambda_2,$$
$$\dot{\lambda}_2 = -\lambda_1,$$

soit, en intégrant :

$$\lambda_2 = A\sin(t - \varphi).$$

Le Hamiltonien étant une fonction linéaire de u, son maximum est obtenu en saturant la contrainte. Il vient :

$$u = \text{signe}\left(A\sin(t - \varphi)\right).$$

Il apparait dans cet exemple qu'il peut, selon les conditions initiales, exister un grand nombre de commutations. La seule solution permettant une mise en œuvre aisée, consiste à définir une structure bouclée, c'est-à-dire une courbe de commutation dans l'espace d'état.

D'après l'expression précédente, u change de signe au plus toutes les π secondes. Notons $u_0 = \pm 1$ une valeur constante de la commande. L'élimination de $\mathrm{d}t$ dans les équations du processus conduit à :

$$(x_1 - u_0)\frac{\mathrm{d}(x_1 - u_0)}{\mathrm{d}t} + x_2\frac{\mathrm{d}x_2}{\mathrm{d}t} = 0,$$

qui, par intégration, indique que pour $u = u_0$, les trajectoires sont des cercles parcourus en 2π secondes et d'équations :

$$(x_1 - u_0)^2 + x_2^2 = \rho^2.$$

La trajectoire finale passant par l'origine, et u_0 étant constant pendant au plus π secondes, la trajectoire finale est nécessairement l'un des demi-cercles représentés figure 3.7.

En final le point caractérisant l'état est donc venu sur l'un de ces demi-cercles, supposons celui de gauche ($u = -1$), la commutation s'effectuant en un point M. Avant, on avait donc $u = +1$ et la trajectoire était un cercle de centre O_1, la rotation s'étant effectuée pendant au plus π secondes, c'est-à-dire pendant un demi-tour. Le lieu de l'avant dernière commutation si elle a existé est donc symétrique du lieu de la dernière commutation par rapport au point O_1. En continuant le raisonnement et en tenant compte de la symétrie des trajectoires finales, on obtient donc la courbe de commutation $\mathcal{C}$ de la figure 3.8. Pour un point dans l'espace d'état situé au dessus de la courbe de commutation, il vient $u = -1$, et pour un point situé en dessous, il vient $u = +1$.

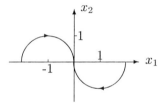

FIG. 3.7 : Trajectoires finales.

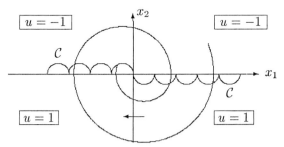

FIG. 3.8 : Trajectoires optimales.

3.3.3.2   Autres types de critères

Les deux exemples suivant illustrent la minimisation, sur un processus linéaire, de critères très employés en pratique : le critère **énergétique** (exemple 5), qui est l'intégrale d'une forme quadratique de l'état et de la consigne; et le critère **consommation** (exemple 6), qui est l'intégrale de la somme des valeurs absolues des composantes de la consigne. L'optimisation à partir de l'un de ces critères a une signification physique évidente.

A.   *Exemple 5 : critère énergétique*

La commande optimale des systèmes linéaires avec critère quadratique fait l'objet d'un paragraphe détaillé dans la recherche de commandes en boucle fermée, nous allons envisager ici un exemple d'application directe.

L'évolution du processus étudié est régie par l'équation :

$$\ddot{y} + 2\dot{y} = u + \dot{u},$$

on veut déterminer la commande permettant, en partant d'un état donné à l'instant t_0 que l'on prendra égal à 0, d'obtenir $y(t_f) = y_f$ à l'instant t_f fixé, en minimisant :

$$J = \frac{1}{2} \int_{t_0}^{t_f} u^2 \mathrm{d}t.$$

La mise en équation modale donne :

$$\dot{x} = \begin{bmatrix} 0 & 0 \\ 0 & -2 \end{bmatrix} x + \begin{bmatrix} 1 \\ 1 \end{bmatrix} u,$$

$$y = \tfrac{1}{2}[1 \quad 1]x.$$

D'autre part, le Hamiltonien s'écrivant :

$$H = -\frac{1}{2}u^2 + \lambda_1 u + \lambda_2(-2x_2 + u),$$

on obtient :

$$\dot{\lambda}_1 = -H_{x_1} = 0, \ \Rightarrow \ \lambda_1 = c_1,$$

$$\dot{\lambda}_2 = -H_{x_2} = 2\lambda_2, \ \Rightarrow \ \lambda_2 = c_2 e^{2t}.$$

La maximisation du Hamiltonien conduit à :

$$H_u = -u + \lambda_1 + \lambda_2 = 0,$$

$$H_{uu} = -1 < 0,$$

soit :

$$u = c_1 + c_2 e^{2t}.$$

Les conditions de transversalité à l'instant final s'écrivent :

$$-H(t_f)\delta t_f + \lambda_{1,f}\delta x_{1,f} + \lambda_{2,f}\delta x_{2,f} = 0,$$

avec $x_{1,f} + x_{2,f} = y_f$ et t_f fixé, soit :

$$\delta x_{1,f} + \delta x_{2,f} = 0, \ \delta t_f = 0.$$

Il vient donc à l'instant final $\lambda_{1,f} = \lambda_{2,f}$, soit $c_1 = c_2 e^{2t_f}$,

$$u = c_2(e^{2t_f} + e^{2t}).$$

L'intégration de l'équation d'état du système avec la commande précédente donne :

$$x_f = \begin{bmatrix} 1 & 0 \\ 0 & e^{-2t_f} \end{bmatrix} \left[x_0 + \int_0^{t_f} \begin{bmatrix} 1 \\ e^{2\tau} \end{bmatrix} c_2(e^{2t_f} + e^{2\tau})\, d\tau \right],$$

$$y_f = \frac{1}{2}[1 \quad 1]x_f,$$

d'où la valeur de c_2 en fonction de x_0 et de t_f :

$$c_2 = \frac{2y_f - [1 \quad e^{-2t_f}]x_0}{(t_f + \frac{5}{4})e^{2t_f} - 1 - \frac{1}{4}e^{-2t_f}}.$$

B.   Exemple 6 : critère consommation

L'évolution du système étudié étant décrite par la relation :

$$\dot{x} = ax + u, \ x \in \Re, \ u \in \Re,$$

il s'agit de trouver, lorsqu'elle existe, la commande permettant de faire évoluer le système de l'état x_0, fixé à $t_0 = 0$, à l'état $x_f = 0$, à l'instant t_f fixé, en minimisant :

$$J = \int_{t_0}^{t_f} |u| \, dt,$$

avec la contrainte $|u| \leq 1$.

Dans cet exemple, nous montrerons que pour des problèmes de type consommation, il n'existe pas nécessairement de solution.

Le Hamiltonien s'écrit :

$$H = -|u| + \lambda(ax + u),$$

soit, pour $u < 0$:

$$H = u + \lambda(ax + u) = \lambda ax + (\lambda + 1)u,$$

et pour $u > 0$:

$$H = -u + \lambda(ax + u) = \lambda ax + (\lambda - 1)u,$$

ce qui correspond aux trois cas de la figure 3.9.

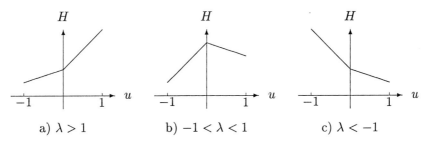

FIG. 3.9 : Allures du Hamiltonien.

Le maximum du Hamiltonien, en tenant compte des contraintes, est donc obtenu pour, suivant la valeur de λ, $u \in \{-1, 0, 1\}$.

La condition nécessaire, $H_x = -\dot{\lambda}$, fournit la relation :

$$\dot{\lambda} = -a\lambda \ \Rightarrow \ \lambda = c_1 e^{-at},$$

λ est donc de signe constant, et la solution optimale, lorsqu'elle existe, comporte au plus un changement de valeur de u. On obtient ainsi les résultats réunis dans le tableau 3.1.

Ces résultats s'interprètent simplement.

TABLEAU 3.1
Evolution de la commande optimale

a	c_1	λ	u
$+$	$+$	$+$ $\searrow$	1; ou 0; ou 1 puis 0;
	$-$	$-$ $\nearrow$	-1; ou 0; ou -1 puis 0;
$-$	$+$	$+$ $\nearrow$	0; ou 1; ou 0 puis 1;
	$-$	$-$ $\searrow$	0; ou -1; ou 0 puis -1;

a. $a > 0$

Le système est instable, il est donc nécessaire de le ramener le plus rapidement possible à l'origine en mettant la commande maximale, puis d'annuler cette commande lorsque l'objectif est atteint. La condition d'existence d'une solution est qu'il existe t_c positif et $u_0 = \pm 1$, tels que :

$$x(t_c) = e^{at_c}x_0 - \frac{u_0}{a}(1 - e^{at_c}) = 0.$$

Ce qui pour a fixé n'est possible que si :

$$|x_0| \le \frac{1}{a}, \text{ et } t_f \ge -\frac{1}{a}\log(1 - a|x_0|).$$

On applique dans ce cas la commande $u_0 = -\text{signe}(x_0)$ jusqu'à l'instant :

$$t_c = -\frac{1}{a}\log(1 - a|x_0|),$$

puis on annule la commande.

b. $a < 0$

Le système étant naturellement stable il est préférable de le laisser évoluer seul le plus longtemps possible et de lui appliquer la commande maximale en fin d'évolution.

Il vient en notant t_c l'instant d'application de la commande :

$$x(t_c) = e^{at_c}x_0,$$

$$x_f = e^{at_f}x_0 - \frac{u_0}{a}(1 - e^{a(t_f - t_c)}) = 0.$$

La commande optimale est donc $u = 0$, jusqu'à l'instant t_c, puis $u = u_0 = -\text{signe}(ax_0)$, de t_c à t_f, avec :

$$t_c = -\frac{1}{a}\log(e^{-at_f} - |ax_0|),$$

la condition d'existence d'une solution t_c est :

$$1 + |ax_0| \leq e^{-at_f}.$$

3.3.4 Systèmes linéaires à critère quadratique

3.3.4.1 Système non stationnaire

L'évolution du processus est décrite par les équations :

$$\begin{aligned}
\dot{x} &= A(t)x + B(t)u, \\
y &= C(t)x, \\
\epsilon &= e - y,
\end{aligned} \tag{3.106}$$

où $x \in \Re^n$, $u \in \Re^l$, $y \in \Re^m$, e est le vecteur de consigne et ϵ le vecteur erreur à l'instant t.

Le cas $e \equiv 0$ correspond au problème de **régulation** et le cas e quelconque à un problème de **poursuite**.

Le critère à minimiser s'écrit :

$$J = \frac{1}{2}\int_{t_0}^{t_f}(\epsilon^T Q(t)\epsilon + u^T R(t)u)\mathrm{d}t + \frac{1}{2}\epsilon_f^T P\epsilon_f. \tag{3.107}$$

Les matrices P, Q, et R sont symétriques, P et Q sont définies non négatives et R est définie positive. Ce type de problème avec critère **quadratique**, ou **énergétique** est très important en pratique. Nous verrons qu'il permet une détermination aisée de structure en boucle fermée. En général dans la résolution, on traite le problème sans contraintes, la prise en compte pratique de contraintes sur la commande s'effectue en introduisant des saturations à partir de commandes calculées dans une optimisation sans contrainte.

Le critère prend la forme :

$$\begin{aligned}
J &= \frac{1}{2}\int_{t_0}^{t_f}[(e - Cx)^T Q(e - Cx) + u^T Ru]\,\mathrm{d}t \\
&+ \frac{1}{2}(e - Cx)_f^T P(e - Cx)_f,
\end{aligned} \tag{3.108}$$

et le Hamiltonien s'écrit :

$$H = -\frac{1}{2}[(e - Cx)^T Q(e - Cx) + u^T Ru] + \lambda^T(Ax + Bu), \tag{3.109}$$

d'où :

$$\dot{\lambda} = -(A^T\lambda + C^TQ(e - Cx)). \qquad (3.110)$$

La maximisation de H ($H_u = B^T\lambda - Ru = 0$), conduit à la commande optimale :

$$u^* = R^{-1}B^T\lambda. \qquad (3.111)$$

On peut remarquer que $H_{uu} = -R$ qui est bien définie négative.

Les conditions de transversalité à l'instant final s'écrivent :

$$(-H_f + g_{t_f})\delta t_f + (\lambda_f + g_{x_f})^T\delta x_f = 0, \qquad (3.112)$$

avec ici $g = (e - Cx)_f^T P(e - Cx)_f$, l'état final étant libre, il vient :

$$\lambda_f = C_f^T P(e - Cx)_f. \qquad (3.113)$$

Le système optimal prend la forme :

$$\begin{aligned} \dot{x} &= Ax + BR^{-1}B^T\lambda, \\ \dot{\lambda} &= C^TQCx - A^T\lambda - C^TQe, \end{aligned} \qquad (3.114)$$

avec les conditions terminales $x(t_0) = x_0$ et $\lambda_f = C_f^T P(e - Cx)_f$.

Remarque : En présence de contraintes sur la commande de la forme :

$$\forall i, \ |u_i| \leq u_{i\mu}, \qquad (3.115)$$

on peut montrer que la solution du problème d'optimalité prend la forme :

$$u^* = \mathrm{sat}(R^{-1}B^T\lambda), \qquad (3.116)$$

écriture dans laquelle la fonction sat(.) est définie comme suit :

$$\mathrm{sat}(u_i) = \begin{cases} u_i \text{ si } |u_i| \leq u_{i\mu}; \\ u_{i\mu} \text{ signe }(u_i) \text{ si } |u_i| > u_{i\mu}. \end{cases}$$

3.3.4.2   Problème de régulation : $e \equiv 0$

A.   Détermination d'un bouclage optimal

Les propriétés des systèmes linéaires permettent la recherche d'une commande optimale en boucle fermée.

Le système (3.114) s'écrit :

$$\begin{bmatrix} \dot{x} \\ \dot{\lambda} \end{bmatrix} = \begin{bmatrix} A & BR^{-1}B^T \\ C^TQC & -A^T \end{bmatrix} \begin{bmatrix} x \\ \lambda \end{bmatrix}, \qquad (3.117)$$

nous noterons $\Phi(t, t_0)$ la matrice de transition associée. Un partitionnement en blocs $n \times n$ de la matrice $\Phi(t, t_0)$ permet d'écrire la solution de ce système sous la forme :

$$\begin{bmatrix} x \\ \lambda \end{bmatrix} = \Phi(t, t_0) \begin{bmatrix} x_0 \\ \lambda_0 \end{bmatrix} = \begin{bmatrix} \Phi_{11}(t, t_0) & \Phi_{12}(t, t_0) \\ \Phi_{21}(t, t_0) & \Phi_{22}(t, t_0) \end{bmatrix} \begin{bmatrix} x_0 \\ \lambda_0 \end{bmatrix}. \qquad (3.118)$$

En portant x_f et λ_f tirés de (3.118) dans la condition de transversalité $\lambda_f = -C_f^T P C_f x_f$, il vient :

$$\Phi_{21}(t_f, t_0)x_0 + \Phi_{22}(t_f, t_0)\lambda_0 = -C_f^T P C_f [\Phi_{11}(t_f, t_0)x_0 + \Phi_{12}(t_f, t_0)\lambda_0], \quad (3.119)$$

et il en résulte, l'inversion étant toujours possible :

$$\begin{aligned} \lambda_0 &= -[\Phi_{22}(t_f, t_0) + C_f^T P C_f \Phi_{12}(t_f, t_0)]^{-1} \\ &\quad [\Phi_{21}(t_f, t_0) + C_f^T P C_f \Phi_{11}(t_f, t_0)]x_0, \end{aligned} \quad (3.120)$$

soit, pour t_f donné, la relation :

$$\lambda_0 = K(t_0)x_0. \quad (3.121)$$

Un calcul d'optimalité à partir d'un instant t quelconque pris comme origine donnerait la même expression formelle. Il en résulte que la solution optimale est telle qu'il existe une matrice $n \times n$, $K(t)$, telle que :

$$\begin{aligned} \forall t, \ \lambda(t) &= K(t)x(t), \\ K(t) &= -[\Phi_{22}(t_f, t) + C_f^T P C_f \Phi_{12}(t_f, t)]^{-1} \\ &\quad [\Phi_{21}(t_f, t) + C_f^T P C_f \Phi_{11}(t_f, t)]. \end{aligned} \quad (3.122)$$

De plus, compte tenu des propriétés de la matrice de transition, $\Phi(t, t) = I$, il vient $K(t_f) = -C_f^T P C_f$.

D'après (3.111), cette approche nous donne donc directement une structure de commande optimale en boucle fermée :

$$u^* = R^{-1}B^T Kx. \quad (3.123)$$

B. *Calcul direct du gain $K(t)$*

Sachant que $K(t)$ existe, posons *a priori* $\lambda = Kx$, il vient :

$$\dot{\lambda} = K\dot{x} + \dot{K}x, \quad (3.124)$$

soit d'après (3.117) :

$$C^T Q Cx - A^T\lambda = K(Ax + BR^{-1}B^T\lambda) + \dot{K}x, \quad (3.125)$$

et, par élimination de λ :

$$[\dot{K} + KA + A^T K + KBR^{-1}B^T K - C^T QC]x = 0. \quad (3.126)$$

Cette condition est vraie quelque soit x, ce qui implique que K est solution de l'équation de Riccati matricielle :

$$\dot{K} + KA + A^T K + KBR^{-1}B^T K - C^T QC = 0, \quad (3.127)$$

avec la condition finale :

$$K_f = -C_f^T P C_f. \quad (3.128)$$

C. Remarques

— les relations (3.127) et (3.128) étant invariantes par transposition, on voit que la matrice K est symétrique :

$$\forall t, \; K(t) = K^T(t); \tag{3.129}$$

— le revenu optimal pour un état initial x à l'instant t s'écrit :

$$J(x, t) = -\frac{1}{2} x^T K x. \tag{3.130}$$

En effet, d'après (3.128), cette égalité est vraie à l'instant final. Il suffit alors de démontrer que $J(x, t)$ ainsi défini vérifie l'équation de Hamilton-Jacobi. On a $\dot{x} = (A + BR^{-1}B^T K)x$, donc :

$$J_t = -\frac{1}{2} x^T [(A + BR^{-1}B^T K)^T K + \dot{K} + K(A + BR^{-1}B^T K)]x,$$

et comme $J_x = -Kx = -\lambda$, on a également :

$$H(x^*, u^*(x^*, -J_x, t), -J_x, t) =$$
$$\frac{1}{2} x^T \; [(A + BR^{-1}B^T K)^T K + K(A + BR^{-1}B^T K) \tag{3.131}$$
$$-C^T QC - KBR^{-1}B^T K]x.$$

L'équation de Hamilton-Jacobi :

$$J_t - H(x^*, u^*(x^*, -J_x, t), -J_x, t) = 0, \tag{3.132}$$

conduit directement à l'équation de Riccati (3.127). De plus, il apparait que compte tenu des définitions de Q, P et R, le revenu J est nécessairement positif et $K(t)$ est obligatoirement définie négative.

D. Cas stationnaire, horizon infini

Dans le cas stationnaire les matrices A, B, C, Q et R sont constantes et il vient :

$$\frac{dH}{dt} = H_t = 0, \tag{3.133}$$

ce qui implique que le Hamiltonien est constant. Comme de plus le Hamiltonien est nul à l'instant final puisque t_f est non fixé, il vient :

$$H \equiv 0, \tag{3.134}$$

soit, $\forall x$:

$$\frac{1}{2}[x^T C^T QC x + x^T KBR^{-1}B^T K x] + x^T K(A + BR^{-1}B^T K)x = 0. \tag{3.135}$$

D'où il résulte :

$$KA + A^T K + KBR^{-1}B^T K - C^T QC = 0. \qquad (3.136)$$

Les équations (3.127) et (3.136) devant être toutes deux satisfaites, il vient $\dot{K} = 0$, donc K est constant et solution de (3.136).

La structure de commande obtenue est alors identique à celle utilisée dans les méthodes de placement de pôles par réaction d'état. De plus, cette structure bouclée obtenue est asymptotiquement stable, en effet, prenons :

$$V(x) = -x^T K x, \qquad (3.137)$$

comme fonction candidate à Lyapunov, il vient :

$$\begin{aligned}
\frac{\mathrm{d}V}{\mathrm{d}t} &= -(\dot{x}^T K x + x^T K \dot{x}). \\
&= -x^T [(A + BR^{-1}B^T K)^T K + K(A + BR^{-1}B^T K)]x.
\end{aligned} \qquad (3.138)$$

Compte tenu de l'équation de Riccati, on obtient :

$$\frac{\mathrm{d}V}{\mathrm{d}t} = -x^T [KBR^{-1}B^T K + C^T QC]x, \qquad (3.139)$$

expression définie négative puisque R est définie positive et Q non négative, nous pouvons donc conclure à la stabilité asymptotique de la structure bouclée.

E.   Critère à coût croisé

Pour le système initial, on se propose de déterminer la commande minimisant le critère **à coût croisé** :

$$J = \frac{1}{2} \int_{t_0}^{\infty} (x^T Q x + 2x^T S u + u^T R u) \, \mathrm{d}t. \qquad (3.140)$$

Le revenu élémentaire r peut être écrit sous la forme :

$$r = x^T [Q - SR^{-1}S^T]x + [u + R^{-1}S^T x]^T R[u + R^{-1}S^T x]. \qquad (3.141)$$

Ainsi, la réalisation du pré-bouclage :

$$u = u' - R^{-1}S^T x, \qquad (3.142)$$

transforme le problème d'optimisation à coût croisé en la recherche de la commande optimale u' minimisant le critère :

$$J = \frac{1}{2} \int_{t_0}^{\infty} (x^T Q' x + u'^T R u') \, \mathrm{d}t, \qquad (3.143)$$

où $Q' = Q - SR^{-1}S^T$, pour le système défini par :

$$\dot{x} = [A - BR^{-1}S^T]x + Bu'. \qquad (3.144)$$

D'après les paragraphes précédents, la commande optimale u'^* est :

$$u'^* = R^{-1}B^T K x, \qquad (3.145)$$

où K est solution de l'équation de Riccati :

$$\begin{aligned} K[A - BR^{-1}S^T] + [A - BR^{-1}S^T]^T K \\ + KBR^{-1}B^T K - [Q - SR^{-1}S^T] = 0, \end{aligned} \qquad (3.146)$$

et il vient globalement :

$$u^* = R^{-1}[B^T K - S^T]x. \qquad (3.147)$$

L'introduction du coût croisé, caractérisé par S, donne une liberté supplémentaire dans l'ajustement des paramètres du retour.

3.3.4.3   Problème de poursuite : $e(t) \neq 0$

A.   *Recherche d'une structure bouclée*

Le système n'étant plus homogène, l'intégration des équations (3.114) donne une expression de la forme :

$$\begin{bmatrix} x \\ \lambda \end{bmatrix} = \Phi(t, t_0) \begin{bmatrix} x_0 \\ \lambda_0 \end{bmatrix} + v(t, t_0), \qquad (3.148)$$

où $\Phi(t, t_0)$ représente la matrice de transition déjà définie et $v(t, t_0)$ l'effet des consignes $e(t)$ sur l'intervalle $[t_0, t]$. Les conditions terminales restent inchangées :

$$\begin{aligned} x(t_0) &= x_0, \\ \lambda(t_f) &= [C^T P(e - Cx)]_f. \end{aligned} \qquad (3.149)$$

En notant $v(t, t_0) = [v_1^T(t, t_0), v_2^T(t, t_0)]^T$, il vient :

$$\begin{aligned} \Phi_{21}(t_f, t_0)x_0 + \Phi_{22}(t_f, t_0)\lambda_0 + v_2(t_f, t_0) = \\ C_f^T P[e_f - C_f(\Phi_{11}(t_f, t_0)x_0 + \Phi_{12}(t_f, t_0)\lambda_0 + v_1(t_f, t_0))]. \end{aligned} \qquad (3.150)$$

En prenant comme origine l'instant t, on obtient une expression de la forme :

$$\lambda(t) = K(t)x(t) + k(t), \qquad (3.151)$$

où $K(t)$ a été définie en (3.127) et $k(t)$ satisfait la relation :

$$\begin{aligned} k(t) = & \ [\Phi_{22}(t_f, t) + C_f^T PC_f\Phi_{12}(t_f, t)]^{-1} \\ & [C_f^T Pe_f - C_f^T PC_f v_1(t_f, t) - v_2(t_f, t)]. \end{aligned} \qquad (3.152)$$

Compte tenu des définitions de $\Phi(t_f, t)$ et $v(t_f, t)$, il vient pour $k(t)$ la condition finale $k_f = C_f^T Pe_f$.

La commande optimale s'écrit alors sous la forme :

$$u^*(t) = R^{-1}(t)B^T(t)[K(t)x(t) + k(t)]. \qquad (3.153)$$

B. Détermination de $k(t)$

Posons *a priori* :

$$\lambda = Kx + k, \tag{3.154}$$

il vient :

$$\dot{\lambda} = \dot{K}x + K\dot{x} + \dot{k}, \tag{3.155}$$

soit, d'après (3.122) :

$$\begin{aligned} C^T Q C x - A^T (Kx + k) - C^T Q e = \\ \dot{K}x + K(Ax + BR^{-1}B^T(Kx + k)) + \dot{k}. \end{aligned} \tag{3.156}$$

Ce qui s'écrit sous la forme :

$$\begin{aligned} (\dot{K} + KA + A^T K + KBR^{-1}B^T K - C^T Q C)x + \dot{k} \\ + (KBR^{-1}B^T + A^T)k + C^T Q e = 0, \end{aligned} \tag{3.157}$$

qui doit être satisfait pour tout x. On retrouve donc que K est solution de l'équation de Riccati obtenue dans le problème de régulation, et k est solution de :

$$\dot{k} + (KBR^{-1}B^T + A^T)k + C^T Q e = 0, \tag{3.158}$$

avec la condition finale $k_f = C_f^T P e_f$.

C. Cas stationnaire, horizon infini

Dans ce cas la consigne $e(t)$ est constante. Et en écrivant que le Hamiltonien est identiquement nul, il vient, $\forall x$:

$$\begin{aligned} \tfrac{1}{2}x^T(KA + A^T K + KBR^{-1}B^T K - C^T Q C)x \\ + x^T(A^T k + KBR^{-1}B^T k + C^T Q e) \\ + \tfrac{1}{2}(k^T BR^{-1}B^T k - e^T Q e) = 0. \end{aligned} \tag{3.159}$$

On retrouve l'équation de Riccati algébrique et on obtient les relations :

$$\begin{aligned} (A^T + KBR^{-1}B^T)k + C^T Q e = 0, \\ k^T BR^{-1}B^T k = e^T Q e. \end{aligned} \tag{3.160}$$

Cela implique, compte tenu de (3.158) que $\dot{k} = 0$, donc que k est constant. Comme il a été montré que le système bouclé était asymptotiquement stable, la matrice $A + BR^{-1}B^T K$ est inversible, on obtient de la première relation :

$$k = -(A + BR^{-1}B^T K)^{-T} C^T Q e, \tag{3.161}$$

et de la deuxième, la condition nécessaire de résolution du problème de poursuite :

$$Q - QC(A + BR^{-1}B^T K)^{-1} BR^{-1}B^T (A + BR^{-1}B^T K)^{-T} C^T Q = 0. \tag{3.162}$$

Lorsque la matrice de gain statique, entre le vecteur de consigne e et la sortie y, du système bouclé optimal est égale à I_m, cette relation est vérifiée. Il est alors possible de mettre en évidence, directement sur le système, un cas où cette condition est automatiquement satisfaite. Le processus étant commandable, s'il existe un indiçage des entrées-sorties tel que la i-ème sortie soit commandable par la i-ème entrée, alors la présence d'un intégrateur au niveau de chaque entrée (dans ce cas il existe une représentation du processus par matrices de transfert de la forme :

$$Y(s) = M(s) \begin{bmatrix} \frac{1}{s} & & \\ & \ddots & \\ & & \frac{1}{s} \end{bmatrix} U(s), \qquad (3.163)$$

avec $M(0) \neq 0$) garantit l'existence d'une solution au problème de poursuite.

A titre d'exemple, considérons le système de fonction de transfert :

$$\frac{Y}{U} = \frac{1}{s(1-s)},$$

auquel correspond l'équation d'état :

$$\dot{x} = \begin{bmatrix} 0 & 0 \\ 0 & 1 \end{bmatrix} x + \begin{bmatrix} 1 \\ 1 \end{bmatrix} u,$$

$$y = \begin{bmatrix} 1 & -1 \end{bmatrix} x.$$

Le critère étant de la forme :

$$J = \min_u \frac{1}{2} \int_0^\infty (y^2 + u^2)\, dt,$$

il vient l'équation de Riccati :

$$K \begin{bmatrix} 0 & 0 \\ 0 & 1 \end{bmatrix} + \begin{bmatrix} 0 & 0 \\ 0 & 1 \end{bmatrix} K + K \begin{bmatrix} 1 & 1 \\ 1 & 1 \end{bmatrix} K = \begin{bmatrix} 1 & -1 \\ -1 & 1 \end{bmatrix},$$

dont la solution définie négative est :

$$K = \begin{bmatrix} -\sqrt{3} & 1+\sqrt{3} \\ 1+\sqrt{3} & -3-2\sqrt{3} \end{bmatrix}.$$

La matrice d'évolution du système optimal est alors :

$$A + BB^T K = \begin{bmatrix} 1 & -2-\sqrt{3} \\ 1 & -1-\sqrt{3} \end{bmatrix},$$

et un simple calcul montre que la condition nécessaire de résolution du problème de poursuite est bien satisfaite.

3.3.4.4   Critère quadratique (approche simplifiée)

A.   *Commande à horizon fuyant*

Le processus étant linéaire stationnaire, recherchons la commande minimisant le critère :

$$J = \frac{1}{2} \int_{t_0}^{t_0+T} u^T R u \, \mathrm{d}t, \tag{3.164}$$

où t_0 est l'instant initial, T une durée fixée, la condition terminale $x(t_0 + T) = 0$ étant imposée. Avec les notations et les résultats des paragraphes précédents, on a $Q = 0$, $P(t_0 + T) = 0$ et pour tout t dans $[t_0, t_0 + T]$:

$$\lambda(t) = e^{-A^T(t-t_0)}\lambda(t_0),$$
$$u^*(t) = R^{-1}B^T\lambda(t). \tag{3.165}$$

Avec la commande optimale u^*, on obtient :

$$x(t_0 + T) = e^{AT}\left[x(t_0) + \int_{t_0}^{t_0+T} e^{-A(t-t_0)}BR^{-1}B^T e^{-A^T(t-t_0)}\lambda(t_0) \, \mathrm{d}t\right], \tag{3.166}$$

soit, comme $x(t_0 + T) = 0$ et que $\lambda(t)$ et $x(t)$ sont liés par la relation :

$$\lambda(t) = K(t)x(t), \tag{3.167}$$

$K(t)$ est initialisé par :

$$K(t_0) = -\left[\int_0^T e^{-At}BR^{-1}B^T e^{-A^T t} \, \mathrm{d}t\right]^{-1}. \tag{3.168}$$

Cette valeur du gain initial est en fait indépendante de t_0, la commande à **horizon fuyant** [THOMAS, BARRAUD, 1974] consiste donc à maintenir le gain K constant et égal à sa valeur initiale (3.168). En effet, tout se passe dans ce cas comme si l'horizon était constamment repoussé à une distance T de l'instant courant, cette valeur étant directement liée au temps de réponse du système.

On peut remarquer que suivant la méthode générale, $K(t)$, dans (3.167), est solution de l'équation de Riccati :

$$\dot{K} + KA + A^T K + KBR^{-1}B^T K = 0, \tag{3.169}$$

et, d'autre part, comme :

$$x_f = \Phi_{11}(t_f, t)x(t) + \Phi_{12}(t_f, t)\lambda(t), \tag{3.170}$$

avec $\Phi_{11}(t_f, t_f) = I$, $\Phi_{12}(t_f, t_f) = 0$, et $x_f = x(t_0 + T) = 0$, il vient :

$$K^{-1}(t_f) = 0. \tag{3.171}$$

En posant $H = K^{-1}$, soit :

$$\dot{K} = -H^{-1}\dot{H}H^{-1}, \qquad (3.172)$$

l'équation de Riccati (3.169) se transforme en l'équation de Lyapounov :

$$\dot{H} = AH + HA^T + BR^{-1}B^T, \qquad (3.173)$$

à intégrer de façon rétrograde de $t_f = t_0 + T$ à t_0, avec la condition initiale $H(t_f) = 0$. Il vient alors pour le problème à horizon fuyant :

$$K = [H(t_0)]^{-1}. \qquad (3.174)$$

B. Critère non stationnaire

Considérons cette fois, pour le même système, la minimisation du critère :

$$J = \frac{1}{2}\int_{t_0}^{\infty}(x^T C^T Q C x + u^T R u)e^{2\alpha(t-t_0)}\,\mathrm{d}t. \qquad (3.175)$$

Soit le changement de variables : $\bar{x} = e^{\alpha(t-t_0)}x$, et $\bar{u} = e^{\alpha(t-t_0)}u$, le nouveau vecteur d'état est régi par l'équation :

$$\dot{\bar{x}} = [A + \alpha I]\bar{x} + B\bar{u}, \qquad (3.176)$$

et l'on se ramène à la minimisation du critère :

$$J = \frac{1}{2}\int_{t_0}^{\infty}(\bar{x}^T C^T Q C \bar{x} + \bar{u}^T R \bar{u})\,\mathrm{d}t, \qquad (3.177)$$

pour le système (3.176). La solution de ce problème est de la forme :

$$\bar{u}^* = R^{-1}B^T \bar{K}\bar{x}, \qquad (3.178)$$

où $\bar{K}$ est solution de l'équation algébrique de Riccati :

$$\bar{K}[A + \alpha I] + [A + \alpha I]^T \bar{K} + \bar{K}BR^{-1}B^T\bar{K} = C^T Q C. \qquad (3.179)$$

La solution du problème initial s'écrit donc :

$$u^* = R^{-1}B^T \bar{K}x. \qquad (3.180)$$

Si maintenant on fait $Q \to 0$ dans la relation (3.175), il vient $\bar{K}^{-1}$ solution de l'équation de Lyapounov :

$$[A + \alpha I]\bar{K}^{-1} + \bar{K}^{-1}[A + \alpha I]^T + BR^{-1}B^T = 0. \qquad (3.181)$$

L'approche à horizon fuyant consiste à prendre constamment l'instant t comme nouvel instant initial, et le gain K est maintenu constant et égal à $\bar{K}$. La valeur de α, choisie positive, influence directement le temps de réponse du système.

3.3.5 Systèmes continus linéaires stochastiques

3.3.5.1 Fonctionnement en régulateur

L'évolution du processus est définie par :

$$\dot{x} = A(t)x + B(t)u + G(t)w,$$
$$y = C(t)x,$$
(3.182)

où w est une variable aléatoire connue par ses propriétés statistiques du premier et deuxième ordre (E{.} représente l'opérateur **espérance mathématique**) :

$$\mathrm{E}\{w\} = 0,$$
$$\mathrm{E}\{w(t)w(t')^T\} = \Phi_{ww}\delta(t' - t).$$
(3.183)

L'objectif est de trouver la loi de commande minimisant l'espérance mathématique d'un critère, soit :

$$J = \mathrm{E}\left\{\int_{t_0}^{t_f} r(x, u, t)\,\mathrm{d}t\right\},$$
(3.184)

l'état final étant libre.

Notons $J(x, t)$ le minimum de l'espérance mathématique de revenu futur avec la loi de commande optimale, le processus évoluant à partir de l'état x à l'instant t. Il vient en faisant un développement limité entre les instants t et $t + \delta t$:

$$J(x, t) = \min_u \mathrm{E}\left\{r(x, u, t)\delta t + J(x + \delta x, t + \delta t)\right\},$$
(3.185)

avec :

$$J(x + \delta x, t + \delta t) = J(x, t) + J_t\delta t + J_x^T\delta x + \frac{1}{2}\delta x^T J_{xx}\delta x + o(\delta t^2).$$
(3.186)

Pour une très petite variation δt, (3.182) peut être réécrite sous la forme :

$$\delta x = (A(t)x + B(t)u)\delta t + G(t)\delta z,$$
(3.187)

expression dans laquelle δz représente une variable aléatoire satisfaisant les relations[1] :

$$\mathrm{E}\{\delta z\} = 0,$$
$$\mathrm{E}\{\delta z \delta z^T\} \simeq \Phi_{ww}\delta t.$$
(3.188)

---

[1] Pour établir ces relations, notons :

$$\delta z(t) = \int_t^{t+\delta t} w(\tau)\,\mathrm{d}\tau,$$

il vient :

$$
\begin{aligned}
\mathrm{E}\{\delta z\} &= \int_t^{t+\delta t} \mathrm{E}\{w(\tau)\}\,\mathrm{d}\tau = 0,\\
\mathrm{E}\{\delta z \delta z^T\} &= \int_t^{t+\delta t}\int_t^{t+\delta t} \mathrm{E}\{w(\tau)w^T(\mu)\}\,\mathrm{d}\tau\mathrm{d}\mu,\\
&= \int_t^{t+\delta t}\int_t^{t+\delta t} \Phi_{ww}\delta(\tau - \mu)\,\mathrm{d}\tau\mathrm{d}\mu,\\
&= \int_t^{t+\delta t} \Phi_{ww}\,\mathrm{d}\tau \simeq \Phi_{ww}\delta t.
\end{aligned}
$$

Il en résulte qu'au premier ordre en δt, on a :

$$\begin{aligned}
\mathrm{E}\{\delta x\} &= (A(t)x + B(t)u)\delta t, \\
\mathrm{E}\{\delta x \delta x^T\} &= G(t)\Phi_{ww}G(t)^T \delta t.
\end{aligned} \tag{3.189}$$

Comme de plus, on a :

$$\begin{aligned}
\mathrm{E}\{J_x^T \delta x\} &= J_x^T \mathrm{E}\{\delta x\}, \\
\mathrm{E}\{\delta x^T J_{xx} \delta x\} &= \mathrm{E}\{\mathrm{trace}(J_{xx}\delta x \delta x^T)\} = \mathrm{trace}(J_{xx}\mathrm{E}\{\delta x \delta x^T\}),
\end{aligned} \tag{3.190}$$

il vient :

$$\begin{aligned}
J(x,t) = \min_u \{ &r(x,u,t)\delta t + J(x,t) + J_t \delta t + J_x^T(Ax + Bu)\delta t \\
&+ \frac{1}{2}\mathrm{trace}(J_{xx}G\Phi_{ww}G^T)\delta t\},
\end{aligned} \tag{3.191}$$

soit, pour $\delta t \to 0$:

$$J_t = -\min_u\{r(x,u,t) + J_x^T(Ax + Bu)\} + \frac{1}{2}\mathrm{trace}(J_{xx}G\Phi_{ww}G^T), \tag{3.192}$$

avec $J(x,t_f) = 0$, si x appartient au domaine final.

3.3.5.2   Equations d'optimalité

Dans le cas d'un critère quadratique, on a :

$$\begin{aligned}
r(x,u,t) &= \frac{1}{2}(y^T Q y + 2y^T S u + u^T R u), \\
&= \frac{1}{2}(x^T C^T Q C x + 2x^T C^T S u + u^T R u).
\end{aligned} \tag{3.193}$$

Vérifions que la solution optimale est telle que le critère prend la forme :

$$J(x,t) = -\frac{1}{2}x^T K(t)x + k(t). \tag{3.194}$$

Il vient :

$$\begin{aligned}
J_t &= -\frac{1}{2}x^T \dot{K} x + \dot{k}, \\
J_x &= -Kx, \\
J_{xx} &= -K,
\end{aligned} \tag{3.195}$$

et l'équation (3.192) se met sous la forme :

$$\begin{aligned}
\min_u\{x^T C^T Q C x + 2x^T C^T S u &+ u^T R u - 2x^T K(Ax + Bu)\} = \\
x^T \dot{K} x &- 2\dot{k} - \mathrm{trace}(J_{xx}G\Phi_{ww}G^T).
\end{aligned} \tag{3.196}$$

L'optimum est obtenu pour :

$$S^T C x + R u - B^T K x = 0, \tag{3.197}$$

soit :

$$u^* = R^{-1}(B^T K - S^T C)x, \qquad (3.198)$$

d'où il résulte en portant u^* dans (3.196) et en identifiant séparément les termes en x et les termes constants :

$$\dot{K} = C^T Q C - K A - A^T K - (C^T S - K B) R^{-1} (C^T S - K B)^T, \qquad (3.199)$$

$$\dot{k} = -\frac{1}{2} \text{trace}(K G \Phi_{ww} G^T). \qquad (3.200)$$

Le gain $K(t)$ est solution de l'équation de Riccati (3.199) à intégrer avec la condition terminale $K(t_f) = 0$ car l'état final est libre. Nous retrouvons exactement la structure de bouclage obtenue dans le cas déterministe, les perturbations ayant une valeur moyenne nulle n'affectent pas la loi de commande, par contre, il y a dégradation du critère.

3.4 Commande optimale des systèmes discrets

3.4.1 Position du problème

Les processus étudiés sont décrits par une équation d'état discrète de la forme :

$$x_{k+1} = f_k(x_k, u_k), \qquad (3.201)$$

avec $k \in \mathcal{N}$, x_k valeur du vecteur état à l'instant k, $x_k \in \Re^n$, et u_k valeur du vecteur de commande à l'instant k, $u_k \in \Re^l$.

Le problème est de trouver les commandes u_k pour $k \in \{0, 1, \ldots N - 1\}$, permettant de faire évoluer le processus de l'état initial x_0 pris à l'instant $k = 0$ vers l'état final x_N pris à l'instant $k = N$ vérifiant les conditions terminales :

$$k(x_0) = 0 \text{ et } l(x_N) = 0, \qquad (3.202)$$

l'évolution du processus étant soumise aux contraintes :

— instantanées :

$$\forall k \in \{0, \ldots, N - 1\}, q_k(x_k, u_k) \le 0, \ q_k \in \Re^{n_q}; \qquad (3.203)$$

— intégrales :

$$p(x_0, x_1, \ldots, x_{N-1}, u_0, u_1, \ldots, u_{N-1}) \le 0, \ p \in \Re^{n_p}, \qquad (3.204)$$

en minimisant la quantité :

$$J = r(x_0, x_1, \ldots, x_{N-1}, x_N, u_0, u_1, \ldots, u_{N-1}). \qquad (3.205)$$

Une modification semblable à celle utilisée dans le cas des processus continus permet de transformer les contraintes inégalités (3.203) en (3.204) en contraintes égalités :

$$q_k(x_k, u_k) + y_k^2 = 0,$$
$$p(x_0, x_1, \ldots, x_{N-1}, u_0, u_1, \ldots, u_{N-1}) + z^2 = 0, \tag{3.206}$$

avec :

$$y_k^2 = [y_{1k}^2, y_{2k}^2, \ldots]^T,$$
$$z^2 = [z_1^2, z_2^2, \ldots]^T. \tag{3.207}$$

Deux approches sont possibles pour résoudre un tel problème, l'une correspond à la recherche directe du minimum d'une fonction $r(.)$ en présence de contraintes, l'autre utilise le principe du maximum discret.

3.4.2 Minimisation en présence de contraintes

3.4.2.1 Formulation

Aux diverses contraintes imposées par le problème à résoudre, nous associerons les paramètres de Lagrange (ou de Kuhn-Tucker) : λ_k, μ_k, γ, ζ_0, et ζ_N. Le problème se réduit alors à chercher le minimum sans contraintes de la fonction :

$$\rho(x_0, \ldots, x_N, u_0, \ldots, u_{N-1}, y_1, \ldots, y_{N-1}, z) = r(x_0, \ldots, x_N, u_0, \ldots, u_{N-1})$$
$$+ \sum_{k=0}^{N-1} \lambda_k^T (f_k(.) - x_{k+1}) + \sum_{k=0}^{N-1} \mu_k^T (q_k + y_k^2) + \gamma^T (p + z^2)$$
$$+ \zeta_0^T k(x_0) + \zeta_N^T l(x_N). \tag{3.208}$$

3.4.2.2 Conditions au premier ordre

Les conditions nécessaires sont :

$$\rho_{u_0} = 0, \; \rho_z = 0,$$
$$\forall k \in \{1, \ldots, N-1\}, \; \rho_{x_k} = 0, \; \rho_{u_k} = 0, \; \rho_{y_k} = 0, \tag{3.209}$$

soit :

$$r_{x_k} + [F_k]_{x_k}^T \lambda_k - \lambda_{k-1} + [Q_k]_{x_k}^T \mu_k + P_{x_k}^T \gamma = 0,$$
$$r_{u_k} + [F_k]_{u_k}^T \lambda_k + [Q_k]_{u_k}^T \mu_k + P_{u_k}^T \gamma = 0,$$
$$y_{ik} \mu_{ik} = 0,$$
$$z_i \gamma_i = 0, \tag{3.210}$$

les contraintes étant satisfaites. Les conditions au premier ordre en x_0 et x_N s'interprètent comme des conditions de transversalité.

3.4.2.3 Conditions de transversalité

— à l'instant initial, $\rho_{x_0} = 0$, soit :

$$r_{x_0} + [F_0]^T_{x_0}\lambda_0 + [Q_0]^T_{x_0}\mu_0 + P^T_{x_0}\gamma + K^T_{x_0}\zeta_0 = 0, \qquad (3.211)$$

avec $k(x_0) = 0$;
— à l'instant final, $\rho_{x_N} = 0$, soit :

$$r_{x_N} - \lambda_{N-1} + L^T_{x_N}\zeta_N = 0, \qquad (3.212)$$

avec $l(x_N) = 0$.

3.4.2.4 Conditions au second ordre

Il vient en notant $R_{vv}(.)$ la dérivée partielle seconde de $\rho(.)$ par rapport à la variable v :

$$\forall \delta x_k \text{ admissible,} \quad \delta x^T_k R_{x_k x_k}(*)\delta x_k \geq 0,$$

$$R_{y_{ik}y_{ik}} \geq 0 \rightarrow \mu_{ik} \geq 0, \qquad (3.213)$$

$$R_{z_i z_i} \geq 0 \rightarrow \gamma_i \geq 0.$$

3.4.2.5 Solution du problème

La séquence de commande optimale s'obtient par résolution du système d'équations, pour $k \in \{0, \ldots, N-1\}$, avec la convention $\lambda_{-1} = -K^T_{x_0}\zeta_0$:

$$
\begin{aligned}
&x_{k+1} = f_k(x_k, u_k), \\
&\lambda_{k-1} = [F_k]^T_{x_k}\lambda_k + r_{x_k} + [Q_k]^T_{x_k}\mu_k + P^T_{x_k}\gamma, \\
&r_{u_k} + [F_k]^T_{u_k}\lambda_k + [Q_k]^T_{u_k}\mu_k + P^T_{u_k}\gamma = 0, \\
&\mu_{ik} \geq 0,\ q_k \leq 0, \\
&\gamma_i \geq 0,\ p \leq 0, \\
&k(x_0) = 0,\ l(x_N) = 0.
\end{aligned}
\qquad (3.214)
$$

3.4.3 Principe du maximum discret

Parmi les diverses formulations pratiques possibles conduisant à un principe du maximum discret, nous en retiendrons deux.

3.4.3.1 Première formulation

La solution du problème précédent est solution du problème de maximisation du Hamiltonien H_{k+1} :

$$H_{k+1} = -r(.) + \lambda^T_{k+1}f_k(.), \qquad (3.215)$$

par rapport aux u_k en présence de contraintes, les autres variables étant fixées. Il vient :

$$x_{k+1} = [H_{k+1}]_{\lambda_{k+1}},$$
$$\lambda_k = [H_{k+1}]_{x_k}. \tag{3.216}$$

3.4.3.2 Deuxième formulation

Certains auteurs définissent le Hamiltonien H sous la forme :

$$H(.) = -r(.) + \sum_{k=0}^{N-1} \lambda_{k+1}^T f_k(.), \tag{3.217}$$

il vient alors :

$$x_{k+1} = H_{\lambda_{k+1}},$$
$$\lambda_k = H_{x_k}. \tag{3.218}$$

La résolution peut s'effectuer comme précédemment en utilisant les méthodes de la programmation non-linéaire.

3.4.3.3 Exemple

Soit le processus discret linéaire décrit par l'équation :

$$x_{k+1} = Ax_k + Bu_k, \tag{3.219}$$

où A et B sont des matrices constantes. L'objectif est de faire évoluer le processus de l'état x_0 à l'instant $k = 0$ vers l'état x_N en minimisant l'expression :

$$r = \frac{1}{2} \sum_{k=0}^{N-1} u_k^T R u_k, \tag{3.220}$$

avec R définie positive.
Il vient le Hamiltonien :

$$H_{k+1} = -\frac{1}{2} \sum_{k=0}^{N-1} u_k^T R u_k + \lambda_{k+1}^T (Ax_k + Bu_k). \tag{3.221}$$

En l'absence de contraintes la maximisation du Hamiltonien conduit aux conditions :

$$[H_{k+1}]_{x_k} = \lambda_k,$$
$$[H_{k+1}]_{u_k} = 0, \tag{3.222}$$
$$[H_{k+1}]_{u_k u_k} \geq 0,$$

soit :

$$\lambda_k = A^T \lambda_{k+1},$$
$$-Ru_k + B^T \lambda_{k+1} = 0, \tag{3.223}$$
$$R \geq 0.$$

La vérification de la condition au second ordre est évidente. Pour les autres conditions, il vient :

$$\lambda_{k+1} = (A^T)^{-1}\lambda_k,$$
$$u_k = R^{-1}B^T\lambda_{k+1},$$

(3.224)

soit :

$$\lambda_{k+1} = (A^T)^{-(k+1)}\lambda_0,$$
$$u_k = R^{-1}B^T(A^T)^{-(k+1)}\lambda_0.$$

La vérification des conditions terminales impose :

$$
\begin{aligned}
x_N &= A^N x_0 + \sum_{k=0}^{N-1} A^{k-1}Bu_{N-k}, \\
&= A^N x_0 + \sum_{k=0}^{N-1} A^{k-1}BR^{-1}B^T(A^T)^{-(N-k+1)}\lambda_0,
\end{aligned}
$$

(3.226)

soit :

$$\lambda_0 = \left[\sum_{k=0}^{N-1} A^{-N+k-1}BR^{-1}B^T(A^T)^{-N+k-1}\right]^{-1}[A^{-N}x_N - x_0].$$

(3.227)

3.4.4 Système linéaire et critère quadratique

3.4.4.1 Cas déterministe

A. *Position du problème*

Le processus étant décrit par l'équation :

$$x_{k+1} = A_k x_k + B_k u_k,$$

(3.228)

il s'agit de trouver la loi de commande permettant de le faire évoluer à partir de l'état initial x_0 en minimisant l'expression :

$$r = \frac{1}{2}x_N^T P x_N + \frac{1}{2}\sum_{k=0}^{N-1}(x_k^T Q_k x_k + u_k^T R_k u_k),$$

(3.229)

avec P_k, Q_k définies non négatives et R_k définie positive. Posons :

$$
\begin{aligned}
H &= -\tfrac{1}{2}x_N^T P x_N - \tfrac{1}{2}\sum_{k=0}^{N-1}(x_k^T Q_k x_k + u_k^T R_k u_k) \\
&\quad + \sum_{k=0}^{N-1}\lambda_{k+1}^T(A_k x_k + B_k u_k),
\end{aligned}
$$

(3.230)

le principe du maximum conduit à :

$$\lambda_k = -Q_k x_k + A_k^T \lambda_{k+1}, \tag{3.231}$$

avec $\lambda_N = -P x_N$, et à la commande optimale :

$$u_k^* = R_k^{-1} B_k^T \lambda_{k+1}. \tag{3.232}$$

B.   Recherche d'une structure bouclée

Recherchons une solution de la forme :

$$\lambda_k = K_k x_k, \tag{3.233}$$

avec $K_N = -P$. Il vient, d'après (3.228) et (3.232) :

$$(I - B_k R_k^{-1} B_k^T K_{k+1}) x_{k+1} = A_k x_k, \tag{3.234}$$

soit, d'après (3.231) :

$$(K_k + Q_k) x_k = A_k^T K_{k+1} [I - B_k R_k^{-1} B_k^T K_{k+1}]^{-1} A_k x_k. \tag{3.235}$$

La vérification de cette relation pour tout x_k impose :

$$K_k = -Q_k + A_k^T (K_{k+1}^{-1} - B_k R_k^{-1} B_k^T)^{-1} A_k, \tag{3.236}$$

en utilisant le lemme d'inversion matricielle :

$$(A - BCD)^{-1} = A^{-1} + A^{-1} B [C^{-1} - DA^{-1}B]^{-1} DA^{-1}, \tag{3.237}$$

on obtient l'équation de Riccati récurrente :

$$K_k = -Q_k + A_k^T K_{k+1} A_k + A_k^T K_{k+1} B_k [R_k - B_k^T K_{k+1} B_k]^{-1} B_k^T K_{k+1} A_k, \tag{3.238}$$

à résoudre avec la condition terminale $K_N = -P$.

La résolution de cette équation conduit à la commande optimale vérifiant :

$$u_k^* = R_k^{-1} B_k^T K_{k+1} (A_k x_k + B_k u_k^*), \tag{3.239}$$

soit :

$$u_k^* = L_k x_k, \tag{3.240}$$

avec :

$$L_k = (R_k - B_k^T K_{k+1} B_k)^{-1} B_k^T K_{k+1} A_k. \tag{3.241}$$

La condition au second ordre indique que l'expression $R_k - B_k^T K_{k+1} B_k$ doit être définie positive.

Le calcul donne pour la commande optimale :

$$- x_N^T K_N x_N + \sum_{k=0}^{N-1} (x_k^T Q_k x_k + u_k^{*T} R_k u_k^*) = -x_0^T K_0 x_0, \tag{3.242}$$

ce qui correspond à la valeur optimale du critère :

$$J^*(x_0) = -\frac{1}{2}x_0^T K_0 x_0. \tag{3.243}$$

Remarques :
— compte tenu des propriétés des matrices P, Q et R, la solution K_k de l'équation de Riccati est symétrique;
— dans le cas stationnaire, lorsque N tend vers l'infini, la solution K_k de l'équation de Riccati tend vers une matrice constante K. Dans ce cas, il vient :

$$u_k^* = (R - B^T K B)^{-1} B^T K A x_k, \tag{3.244}$$

avec K solution de l'équation algébrique discrète de Riccati :

$$K = -Q + A^T K A + A^T K B (R - B^T K B)^{-1} B^T K A, \tag{3.245}$$

dont quelques méthodes de résolution sont présentées dans l'annexe G.

3.4.4.2 Cas stochastique

A. Position du problème

L'évolution du processus est décrite par les équations non stationnaires :

$$\begin{aligned} x_{k+1} &= A_k x_k + B_k u_k + G_k w_k, \\ y_k &= C_k x_k, \end{aligned} \tag{3.246}$$

où w_k est une variable aléatoire caractérisée par :

$$\begin{aligned} \mathrm{E}\{w_k\} &= 0, \\ \mathrm{E}\{w_k w_l^T\} &= \phi_{ww,k}\delta_{k,l}. \end{aligned} \tag{3.247}$$

avec $\delta_{k,l} = 1$ si $k = l$ et 0 sinon.

Nous nous proposons de déterminer la séquence de commandes minimisant :

$$J = \mathrm{E}\left\{\frac{1}{2}\sum_{k=0}^{N-1}(y_k^T Q_k y_k + 2y_k^T S_k u_k + u_k^T R_k u_k)\right\}, \tag{3.248}$$

l'état final étant non fixé.

Notons $J(x_k, k)$ l'espérance mathématique du critère obtenue en partant de l'état x_k à l'instant k en appliquant la commande optimale, il vient :

$$\begin{aligned} J(x_k, k) = \min_u \mathrm{E}\Big\{ &\frac{1}{2}(y_k^T Q_k y_k + 2y_k^T S_k u + u^T R_k u) \\ &+ J(A_k x_k + B_k u + G_k w_k, k+1)\Big\}, \end{aligned} \tag{3.249}$$

avec $J(x_N, N) = 0$ pour tout x_N.

B. Résolution de l'équation d'optimalité

Nous allons rechercher une solution telle que l'on ait :

$$J(x_k k) = -\frac{1}{2}x_k^T K_k x_k + l_k.$$ (3.250)

Il vient, en explicitant la relation (3.249) :

$$-\frac{1}{2}x_k^T K_k x_k + l_k = \min_u \left\{ \frac{1}{2}(x_k^T C_k^T Q_k C_k x_k + 2x_k^T C_k^T S_k u + u^T R_k u) \right.$$
$$\left. -\frac{1}{2}\mathrm{E}\left\{ (A_k x_k + B_k u + G_k w_k)^T K_{k+1}(A_k x_k + B_k u + G_k w_k) \right\} + l_{k+1} \right\},$$ (3.251)

soit :

$$-\frac{1}{2}x_k^T K_k x_k + l_k = \min_u \left\{ \frac{1}{2}(x_k^T C_k^T Q_k C_k x_k + 2x_k^T C_k S_k u + u^T R_k u) \right.$$
$$\left. -\frac{1}{2}(A_k x_k + B_k u)^T K_{k+1}(A_k x_k + B_k u) \right\} - \frac{1}{2}\mathrm{E}\left\{ w_k^T G_k^T K_{k+1} G_k w_k \right\} + l_{k+1}.$$ (3.252)

L'optimisation par rapport à u nous conduit à un résultat semblable à celui déjà obtenu dans le cas déterministe, il vient :

$$u_k^* = L_k x_k,$$ (3.253)

avec la matrice de bouclage L_k donnée par les relations récurrentes initialisées avec $K_N = 0$:

$$L_k = (R_k - B_k^T K_{k+1} B_k)^{-1}(B_k^T K_{k+1} A_k - S_k^T C_k^T),$$
$$K_k = -C_k^T Q_k C_k + A_k^T K_{k+1} A_k + (A_k^T K_{k+1} B_k - C_k S_k)$$ (3.254)
$$[R_k - B_k^T k_{k+1} B_k]^{-1}(B_k^T K_{k+1} A_k - S_k^T C_k^T),$$

et le coefficient l_k est donné par :

$$l_k = l_{k+1} - \frac{1}{2}\mathrm{trace}(G_k^T K_{k+1} G_k \phi_{ww,k}),$$ (3.255)

avec $l_N = 0$.

La loi de commande n'est donc pas modifiée par rapport au cas déterministe, mais les perturbations introduisent une dégradation du critère.

3.5   Recherche de structures optimales dans le domaine fréquentiel

3.5.1   Principe

Cette méthode est envisageable dans le cas de systèmes linéaires stationnaires à horizon infini lorsque le critère est de type quadratique. Elle consiste en la recherche d'un filtre non anticipatif et stable élaborant la commande en vue d'un objectif déterminé directement à partir de la consigne d'entrée, en admettant que si la solution obtenue comporte une partie polynomiale, celle-ci peut être approchée de façon suffisamment précise par une fraction rationnelle comportant de très faibles constantes de temps en dénominateur. En aucun cas, le filtre obtenu ne devra permettre la simplification de pôles instables du système commandé par des zéros instables du correcteur.

Le schéma correspondant est décrit figure 3.10, dans laquelle G représente la matrice de transfert du processus, D la matrice de transfert caractérisant les sorties désirées, y_c le vecteur de consigne, y_d le vecteur de sortie désiré, y le vecteur de sortie réel, ε l'écart entre la sortie désirée et la sortie réelle, X la matrice de transfert du filtre élaborant la commande, u le vecteur de commande, et K la matrice de transfert conduisant au vecteur v sur les composantes duquel vont s'exercer les contraintes.

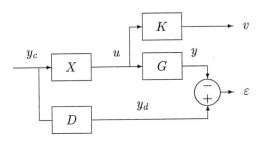

FIG. 3.10 : Schéma de commande.

Ces contraintes sont de type intégral et s'interprètent comme une limitation de l'énergie consommée.

L'objectif est de déterminer le filtre correcteur X de façon à minimiser une intégrale caractérisant l'écart quadratique entre la sortie désirée et la sortie réelle tout en satisfaisant les contraintes.

Nous pouvons remarquer qu'il est aisé de déduire du schéma de la figure 3.10, une structure bouclée décrite figure 3.11 conduisant aux mêmes résultats, où M est la matrice de transfert caractéristique des appareils de mesure, et H est la matrice de transfert du réseau correcteur à déterminer.

Il vient :

$$U = (I + HMG)^{-1}HY_c,$$
$$Y = G(I + MG)^{-1}HY_c, \tag{3.256}$$

soit, en comparant avec le schéma de la figure 3.10 :

$$X = (I + HMG)^{-1}H, \tag{3.257}$$

soit :

$$H = X(I - MGX)^{-1}. \tag{3.258}$$

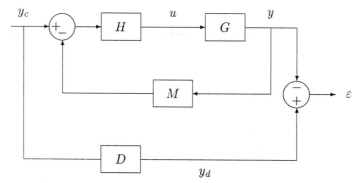

FIG. 3.11 : Structure de commande en boucle fermée.

Deux cas sont à envisager :

— **cas continu** :
Trouver $X(s)$ tel que l'intégrale :

$$J = \int_0^\infty \varepsilon^T(t)Q\varepsilon(t)\,\mathrm{d}t, \tag{3.259}$$

avec Q symétrique définie positive, soit minimale avec les contraintes :

$$\forall i = 1,\ldots,r, \qquad \int_0^\infty v_i^2(t)\,\mathrm{d}t \leq C_i; \tag{3.260}$$

— **cas discret** :
Trouver $X(z)$ tel que la somme :

$$J = \sum_{k=0}^\infty \varepsilon_k^T Q\varepsilon_k, \tag{3.261}$$

avec Q symétrique définie positive, soit minimale avec les contraintes :

$$\forall i = 1,\ldots,r, \qquad \sum_{k=0}^\infty v_{i,k}^2 \leq C_i. \tag{3.262}$$

3.5.2   Cas déterministe

3.5.2.1   Notations

A.   *Rappels sur la transformée de Laplace*

Une variable $w(t)$ et sa transformée de Laplace, $W(s)$, sont liées par :

$$W(s) = \int_0^\infty \exp(-st)w(t)\,\mathrm{d}t,$$

$$w(t) = \frac{1}{2\pi i} \int_{-i\infty}^{+i\infty} \exp(st)W(s)\,\mathrm{d}s, \qquad (3.263)$$

les conditions d'existence des intégrales étant supposées vérifiées. Considérons l'intégrale :

$$I = \int_0^\infty w_1(t)w_2(t)\,\mathrm{d}t, \qquad (3.264)$$

il vient :

$$
\begin{aligned}
I &= \int_0^\infty w_2(t)\left[\frac{1}{2\pi i}\int_{-i\infty}^{+i\infty}\exp(st)W_1(s)\,\mathrm{d}s\right]\mathrm{d}t, \\[2mm]
&= \frac{1}{2\pi i}\int_{-i\infty}^{+i\infty}W_1(s)\left[\int_0^\infty \exp(st)w_2(t)\,\mathrm{d}t\right]\mathrm{d}s, \qquad (3.265)
\end{aligned}
$$

soit :

$$I = \frac{1}{2\pi i}\int_{-i\infty}^{+i\infty} W_1(s)W_2(-s)\,\mathrm{d}s. \qquad (3.266)$$

On voit que dans le cas où $w_1(t) = w_2(t) = w(t)$, la convergence de l'intégrale implique que $W(s)$ ait tous ses pôles stables (à gauche de l'axe imaginaire dans le plan complexe).

B. Rappels sur la transformée en z

Une séquence, $w_k = w(k)$, et sa transformée en z, $W(z)$, sont liées par :

$$
\begin{aligned}
W(z) &= \sum_{k=0}^\infty w_k z^{-k}, \\[2mm]
w_k &= \frac{1}{2\pi i}\int_{\mathcal{C}} W(z)z^k \frac{\mathrm{d}z}{z}. \qquad (3.267)
\end{aligned}
$$

L'intégrale s'effectuant le long du cercle $\mathcal{C}$ de rayon unité, les conditions de convergence de la série et de l'intégrale étant supposées vérifiées.

Si :

$$I = \sum_{k=0}^\infty w_{1_k} w_{2_k}, \qquad (3.268)$$

il vient :

$$
\begin{aligned}
I &= \sum_{k=0}^\infty w_{2_k}\frac{1}{2\pi i}\int_{\mathcal{C}} W_1(z)z^k \frac{\mathrm{d}z}{z}, \\[2mm]
&= \frac{1}{2\pi i}\int_{\mathcal{C}} W_1(z)\left(\sum_{k=0}^\infty w_{2_k} z^k\right)\frac{\mathrm{d}z}{z}, \qquad (3.269)
\end{aligned}
$$

soit :

$$I = \frac{1}{2\pi i} \int_C W_1(z) W_2(z^{-1}) \frac{\mathrm{d}z}{z}. \tag{3.270}$$

Ici également la convergence de l'intégrale pour $w_{1_k} = w_{2_k} = w_k$ impose que $W(z)$ soit stable au sens discret (pôles à l'intérieur du cercle de rayon unité du plan complexe).

C. *Notations unifiées*

Nous adopterons pour ce faire les notations W, $\bar{W}$, et $I[W]$, définies par les conventions :

— **cas continu**

$$W = W(s), \quad \bar{W} = W(-s),$$

$$I[W] = \frac{1}{2\pi i} \int_{-i\infty}^{+i\infty} W(s)\,\mathrm{d}s; \tag{3.271}$$

— **cas discret**

$$W = W(z) \quad , \quad \bar{W} = W(z^{-1}),$$

$$I[W] = \frac{1}{2\pi i} \int_C W(z) \frac{\mathrm{d}z}{z}. \tag{3.272}$$

On peut remarquer que, dans chaque cas, on a $I[W] = W(0)$.

A l'aide de ces notations, pour chacun des cas, le problème est de minimiser :

$$J = I[\varepsilon\bar{\varepsilon}] \tag{3.273}$$

avec les contraintes :

$$\forall i = 1\ldots,r, \quad I[V_i \bar{V}_i] \leq C_i. \tag{3.274}$$

Nous avons vu qu'il est équivalent de minimiser sans contraintes l'expression :

$$J' = I\left[\varepsilon\bar{\varepsilon} + \sum_i \lambda_i V_i \bar{V}_i\right], \tag{3.275}$$

avec $\lambda_i \geq 0$ si la i-ème contrainte est saturée, et $\lambda_i = 0$ si elle ne l'est pas.

Pour résoudre ce problème, nous avons également besoin des notations concernant la décomposition d'un fonction ou matrice de transfert M :

— **factorisation :**

$$M = M^+ M^-, \tag{3.276}$$

dans laquelle M^+, resp. M^-, comprend les pôles et les zéros stables, resp. instables, de M ;

— **décomposition :**

$$M = M_+ + M_-, \tag{3.277}$$

dans laquelle M_+, resp. M_-, comprend les pôles stables, resp. instables, de M.

3.5.2.2 Résolution dans le cas monovariable

Il vient :

$$\varepsilon = Y_d - GXY_c,$$
$$V_i = K_iXY_c,$$

(3.278)

Le critère à minimiser s'exprime donc sous la forme :

$$J' = I\left[(Y_d - GXY_c)(\bar{Y}_d - \bar{G}\,\bar{X}\,\bar{Y}_c) + \sum_i \lambda_i(K_iXY_c)(\bar{K}_i\bar{X}\,\bar{Y}_c)\right]$$

(3.279)

soit :

$$J' = I[AX\bar{X} - \bar{B}X - B\bar{X} + C],$$

(3.280)

avec :

$$A = GY_c\bar{G}\,\bar{Y}_c + \sum_i \lambda_i K_i Y_c \bar{K}_i \bar{Y}_c = \bar{A},$$
$$B = Y_d\bar{G}\,\bar{Y}_c,$$
$$C = Y_d\bar{Y}_d.$$

(3.281)

Le filtre optimal est recherché parmi les filtres non-anticipatifs et possédant des pôles stables. Si X^* représente la solution optimale et Z un filtre quelconque réalisable, la famille de filtres définie par :

$$X = X^* + \lambda Z,$$

(3.282)

est telle que le critère J', qui est alors une fonction de λ, est minimum pour $\lambda = 0$, soit :

$$J'_\lambda(0) = 0,$$
$$J'_{\lambda^2} \geq 0.$$

(3.283)

et ces conditions doivent être satisfaites pour tout Z réalisable. Il vient :

$$J'(\lambda) = I[A(X^* + \lambda Z)(\bar{X}^* + \lambda\bar{Z}) - \bar{B}(X^* + \lambda Z) - B(\bar{X}^* + \lambda\bar{Z}) + C],$$

(3.284)

et il en résulte :

$$J'_\lambda(0) = I[A\bar{Z}X^* + AZ\bar{X}^* - B\bar{Z} - \bar{B}Z] = 0,$$

(3.285)

soit, pour tout Z réalisable :

$$I[(AX^* - B)\bar{Z}] + I[(\bar{A}\bar{X}^* - \bar{B})Z] = 0.$$

(3.286)

Les deux termes intervenant dans cette expression étant réels, il vient :

$$I[(AX^* - B)\bar{Z}] = 0.$$

(3.287)

A. Cas continu

La relation (3.287) peut être réécrite :

$$I\left[(A^-A^+X^* - B)\bar{Z}\right] = I\left[A^-(A^+X^* - \frac{B}{A^-})\bar{Z}\right] = 0, \tag{3.288}$$

soit en utilisant la décomposition :

$$\frac{B}{A^-} = \left(\frac{B}{A^-}\right)_+ + \left(\frac{B}{A^-}\right)_-, \tag{3.289}$$

on obtient :

$$I\left[A^-\left(A^+X^* - \left(\frac{B}{A^-}\right)_+\right)\bar{Z}\right] - I\left[A^-\left(\frac{B}{A^-}\right)_-\bar{Z}\right] = 0. \tag{3.290}$$

Le second terme est nul puisque tous ses pôles sont instables et donc à l'extérieur du domaine d'intégration. Il vient donc, pour tout Z réalisable :

$$I\left[A^-\left(A^+X^* - \left(\frac{B}{A^-}\right)_+\right)\bar{Z}\right] = 0, \tag{3.291}$$

soit :

$$X^* = \frac{(\frac{B}{A^-})_+}{A^+}. \tag{3.292}$$

La condition au second ordre s'écrit :

$$J'_{\lambda^2} = I[AZ\bar{Z}] = I[(A^+Z)(\bar{A}^+\bar{Z})] > 0, \tag{3.293}$$

et est vérifiée quelque soit Z réalisable. Le revenu optimum prend la forme :

$$\begin{aligned} J^* &= I[AX^*\bar{X}^* - \bar{B}X^* - B\bar{X}^* + C], \\ &= I[\bar{X}^*(AX^* - B)] + I[C - \bar{B}X^*], \end{aligned} \tag{3.294}$$

dont le premier terme est nul d'après la condition de stationnarité au premier ordre, il vient donc :

$$J^* = I[C - \bar{B}X^*]. \tag{3.295}$$

La valeur de X^* s'explicite sous la forme :

$$X^* = \frac{\left\{\dfrac{Y_d\bar{G}\bar{Y}_c}{(GY_c\bar{G}\bar{Y}_c + \sum_i \lambda_i K_i Y_c \bar{K}_i \bar{Y}_c)^-}\right\}_+}{(GY_c\bar{G}\bar{Y}_c + \sum_i \lambda_i K_i Y_c \bar{K}_i \bar{Y}_c)^+}. \tag{3.296}$$

Et en l'absence de contrainte, la solution est immédiate :

$$X* = \frac{\left\{ \dfrac{Y_d \bar{G} \bar{Y}_c}{(GY_c \bar{G} \bar{Y}_c)^-} \right\}_+}{(GY_c \bar{G} \bar{Y}_c)^+}. \tag{3.297}$$

En présence de contraintes, celles-ci s'expriment sous la forme :

$$\forall i = 1, \dots, r, \quad \int_0^\infty v_i^2 \mathrm{d}t \le C_i, \tag{3.298}$$

soit :

$$I[K_i X Y_c \bar{K}_i \bar{X} \bar{Y}_c] = \varphi_i(\lambda_1, \lambda_2, \dots, \lambda_r) \le C_i, \tag{3.299}$$

on doit donc déterminer les λ_i satisfaisant (3.299), en sachant que $\lambda_i = 0$ si $\varphi_i(.) < C_i$ (contrainte non saturée), et $\lambda_i \ge 0$ si $\varphi_i(.) = C_i$ (contrainte saturée). Cette recherche peut s'effectuer par itérations.

B. Cas discret

Dans le cas discret, la condition de stationnarité au premier ordre s'écrit :

$$I[\bar{Z}(AX^* - B)] = \frac{1}{2\pi i} \int_C \left[\bar{Z}(AX^* - B) \frac{\mathrm{d}z}{z} \right] = 0, \tag{3.300}$$

pour tout Z réalisable.

La détermination peut donc être reprise de façon identique à celle du cas continu en posant : $A' = Az^{-1}$ et $B' = Bz^{-1}$. Il vient alors :

$$X^* = \frac{\left(\dfrac{Bz^{-1}}{(Az^{-1})^-} \right)_+}{(Az^{-1})^+}. \tag{3.301}$$

Mais z est un pôle stable de Az^{-1}, donc $(Az^{-1})^- = A^-$, et $(Az^{-1})^+ = A^+ z^{-1}$. On obtient donc :

$$X^* = \frac{\left(\dfrac{Bz^{-1}}{A^-} \right)_+}{A^+ z^{-1}}, \tag{3.302}$$

ce qui s'interprète, en l'absence de contraintes, en :

$$X^* = \frac{\left\{ \dfrac{Y_d \bar{G} \bar{Y}_c z^{-1}}{(GY_c \bar{G} \bar{Y}_c)^-} \right\}_+}{(GY_c \bar{G} \bar{Y}_c)^+ z^{-1}}. \tag{3.303}$$

La valeur optimale du critère s'écrit comme dans le cas continu :

$$J^* = I[C - \bar{B} X^*]. \tag{3.304}$$

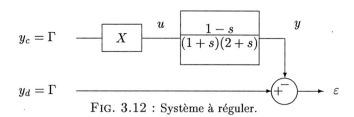

FIG. 3.12 : Système à réguler.

C. Exemple de mise en œuvre

Soit le processus de transmittance $G(s)$ à commander avec une consigne égale à la sortie désirée qui correspond à un échelon unitaire $\Gamma(t)$ (fig.3.12).

Nous avons :

$$
\begin{aligned}
G(s) &= \frac{1-s}{(1+s)(2+s)}, \\
Y_c(s) = Y_d(s) &= \frac{1}{s},
\end{aligned}
\tag{3.305}
$$

il vient :

$$
\varepsilon(s) = \frac{1}{s}\left(1 - X(s)\frac{(1-s)}{(1+s)(2+s)}\right).
\tag{3.306}
$$

Le calcul de $\bar{\varepsilon}\varepsilon$ conduit à :

$$
\bar{\varepsilon}\varepsilon = A\bar{X}X - B\bar{X} - \bar{B}X + C,
\tag{3.307}
$$

avec :

$$
\begin{aligned}
A &= \frac{(1+s)(1-s)}{(-s)(+s)(1-s)(2-s)(1+s)(2+s)} \\
&= \frac{1}{(-s)(+s)(2-s)(2+s)}, \\
B &= \frac{1+s}{(+s)(1-s)(2-s)(-s)}, \\
C &= \frac{1}{(-s)(+s)}.
\end{aligned}
\tag{3.308}
$$

Les différentes étapes de détermination de X^* sont :

$$
\begin{aligned}
A^- &= \frac{1}{(-s)(2-s)}, \quad A^+ = \frac{1}{(+s)(2+s)}, \\
\frac{B}{A^-} &= \frac{(1+s)(-s)(2-s)}{(+s)(1-s)(2-s)(-s)} = \frac{1+s}{(+s)(1-s)}, \\
\left(\frac{B}{A^-}\right)_+ &= \frac{1}{s},
\end{aligned}
\tag{3.309}
$$

d'où :

$$X^*(s) = \frac{\left(\dfrac{B}{A^-}\right)_+}{A^+} = \frac{(+s)(2+s)}{(+s)} = 2 + s. \tag{3.310}$$

Cela correspond au filtre optimal H^* de la structure bouclée (fig.3.11), avec $M = 1$:

$$H^*(s) = (2 + s)\left(1 - \frac{(1-s)(2+s)}{(1+s)(2+s)}\right)^{-1} = \frac{1}{s} + \frac{3}{2} + \frac{s}{2}. \tag{3.311}$$

On constate donc que dans la mise en œuvre d'une structure bouclée, le filtre optimal est ici de type P.I.D. (fig.3.13).

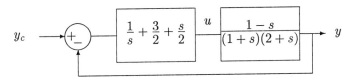

$$\text{FIG. 3.13 : Compensation avec structure bouclée.}$$

Comme :

$$\begin{aligned} C - \bar{B}X^* &= \frac{1}{(+s)(-s)} - \frac{1-s}{(-s)(1+s)(2+s)(+s)}(2+s), \\ &= \frac{2}{(-s)(1+s)} = \frac{2}{(-s)} + \frac{2}{1+s}, \end{aligned} \tag{3.312}$$

il en résulte que le revenu optimal est $J^* = I[C - \bar{B}X^*] = 2$.

3.5.2.3   Résolution dans le cas multivariable

La différence avec le cas monovariable apparaît essentiellement en ce qui concerne la non-commutativité des diverses matrices manipulées.

La mise en équation du processus décrit figure 3.10, conduit aux expressions :

$$\begin{aligned} \varepsilon &= Y_d - GXY_c, \\ Y &= GXY_c, \\ V &= KXY_c, \end{aligned} \tag{3.313}$$

le critère à minimiser s'écrivant sous la forme :

$$J = I[\varepsilon^T Q \bar{\varepsilon} + V^T \Lambda \bar{V}], \tag{3.314}$$

où Q est une matrice symétrique non négative, et $\Lambda = \mathrm{diag}(\lambda_i)$ une matrice diagonale. Il vient en effectuant le calcul selon la méthode utilisée en monovariable :

$$
\begin{aligned}
J \;=\;& I[Y_c^T X^T (G^T Q \bar{G} + K^T \Lambda \bar{K}) \bar{X} \, \bar{Y}_c \\
& -Y_d^T Q \bar{G} \, \bar{X} \, \bar{Y}_c - Y_c^T X^T G^T Q \bar{Y}_d + Y_d^T Q \bar{Y}_d],
\end{aligned}
\tag{3.315}
$$

soit, en posant :

$$
\begin{aligned}
A &= G^T Q \bar{G} + K^T \Lambda \bar{K}, \\
B &= \bar{G}^T Q Y_d, \\
C &= Y_d^T Q \bar{Y}_d,
\end{aligned}
\tag{3.316}
$$

on peut écrire :

$$
J = I[Y_c^T X^T A \bar{X} \, \bar{Y}_c - B^T \bar{X} \, \bar{Y}_c - Y_c^T X^T \bar{B} + C].
\tag{3.317}
$$

La recherche du filtre optimal, X^*, utilise la même méthode que celle utilisée précédemment. On pose :

$$
X = X^* + \lambda Z
\tag{3.318}
$$

où X^* et Z sont des matrices de transfert réalisables. L'intégrale J est alors une fonction de λ qui doit être minimum pour $\lambda = 0$, c'est-à-dire pour $X = X^*$. Il vient :

$$
\begin{aligned}
J(\lambda) \;=\;& J(0) + \lambda^2 I[Y_c^T Z^T A \bar{Z} \, \bar{Y}_c] + \lambda I[Y_c^T Z^T A \bar{X}^* \bar{Y}_c \\
& + Y_c^T X^{*T} A \bar{Z} \, \bar{Y}_c - B^T \bar{Z} \, \bar{Y}_c - Y_c^T Z^T \bar{B}],
\end{aligned}
\tag{3.319}
$$

et un calcul semblable au précédent nous permet d'obtenir pour $J_\lambda(0) = 0$, l'expression :

$$
I[\bar{Y}_c^T \bar{Z}^T (A X^* Y_c - B)] = 0.
\tag{3.320}
$$

En utilisant les notations de la partie précédente, il vient, pour tout Z réalisable, sous l'hypothèse A^- inversible :

$$
I[\bar{Y}_c^T \bar{Z}^T A^- (A^+ X^* Y_c - ((A^-)^{-1} B)_+)] - I[\bar{Y}_c^T \bar{Z}^T A^- ((A^-)^{-1} B)_-] = 0.
\tag{3.321}
$$

La seconde intégrale, ne possèdant que des pôles instables, est nulle, la condition de stationnarité s'écrit donc :

— dans le **cas continu** :

$$
A^+ X^* Y_c - [(A^-)^{-1} B]_+ = 0,
\tag{3.322}
$$

soit :

$$
X^* Y_c = ([G^T Q \bar{G} + K^T \Lambda \bar{K}]^+)^{-1} [([G^T Q \bar{G} + K^T \Lambda \bar{K}]^-)^{-1} \bar{G} Q Y_d]_+.
\tag{3.323}
$$

— dans le **cas discret** :

$$
\begin{aligned}
X^*Y_c &= \left([(G^T Q \bar{G} + K^T \Lambda \bar{K}) z^{-1}]^+ \right)^{-1} [([(G^T Q \bar{G} \\
&\quad + K^T \Lambda \bar{K}) z^{-1}]^-)^{-1} \bar{G}^T Q Y_d z^{-1})]_+.
\end{aligned}
\tag{3.324}
$$

En pratique, la mise en œuvre de cette méthode dans le cas multivariable s'avère complexe.

3.5.3   Cas stochastique

A.   Notations et formulation

L'étude proposée ici concerne les systèmes linéaires stationnaires à horizon infini, mais les signaux y_c et y_d sont supposés stationnaires, ergodiques, de moyennes nulles et caractérisés par leur fonction de corrélation. Pour deux signaux aléatoires v et w, la fonction de corrélation Σ_{vw} est définie par :

$$
\Sigma_{vw}(t) = \mathrm{E}\{v(\tau)w(t + \tau)\},
\tag{3.325}
$$

dans le cas continu, et par :

$$
\Sigma_{vw}(k) = \mathrm{E}\{v_j w_{k+j}\},
\tag{3.326}
$$

dans le cas discret.

De même, on définit le spectre de corrélation, S_{vw} comme la transformée de Laplace (resp.en z) bilatère, dans le cas continu (resp.discret), de la fonction de corrélation :

$$
\begin{aligned}
S_{vw}(s) &= \int_{-\infty}^{+\infty} \Sigma_{vw}(t) \exp(-st)\, \mathrm{d}t, \\
S_{vw}(z) &= \sum_{-\infty}^{+\infty} \Sigma_{vw}(k) z^{-k}.
\end{aligned}
\tag{3.327}
$$

En utilisant les notations précédemment définies, on a :

$$
\Sigma_{vw}(0) = I[S_{vw}].
\tag{3.328}
$$

Soient deux vecteurs aléatoires, w_1 et w_2, transmis à travers deux filtres de fonctions de transfert, F_1 et F_2. La fonction de corrélation des sorties, v_1 et v_2, caractérisées par leurs transformées :

$$
\begin{aligned}
V_1 &= F_1 W_1, \\
V_2 &= F_2 W_2,
\end{aligned}
\tag{3.329}
$$

est donnée [RADIX, 1970] par :

$$
S_{v_1 v_2} = \bar{F}_1 S_{w_1 w_2} F_2^T.
\tag{3.330}
$$

On obtient alors :

$$E\{v_1 v_2^T\} = \Sigma_{v_1 v_2}(0) = I[\bar{F}_1 S_{w_1 w_2} F_2^T]. \tag{3.331}$$

La propriété d'ergodicité indique que les moyennes temporelles sont égales aux moyennes statistiques. Il en résulte les propriétés :

— dans le cas continu :

$$\lim_{T \to \infty} \frac{1}{T} \int_0^T \varepsilon^T(t) Q \varepsilon(t) \mathrm{d}t = E\left\{\varepsilon^T(t) Q \varepsilon(t)\right\}; \tag{3.332}$$

— dans le cas discret :

$$\lim_{N \to \infty} \frac{1}{N} \sum_0^{N-1} \varepsilon_k^T Q \varepsilon_k = E\left\{\varepsilon_k^T Q \varepsilon_k\right\}; \tag{3.333}$$

et le critère pourra s'expliciter dans les deux cas comme la minimisation de l'espérance mathématique d'une fonction quadratique de l'erreur ε :

$$J = E\left\{\varepsilon^T Q \varepsilon\right\}. \tag{3.334}$$

De même, les contraintes s'exprimeront sous la forme :

$$E\left\{v_i^2\right\} \leq C_i, \tag{3.335}$$

et l'on a :

$$E\{v_i^2\} = \Sigma_{v_i v_i}(0) = I[S_{v_i v_i}]. \tag{3.336}$$

Pour tenir compte des contraintes, le critère est modifié en :

$$J' = E\{\varepsilon^T Q \varepsilon + v^T \Lambda v\}, \tag{3.337}$$

avec $\Lambda = \mathrm{diag}(\lambda_i)$ et v le vecteur de i-ème composante v_i.

B. Cas monovariable

Dans ce cas, ε est scalaire et il vient :

$$\begin{aligned}
J' &= E\left\{\varepsilon^2 + \sum_i \lambda_i v_i^2\right\}, \\
&= \Sigma_{\varepsilon\varepsilon}(0) + \sum_i \lambda_i \Sigma_{v_i v_i}(0), \\
&= I[S_{\varepsilon\varepsilon} + \sum_i \lambda_i S_{v_i v_i}].
\end{aligned} \tag{3.338}$$

Comme :

$$\begin{aligned}
\varepsilon &= Y_d - GXY_c, \\
V_i &= K_i X Y_c,
\end{aligned} \tag{3.339}$$

il vient :

$$S_{\varepsilon\varepsilon} = S_{y_d y_d} - \bar{G}\,\bar{X}S_{y_c y_d} - S_{y_d y_c}XG$$

$$+\bar{G}\,\bar{X}S_{y_c y_c}XG,$$

$$S_{v_i v_i} = \bar{K}_i\bar{X}S_{y_c y_c}XK_i. \tag{3.340}$$

Il en résulte :

$$J' = I\left[(\bar{G}S_{y_c y_c}G + \sum_i \lambda_i\bar{K}_iS_{y_c y_c}K_i)\bar{X}X - (\bar{G}S_{y_c y_d})\bar{X}\right.$$

$$\left. - (GS_{y_d y_c})X + S_{y_d y_d}\right]. \tag{3.341}$$

Cette expression est semblable à celle obtenue dans le cas déterministe, et il vient en utilisant les résultats obtenus :

— dans le **cas continu** :

$$X^*(s) = \frac{\left(\dfrac{\bar{G}S_{y_c y_d}}{\left(\bar{G}S_{y_c y_c}G + \sum_i \lambda_i\bar{K}_iS_{y_c y_v}K_i\right)^-}\right)_+}{\left(\bar{G}S_{y_c y_c}G + \sum_i \lambda_i\bar{K}_iS_{y_c y_c}K_i\right)^+} \tag{3.342}$$

— dans le **cas discret** :

$$X^*(z) = \frac{\left(\dfrac{\bar{G}S_{y_c y_d}z^{-1}}{\left(\bar{G}S_{y_c y_c}G + \sum_i \lambda_i\bar{K}_iS_{y_c y_c}K_i\right)^-}\right)_+}{\left(\bar{G}S_{y_c y_c}G + \sum_i \lambda_i\bar{K}_iS_{y_c y_c}K_i\right)^+ z^{-1}}. \tag{3.343}$$

C.   Cas multivariable

Dans le critère, $\varepsilon^T Q\varepsilon$ et $v^T \Lambda v$ étant scalaires, il vient, compte-tenu de la propriété matricielle :

$$\text{trace}\,(AB) = \text{trace}\,(BA), \tag{3.344}$$

lorsque les deux produits sont possibles, les relations :

$$\varepsilon^T Q\varepsilon = \text{trace}(Q\varepsilon\varepsilon^T),$$
$$v^T \Lambda v = \text{trace}(\Lambda vv^T). \tag{3.345}$$

Le critère s'écrit donc sous la forme :

$$J' = \text{E}\{\text{trace}\,(Q\varepsilon\varepsilon^T) + \text{trace}\,(\Lambda vv^T)\},$$

$$= \text{trace}\,(QE\{\varepsilon\varepsilon^T\} + \Lambda E\{vv^T\}),$$

$$= \text{trace}\,(QI[S_{\varepsilon\varepsilon}] + \Lambda I[S_{vv}]),$$

$$= I[\text{trace}\,(QS_{\varepsilon\varepsilon} + \Lambda S_{vv})]. \tag{3.346}$$

soit :

$$J' = \text{trace}(QI[\bar{\varepsilon}\varepsilon^T] + \Lambda I[\bar{V}V^T]), \tag{3.347}$$

ce qui s'écrit également :

$$J' = I[\text{trace}(Q(\bar{\varepsilon}\varepsilon^T) + \Lambda(\bar{V}V^T))]. \tag{3.348}$$

Or :

$$\begin{aligned}
\varepsilon &= Y_d - GXY_c, \\
V &= KXY_c,
\end{aligned} \tag{3.349}$$

on obtient donc :

$$\begin{aligned}
S_{\varepsilon\varepsilon} &= S_{y_d y_d} - S_{y_d y_c}X^TG^T - \bar{G}\,\bar{X}S_{y_c y_d} + \bar{G}\,\bar{X}S_{y_c y_c}X^TG^T, \\
S_{vv} &= \bar{K}\,\bar{X}S_{y_c y_c}X^TK^T.
\end{aligned} \tag{3.350}$$

Pour optimiser J' par rapport à X, posons, comme dans le cas déterministe :

$$X = X^* + \lambda Z \tag{3.351}$$

qui conduit à la condition au premier ordre ($J'_\lambda(0) = 0$), pour tout Z réalisable :

$$I[\text{trace}\,(Q\bar{G}\,\bar{Z}(S_{y_c y_c}X^{*^T}G^T - S_{y_c y_d}) + \Lambda\bar{K}\,\bar{Z}S_{y_c y_c}X^{*^T}K^T)] = 0. \tag{3.352}$$

Par des décompositions analogues à celles effectuées dans le cas déterministe, on obtient, dans le cas continu, une solution de la forme :

$$\begin{aligned}
X^{*T} &= \\
&(S_{y_c y_c}^+)^{-1}\left[(S_{y_c y_c}^-)^{-1}S_{y_c y_d}Q\bar{G}\left([G^TQ\bar{G} + K^T\Lambda\bar{K}]^-\right)^{-1}\right]_+ \\
&[(G^TQ\bar{G} + K^T\Lambda\bar{K})^+]^{-1}.
\end{aligned} \tag{3.353}$$

Remarque. L'application de la méthode dans le cas multivariable est encore plus complexe que le cas déterministe. Il apparaît préférable, en général, d'utiliser le principe de séparation et de séparer filtrage et commande.

3.6 Programmation dynamique

3.6.1 Présentation de la méthode

La méthode de la programmation dynamique s'inspire directement du principe de Bellman déjà cité et qui peut s'énoncer sous l'une des formes condensées suivantes :

Forme continue : *Dans un problème de commande, toute portion de trajectoire optimale est optimale dans les mêmes conditions ;*
Forme discrète : *Dans un problème de décision, tout sous-ensemble de décisions optimales est optimal dans les mêmes conditions.*

La mise en œuvre de la méthode de la programmation dynamique s'effectue selon le schéma suivant :

— exprimer que la solution, si elle existe, est une fonction des données :

$$S = S(d_1, d_2, \ldots d_k), \qquad (3.354)$$

et prendre ces données comme paramètres ;
— expliciter les relations liant les solutions aux données dans le cas général. Ces relations sont en général de nature implicite ;
— résoudre le problème dans le cas général, c'est-à-dire expliciter la relation (3.354) pour l'ensemble des valeurs admissibles des données ;
— exprimer la solution correspondant aux valeurs des données qui nous intéressent.

3.6.2 Exemple

Considérons le réseau de transport correspondant au schéma (fig. 3.14) dans lequel le coût de transport sur chaque portion de trajet est indiqué. Le problème étant de relier le point de départ (D) au point d'arrivée (A) en se déplaçant de la gauche vers la droite ou de bas en haut, trouver le trajet de coût minimum.

Pour résoudre ce problème :

— nous commençons par généraliser le problème : au lieu de chercher le trajet de coût minimum allant du point (D) vers le point (A), nous allons chercher le trajet de coût minimum allant de n'importe quel point du réseau vers l'arrivée (A) et nous dirons que la solution est fonction des seules données, c'est-à-dire ici du point de départ. Nous recherchons alors la solution optimale pour chaque point de départ possible en partant des points situés près de l'arrivée, puis en remontant les trajets possibles. A chaque fois nous dirons que le coût minimum est obtenu en cherchant à minimiser le coût immédiat plus le coût futur ;

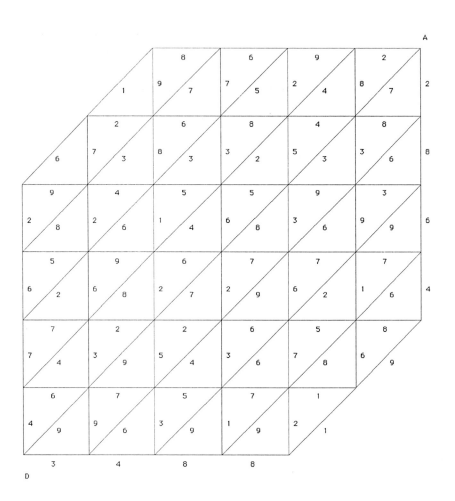

FIG. 3.14 : Réseau de transport

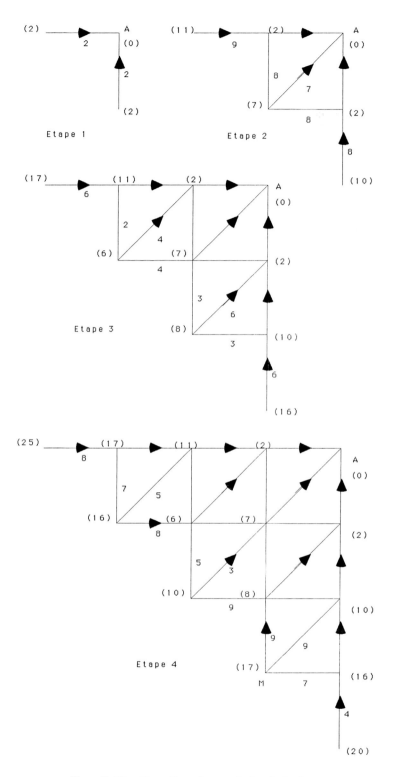

FIG. 3.15 : Premières étapes de la résolution.

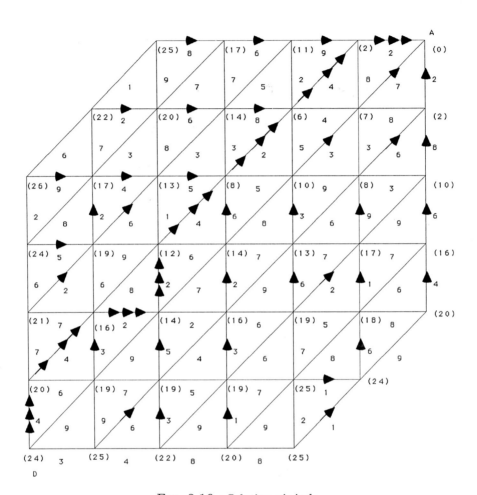

FIG. 3.16 : Solution générale.

— nous résolvons le problème précédent de proche en proche en partant du point d'arrivée et en marquant à chaque fois par une flèche le trajet optimal (fig. 3.15). Par exemple, si nous considérons les trajets partant du point M pour l'étape 4 du calcul, nous voyons qu'il y a trois possibilités :

— déplacement vers le haut :
coût immédiat 9, coût futur 8, coût total 17;
— déplacement sur la diagonale :
coût immédiat 9, coût futur 10, coût total 19;
— déplacement vers la droite :
coût immédiat 7, coût futur 16, coût total 23.

La solution à conserver correspond au déplacement vers le haut qui donne un coût total de 17.

— La solution optimale du problème initial s'obtiendra alors simplement en suivant le trajet optimal partant du point (D), elle est indiquée dans la figure 3.16 par une triple flèche. Le coût minimum obtenu pour ce trajet optimal est de 24.

Il est à noter qu'il peut parfois exister plusieurs solutions optimales au sens du critère choisi.

3.6.3 Détermination de la commande optimale d'un processus discret

3.6.3.1 Position du problème

L'évolution du processus est décrite à l'étape k par l'équation :

$$x_{k+1} = f(x_k, u_k, k), \tag{3.355}$$

et la commande est soumise à chaque étape à la contrainte :

$$u_k \in \Omega_k, \tag{3.356}$$

Ω_k pouvant dépendre de k et x_k. Notons $r(x_k, u_k, k)$ le revenu élémentaire obtenu en partant de l'état x_k à l'instant k avec la commande u_k. Le problème est de trouver la séquence de commande $\{u_0, u_1, \dots, u_{N-1}\}$ qui fasse évoluer le processus de l'état x_0 à l'instant $k = 0$ vers l'état x_N à l'instant N en satisfaisant les contraintes imposées et en minimisant le critère :

$$J = \sum_0^{N-1} r(x_k, u_k, k). \tag{3.357}$$

Si l'instant final N est non fixé le processus est dit à horizon libre, si $N = \infty$ le processus est dit à horizon infini, et si x_N est non fixé, l'état final est dit libre.

3.6.3.2   Equation récurrente d'optimalité

La résolution du problème de commande optimale s'effectue selon le schéma défini précédemment :

— tout d'abord nous immergeons le problème dans un problème plus vaste qui est la recherche de la séquence de commande minimisant le critère :

$$J(k, x_k) = \sum_{i=k}^{N-1} r(x_i, u_i, i), \qquad (3.358)$$

en partant de l'état x_k, à l'instant k, tout en satisfaisant aux diverses contraintes ;

— la solution si elle existe s'exprime sous la forme :

$$J^*(x_k, k) = \min_{u_k \in \Omega_k, \dots, u_{N-1} \in \Omega_{N-1}} \left(\sum_{i=k}^{N-1} r(x_i, u_i, i) \right) ; \qquad (3.359)$$

— en explicitant la relation entre les solutions et les données entre deux instants consécutifs k et $k+1$, on voit que l'optimum du revenu à l'instant k est égal à l'optimum du revenu immédiat $r(x_k, u_k, k)$ plus le revenu futur $J^*(x_{k+1}, k+1)$ en partant du nouveau point x_{k+1} soit :

$$J^*(x_k, k) = \min_{u_k \in \Omega_k} (r(x_k, u_k, k) + J^*(f(x_k, u_k, k), k+1)), \qquad (3.360)$$

qui porte le nom d'équation récurrente d'optimalité.

La résolution de cette équation s'effectue, de proche en proche à partir de l'état final ainsi que nous l'avons vu dans l'exemple précédent. Le revenu $J^*(x_N, N)$ est toujours nul, toutefois l'expression :

$$J^*(x_N, N) = 0, \qquad (3.361)$$

ne peut être utilisée pour initialiser les récurrences (3.359) que lorsque l'état final est libre. Lorsque l'état final est fixé ou soumis à des contraintes, les dernières commandes $u_{N-q}, u_{N-q+1}, \dots u_{N-1}$ sont imposées de façon à satisfaire ces diverses contraintes et peuvent en général être déterminées directement. L'initialisation s'effectue à partir de $J(x, N-q)$ où q dépend du problème étudié. La résolution de l'équation (3.359) à l'étape k fournit la valeur de la commande optimale en fonction des données, il vient :

$$x_k, k \rightarrow u_k^* = u(x_k, k). \qquad (3.362)$$

Il convient donc de définir $u(x, k)$ pour toutes les valeurs de x et de k admissibles, soit sous forme explicite soit sous forme de base de données, par exemple par tabulation. La solution particulière du problème partant de l'état x_0 à l'instant 0 s'obtient alors en temps réel :

$$x_0, 0 \rightarrow u_0 = u(x_0, 0) \rightarrow x_1 = f(x_0, u_0, 0) \rightarrow u_1 = u(x_1, 1) \dots \qquad (3.363)$$

3.6.3.3 Remarques

A. Structure bouclée

Le principe même de la programmation dynamique donne une commande sous forme bouclée puisque la solution est obtenue sous la forme :

$$u_k^* = u(x_k, k). \tag{3.364}$$

Les valeurs de la commande étant calculées hors ligne cette approche se prête particulièrement bien à la mise en œuvre de commandes en temps réel.

B. Cas stationnaire, horizon infini

Dans ce cas, le revenu optimum J^* ne dépend que de x_k et l'équation récurrente d'optimalité s'écrit :

$$J^*(x_k) = \min_{u \in \Omega_k} \left(r(x_k, u) + J^*(f(x_k, u)) \right), \tag{3.365}$$

puisque :

$$x_{k+1} = f(x_k, u_k), \tag{3.366}$$

de même, il vient :

$$u_k^* = g(x_k). \tag{3.367}$$

C. Horizon non fixé

Le cas de l'horizon non fixé *a priori* intervient dans les problèmes de poursuite ou de recalage ; dans ce cas, la fin de l'évolution du processus est conditionnée par l'appartenance du vecteur x_k à un domaine $\mathcal{D}_k \subset \Re^n$. L'équation récurrente d'optimalité admet alors la formulation suivante :

$$J^*(x_k, k) = \begin{cases} \min_{u \in \Omega_k} [r(x_k, u, k) + J^*(f(x_k, u, k), k+1)] \text{ si } x_k \notin \mathcal{D}_k, \\ 0 \text{ si } x_k \in \mathcal{D}_k. \end{cases} \tag{3.368}$$

D. Horizon aléatoire

Dans ce cas, on a la probabilité $\pi_k(x_k, u_k)$ pour que $k+1$ soit l'instant final et x_{k+1} l'état final si partant de l'état x_k, on applique la commande u_k.

Il vient l'équation récurrente d'optimalité :

$$J^*(x_k, k) = \min_{u \in \Omega_k} \mathrm{E} \left\{ r(x_k, u, k) + (1 - \pi_k(x_k, u)) J^*(f(x_k, u, k), k+1) \right\}, \tag{3.369}$$

Dans cette écriture, $\mathrm{E}\{.\}$ désigne l'opérateur d'espérance mathématique, l'état final est évidemment non fixé, cependant comme l'instant final N est inconnu, on ne peut initialiser la récurrence avec $J^*(x_N, N) = 0$. Dans le cas stationnaire, toutefois, cette équation prend une forme implicite en $J^*(x_k)$ et peut être résolue par récurrence.

E. Existence de contraintes de type somme

La contrainte $u_k \in \Omega_k$ envisage seulement le cas de contraintes instantanées. Dans certains problèmes existent des contraintes de type somme, comme par exemple dans le cas de ressources limitées. Notons, dans le cas de contraintes inégalités :

$$\sum_{0}^{N-1} p(x_k, u_k, k) \leq \alpha. \tag{3.370}$$

Soit la résolution du problème sans contrainte satisfait la contrainte, tout ce passe alors comme si cette dernière n'intervenait pas ; soit la solution du problème sans contrainte viole la contrainte, dans ce cas, la solution si elle existe saturera la contrainte qui se réduit alors à une contrainte égalité :

$$\sum_{0}^{N-1} p(x_k, u_k, k) = \alpha. \tag{3.371}$$

Une première approche de ce type de problème consiste à introduire une nouvelle variable d'état v_k :

$$v_{k+1} = v_k + p(x_k, u_k, k), \tag{3.372}$$

avec les conditions terminales :

$$\begin{aligned} v_0 &= 0, \\ v_N &= \alpha. \end{aligned} \tag{3.373}$$

Pour le système de nouveau vecteur état x'_k :

$$x'_k = \begin{bmatrix} x_k \\ v_k \end{bmatrix} \rightarrow x'_{k+1} = \begin{bmatrix} f(x_k, u_k, k) \\ v_k + p(x_k, u_k, k) \end{bmatrix}, \tag{3.374}$$

la contrainte de type somme se réduit à une contrainte terminale sur le vecteur v_k.

Une seconde approche consiste à utiliser les techniques d'optimisation de fonctions en présence de contraintes et de remplacer l'optimisation de J par celle de :

$$J' = \sum_{0}^{N-1} (r(x_k, u_k, k) + \gamma^T p(x_k, u_k, k)). \tag{3.375}$$

La résolution du problème s'effectue en prenant le paramètre de Lagrange γ comme paramètre et en cherchant γ de façon à satisfaire la contrainte.

F. Horizon fixé, notation inversée

Dans la résolution de problème à horizon fixé, on adopte souvent une notation qui explicite le nombre de commandes restant à effectuer avant l'instant final, ce qui correspond au changement d'indices $k \to N - k$. Il en résulte la formulation suivante :

$$
\begin{aligned}
x_{k-1} &= f(x_k, u_k, k), \\
J^*(x_k, k) &= \min_{u \in \Omega_k}(r(x_k, u, k) + J^*(f(x_k, u, k), k - 1)),
\end{aligned}
\tag{3.376}
$$

initialisée avec $J^*(x, 0) = 0$, si l'état final est libre, et avec $J^*(x_q, q)$, si l'état final est soumis à des contraintes.

G. Loi d'évolution aléatoire

Nous considérerons ici le cas pour lequel l'évolution du processus a la probabilité p_i d'évoluer avec la loi :

$$
x_{k+1} = f_i(x_k, u_k, k),
\tag{3.377}
$$

le revenu élémentaire s'écrivant alors :

$$
r_k = r_i(x_k, u_k, k),
\tag{3.378}
$$

le choix parmi q lois possibles étant aléatoire, il vient l'équation récurrente d'optimalité :

$$
J^*(x_k, k) = \min_{u \in \Omega_k} \mathrm{E}\left\{r_k + J^*(x_{k+1}, k + 1)\right\},
\tag{3.379}
$$

soit :

$$
J^*(x_k, k) = \min_{u \in \Omega_k} \sum_{i=1}^{q} p_i(r_i(x_k, u, k) + J^*(f_i(x_k, u, k), k + 1)),
\tag{3.380}
$$

relation qui diffère peu de celle obtenue pour une loi d'évolution certaine.

3.6.4 Système linéaire sans contraintes, critère quadratique

3.6.4.1 Position du problème

L'évolution du processus étudié est décrite par une équation de la forme :

$$
x_{k+1} = A_k x_k + B_k u_k,
\tag{3.381}
$$

il s'agit de trouver la séquence de commandes permettant de faire évoluer le processus de l'état x_0 donné à l'instant 0, en minimisant l'expression :

$$
J = \sum_{0}^{N-1} \frac{1}{2}(x_k^T Q_k x_k + 2x_k^T S_k u_k + u_k^T R_k u_k),
\tag{3.382}
$$

dans laquelle Q_k et R_k sont des matrices symétriques.

De façon à simplifier les écritures nous noterons $v_k = v$, $v_{k+1} = v^+$, $J^*(x_k, k) = J^*(x)$, $J^*(x_{k+1}, k+1) = J^{*+}(x)$, et il vient :

$$x^+ = Ax + Bu,$$
$$J^*(x) = \min_{u \in \Omega} \left[\tfrac{1}{2}(x^T Q x + x^T S u + u^T R u) + J^{*+}(Ax + Bu) \right].$$
(3.383)

3.6.4.2   Résolution

A.   Etat final libre

Dans ce cas, le revenu optimal s'exprime sous forme quadratique :

$$J^*(x) = -\frac{1}{2} x^T K x.$$
(3.384)

En effet, posons à l'instant $k+1$:

$$J^{*+}(x^+) = -\frac{1}{2} x^{+T} K^+ x^+,$$
(3.385)

il vient :

$$J^*(x) = \min_{u \in \Omega} \underbrace{\left[\frac{1}{2}(x^T Q x + 2 x^T S u + u^T R u) - \frac{1}{2}(Ax + Bu)^T K^+ (Ax + Bu) \right]}_{J(x,u)}.$$
(3.386)

L'optimisation de $J(x, u)$ par rapport à u conduit à la condition de stationnarité :

$$J_u(x, u) = 0,$$
(3.387)

soit :

$$S^T x + R u^* - B^T K^+ (Ax + Bu^*) = 0,$$
(3.388)

ce qui conduit à la commande optimale :

$$u^* = -(R - B^T K^+ B)^{-1}(S^T - B^T K^+ A)x,$$
(3.389)

d'où la structure bouclée :

$$u^* = Lx,$$
$$L = -(R - B^T K^+ B)^{-1}(S^T - B^T K^+ A).$$
(3.390)

Reportons ces expressions dans (3.386), on obtient l'équation :

$$K = -Q + A^T K^+ A - (S - A^T K^+ B)(-R + B^T K^+ B)^{-1}(S^T - B^T K^+ A). \quad (3.391)$$

Si le revenu optimal est quadratrique à l'instant $k+1$, il est quadratique à l'instant k, comme l'état final est libre, il vient :

$$J^*(x_N, N) = 0,$$
(3.392)

d'où un revenu optimal de la forme :

$$J^*(x_k, k) = -\frac{1}{2}x_k^T K_k x_k, \qquad (3.393)$$

avec K_k solution de l'équation récurrente :

$$K_k = -Q_k + A_k^T K_{k+1} A_k - (S_k - A_k^T K_{k+1} B_k)$$
$$(-R_k + B_k^T K_{k+1} B_k)^{-1}(S_k^T - B_k^T K_{k+1} A_k). \qquad (3.394)$$

On peut remarquer que dans le cas stationnaire, et pour $S \equiv 0$, on retrouve que K_k est solution de l'équation de Riccati discrète déterminée dans la recherche d'une structure bouclée pour la commande des processus stationnaires discrets dans le cas d'un critère quadratique.

B. Etat final imposé

a. Position du problème

Lorsque l'état final du système est imposé, $x_N = x_f$, les dernières commandes sont imposées. Notons q le plus petit entier tel que l'équation :

$$x_f = A_{N-1}\ldots A_{N-q}x_{N-q} + B_{N-1}u_{N-1} + A_{N-1}B_{N-2}u_{N-2}$$
$$+\ldots + A_{N-1}A_{N-2}\ldots A_{N-q+1}B_{N-q}u_{N-q}, \qquad (3.395)$$

admette au moins une solution en $u_{N-q}, u_{N-q+1}, \ldots, u_{N-1}$, pour x_f et x_{N-q} donnés. Notons :

$$M_{N-q} = [B_{N-1}, A_{N-1}B_{N-2}, \ldots, A_{N-1}A_{N-2}\ldots A_{N-q+1}B_{N-q}], \qquad (3.396)$$

deux cas sont alors à envisager pour l'initialisation de la récurrence.

b. Initialisation

— le système (3.395) admet une solution unique, donnée par :

$$\begin{pmatrix} u_{N-1}^* \\ u_{N-2}^* \\ \vdots \\ u_{N-q}^* \end{pmatrix} = M_{N-q}^{-1}[x_f - A_{N-1}A_{N-2}\ldots A_{N-q}x_{N-q}]. \qquad (3.397)$$

Dans ce cas, la détermination du revenu $J_{N-q}(x)$ par sommation directe donne en remplaçant les $u_i^*(i = N-q, \ldots, N-1)$ par leurs valeurs :

$$J^*(x_{N-q}, N-q) = -\frac{1}{2}x_{N-q}^T K_{N-q}x_{N-q} + 2\beta_{N-q}^T x_{N-q} + \alpha_{N-q}, \qquad (3.398)$$

avec K_{N-q}, β_{N-q} et α_{N-q} parfaitement déterminés. La résolution de l'équation récurrente d'optimalité peut alors s'effectuer en posant *a priori* pour le revenu $J^*(x_k, k)$ la forme :

$$J^*(x_k, k) = -\frac{1}{2}x_k^T K_k x_k + 2\beta_k^T x_k + \alpha_k, \qquad (3.399)$$

et en initialisant la récurrence à l'instant $N - q$ par $J^*(x_{N-q}, N - q)$;
— le système (3.395) admet plusieurs solutions. Il convient alors de rechercher les $u_i (i = N - q, \ldots, N - 1)$ minimisant l'expression :

$$\sum_{k=N-q}^{N-1} \frac{1}{2}(x_k^T Q_k x_k + 2x_k^T S_k u_k + u_k^T R_k u_k), \qquad (3.400)$$

et satisfaisant les contraintes, pour $k = N - q, \ldots, N - 1$:

$$x_{k+1} = A_k x_k + B_k u_k, \qquad (3.401)$$

avec $x_N = x_f$. Ce problème d'optimisation de fonction en présence de contraintes ne pose aucune difficulté et conduit à nouveau pour la solution optimale à une expression de la forme (3.398).

c. Résolution

Il convient donc de résoudre l'équation récurrente d'optimalité :

$$J^*(x) = \min_u \left[\frac{1}{2}(x^T Q x + 2x^T S u + u^T R u) + J^{*+}(Ax + Bu) \right]. \qquad (3.402)$$

Posons :

$$J^{*+}(x^+) = -\frac{1}{2}x^{+T} K^+ x^+ + 2\beta^{+T} x^+ + \alpha^+, \qquad (3.403)$$

la condition de stationnarité en u s'écrit :

$$S^T x + Ru - B^T K^+(Ax + Bu) + 2B^T \beta^+ = 0, \qquad (3.404)$$

soit :

$$u^* = (-R + B^T K^+ B)^{-1}((S^T - B^T K^+ A)x + 2B^T \beta^+), \qquad (3.405)$$

qui est de la forme $u^* = Lx + \lambda$. Portons cette expression dans (3.402), il vient bien :

$$J^*(x) = -\frac{1}{2}x^T K x + 2\beta^T x + \alpha, \qquad (3.406)$$

avec K solution de l'équation de Riccati discrète (3.391), l'expression de L donnée en (3.390) et il vient, pour les autres paramètres, les récurrences :

$$\begin{aligned}
\lambda &= 2(-R + B^T K^+ B)^{-1} B^T \beta^+, \\
\beta &= (A + BL)^T \beta^+, \\
\alpha &= \alpha^+ + \lambda^T B^T \beta^+.
\end{aligned} \qquad (3.407)$$

3.6.4.3 Commande à appliquer en cas de manque

Le problème posé ici est de choisir la commande à appliquer au système lorsque les informations permettant de la déterminer ne sont pas accessibles à un moment donné. Nous considérons donc dans la suite de cette étude que le processus a la probabilité p_1 d'avoir un fonctionnement sans manque et la probabilité p_2 d'avoir un fonctionnement avec manque, $p_1 + p_2 = 1$. Pour résoudre ce problème, deux solutions sont communément envisagées.

A. Utilisation de la commande nulle

On a dans ce cas, le choix aléatoire de la loi d'évolution :

— loi de probabilité p_1 :

$$x_{k+1} = A_k x_k + B_k u_k,$$
$$r_k = \tfrac{1}{2}\left[x_k^T Q_k x_k + 2x_k^T S_k u_k + u_k^T R_k u_k \right]; \tag{3.408}$$

— loi de probabilité p_2 :

$$x_{k+1} = A_k x_k,$$
$$r_k = \tfrac{1}{2} x_k^T Q_k x_k. \tag{3.409}$$

Il vient :

$$J^*(x_k, k) = \min_u \mathrm{E}\left\{ r_k + J^*(x_{k+1}, k+1) \right\}, \tag{3.410}$$

soit en recherchant une solution telle que :

$$J^*(x_{k+1}, k+1) = -\frac{1}{2} x_{k+1}^T K_{k+1} x_{k+1}, \tag{3.411}$$

$$
\begin{aligned}
J^*(x_k, k) \;=\; \min_u \Big[&\frac{p_1}{2}(x_k^T Q_k x_k + 2x_k^T S_k u + u^T R_k u) \\
&+\frac{p_2}{2} x_k^T Q_k x_k - \frac{p_1}{2}(A_k x_k + B_k u)^T K_{k+1}(A_k x_k + B_k u) \\
&-\frac{p_2}{2}(A_k x_k)^T K_{k+1} A_k x_k \Big].
\end{aligned}
\tag{3.412}
$$

La minimisation du terme entre crochets, semblable à celle effectuée dans le paragraphe précédent, conduit à :

$$u_k^* = L_k x_k, \tag{3.413}$$

avec :

$$L_k = (-R_k + B_k^T K_{k+1} B_k)^{-1}(S_k^T - B_k^T K_{k+1} A_k), \tag{3.414}$$

expression identique à celle obtenue précédemment, et :

$$
\begin{aligned}
K_k \;=\; &-Q_k + A_k^T K_{k+1} A_k - p_1(S_k - A_k^T K_{k+1} B_k) \\
&(-R_k + B_k^T K_{k+1} B_k)^{-1}(S_k^T - B_k^T K_{k+1} A_k),
\end{aligned}
\tag{3.415}
$$

et pour $p_1 = 1$ et $p_2 = 0$, on retrouve la commande sans manque.

B.   Utilisation de la commande antérieure

Le choix aléatoire des lois d'évolution s'effectue comme suit :

— loi de probabilité p_1 :

$$x_{k+1} = A_k x_k + B_k u_k,$$
$$r_k = \tfrac{1}{2}(x_k^T Q_k x_k + 2x_k^T S_k u_k + u_k^T R_k u_k); \qquad (3.416)$$

— loi de probabilité p_2 :

$$x_{k+1} = A_k x_k + B_k u_{k-1},$$
$$r_k = \tfrac{1}{2}(x_k^T Q_k x_k + 2x_k^T S_k u_{k-1} + u_{k-1}^T R_k U_{k-1}). \qquad (3.417)$$

En fait, en notant :

$$X_k = \begin{bmatrix} x_k \\ z_k \end{bmatrix}, \qquad (3.418)$$

expression dans laquelle le rôle de z_k est de garder en mémoire la commande précédente, il est possible de se ramener au cas de la commande nulle en cas de manque. Il vient, en effet, la représentation :

— loi de probabilité p_1 :

$$X_{k+1} = \begin{bmatrix} A_k & 0 \\ 0 & 0 \end{bmatrix} X_k + \begin{bmatrix} B_k \\ I \end{bmatrix} u_k,$$
$$r_k' = \tfrac{1}{2}[X_k^T \begin{bmatrix} Q_k & 0 \\ 0 & 0 \end{bmatrix} X_k + 2X_k^T \begin{bmatrix} S_k \\ 0 \end{bmatrix} u_k + u_k^T R_k u_k], \qquad (3.419)$$

de la forme :

$$X_{k+1} = A_k' X_k + B_k' u_k,$$
$$r_k' = \tfrac{1}{2}[X_k^T Q_k' X_k + 2X_k^T S_k' u_k + u_k^T R_k' u_k]; \qquad (3.420)$$

— loi de probabilité p_2 :

$$X_{k+1} = \begin{bmatrix} A_k & B_k \\ 0 & I \end{bmatrix} X_k,$$
$$r_k'' = \tfrac{1}{2} X_k^T \begin{bmatrix} Q_k & S_k \\ S_k^T & R_k \end{bmatrix} X_k, \qquad (3.421)$$

de la forme :

$$X_{k+1} = A_k'' X_k,$$
$$r_k'' = \tfrac{1}{2} X_k^T Q_k'' X_k. \qquad (3.422)$$

La recherche d'une solution telle que le revenu optimal prenne la forme :

$$J^*(X_k, k) = -\frac{1}{2} X_k^T K_k X_k, \qquad (3.423)$$

est encore valable, et l'équation d'optimalité :

$$J^*(X_k, k) = \min_u [p_1(r_k' + J^*(A_k' X_k + B_k' u, k+1))$$

$$+ p_2(r_k'' + J^*(A_k'' X_k, k+1))], \tag{3.424}$$

conduit à la solution optimale :

$$u_k^* = L_k X_k, \tag{3.425}$$

avec :

$$L_k = [-R_k' + B_k'^T K_{k+1}]^{-1} [S_k'^T - B_k'^T K_{k+1} A_k'], \tag{3.426}$$

$$K_{k+1} = -(p_1 Q_k' + p_2 Q_k'') + (p_1 A_k'^T K_{k+1} A_k' + p_2 A_k''^T K_{k+1} A_k'')$$

$$- p_1 [S_k' - A_k'^T K_{k+1} B_k'][-R_k'$$

$$+ B_k'^T K_{k+1} B_k']^{-1} (S_k'^T - B_k'^T K_{k+1} A_k'). \tag{3.427}$$

Remarques :

— il apparait en développant ces expressions que u_k ne dépend en fait que de x_k, la matrice L_k prenant la forme :

$$L_k = [L_{1,k}, 0]; \tag{3.428}$$

— dans les deux cas envisagés, l'état final ne pouvant être fixé, on peut initialiser l'équation récurrente d'optimalité avec :

$$J^*(x_N, N) = 0, \tag{3.429}$$

soit

$$K_N = 0; \tag{3.430}$$

— si $p_2 = 0$ on retrouve dans les deux cas la commande déterministe, et la loi de commande est peu changée par rapport au cas déterministe si p_2 reste petit, ce qui fait que dans cette hypothèse on peut en cas de manque appliquer la commande antérieure, la commande sans manque pouvant, sans erreur importante, être déterminée selon le schéma déterministe.

3.6.5 Détermination de la commande optimale d'un processus continu

La programmation dynamique s'avère particulièrement bien adaptée à la commande des processus modélisés sous forme discrète. Pour les processus continus l'étude est encore possible, les conditions d'optimalité étant obtenues par passage à la limite à partir des équations discrètes.

Considérons une discrétisation d'un processus continu à partir d'une discrétisation par échantillonnage à pas constants T très petits. Au processus continu décrit par l'équation :

$$\dot{x} = f(x, u, t),\tag{3.431}$$

à commander en optimisant le critère :

$$J_C = \int_{t_0}^{t_f} r(x, u, t)\mathrm{d}t.\tag{3.432}$$

Nous lui associerons le processus discret défini par :

$$x_{k+1} = x_k + Tf(x_k, u_k, k),\tag{3.433}$$

à commander en optimisant le critère :

$$J_D = \sum_{k=0}^{N-1} T.r(y_k, v_k, k).\tag{3.434}$$

Dans cette écriture, nous avons, si T est suffisamment petit :

$$\begin{aligned}
N &= \frac{t_f - t_0}{T},\\
x_k &= x(t_0 + kT),\\
\lim_{T\to 0}\frac{x_{k+1} - x_k}{T} &= \dot{x}(t_0 + kT),\\
u_k &= u(t_0 + kT),\\
\lim_{T\to 0} J_D &= J_C.
\end{aligned}\tag{3.435}$$

3.6.5.1 Equations d'optimalité

Avec la contrainte sur la commande $u_k \in \Omega(x_k, k) = \Omega_k$, ce qui correspond à $u \in \Omega(x, t), t = t_0 + kT$, il vient l'équation récurrente d'optimalité :

$$J^*(x_k, k) = \min_{u\in\Omega_k}[Tr(x_k, u, k) + J^*(x_k + Tf(x_k, u, k), k + 1)].\tag{3.436}$$

Soit, en faisant un développement limité au premier ordre :

$$\frac{J^*(x_k, k + 1) - J^*(x_k, k)}{T} = -\min_{u\in\Omega_k}[r(x_k, u, k)$$
$$+J_x^{*T}(x_k, k + 1)f(x_k, u, k)].\tag{3.437}$$

En faisant le passage à la limite pour $T \to 0$, il vient :

$$\frac{\partial J^*(x, t)}{\partial t} = -\min_{u\in\Omega(x,t)}[r(x, u, t) + J_x^{*T}(x, t)f(x, u, t)],\tag{3.438}$$

qui s'intègre avec la condition aux limites :

$$J(x_f, t_f) = 0. \tag{3.439}$$

Nous retrouvons en fait l'équation de Hamilton-Jacobi :

$$J_t = H(x, -J_x, t), \tag{3.440}$$

dans laquelle :

$$J = \int_t^{t_f} r(x, u^*, t)\mathrm{d}t, \tag{3.441}$$

et la valeur u^* s'obtient par :

$$u^* = \arg \min_{u \in \Omega(x,t)} [r(x, u, t) + J_x^{*T}(x, t)f(x, u, t)]. \tag{3.442}$$

En l'absence de contrainte si $\Omega = R^l$, il vient la condition de stationnarité au premier ordre :

$$r_u + F_u^T(x, u, t)J_x^*(x, t) = 0, \tag{3.443}$$

qui complète l'équation :

$$J_t^*(x, t) + r(x, u, t) + J_x^{*T}(x, t)f(x, u, t) = 0, \tag{3.444}$$

permettant la résolution du système d'équations différentielles.

3.6.5.2 Application à la commande des systèmes linéaires avec critère quadratique

Le processus étant décrit par l'équation :

$$\dot{x} = Ax + Bu, \tag{3.445}$$

le problème est de déterminer la commande faisant évoluer le processus à partir de l'état x_0 défini à l'instant initial t_0 en minimisant le critère :

$$J(t) = \frac{1}{2} \int_{t_0}^{t_f} (x^T Q x + 2x^T S u + u^T R u)\mathrm{d}t. \tag{3.446}$$

Nous savons que dans la solution de ce problème, le revenu optimal dans l'hypothèse d'un état final libre est quadratique et de la forme :

$$J^*(x, t) = -\frac{1}{2}x^T K(t)x, \tag{3.447}$$

il vient donc :

$$J_t^* = -\frac{1}{2}x^T \dot{K} x, \tag{3.448}$$

$$J_x^* = -Kx, \tag{3.449}$$

et les équations (3.443) et (3.444) s'écrivent respectivement :

$$S^T x + Ru + B^T J_x^* = 0,$$
$$J_t^* + \tfrac{1}{2}(x^T Q x + 2x^T S u + u^T R u) + J_x^{*T}(Ax + Bu) = 0, \tag{3.450}$$

soit :

$$u = R^{-1}[B^T K - S^T]x,$$
$$\dot{K} = Q - KA - A^T K - (S - KB)R^{-1}(S^T - K^T B^T). \tag{3.451}$$

Pour $S = 0$ on retrouve l'équation de Ricatti déjà obtenue dans la recherche d'une structure de commande bouclée optimisant un critère quadratique pour les systèmes continus linéaires.

3.7 Commande optimale des systèmes interconnectés, méthodes de coordination

3.7.1 Présentation des méthodes de coordination

Nous considérons dans cette section le problème de l'optimisation quadratique d'un processus formé de r sous-systèmes linéaires interconnectés linéairement. Notons $\mathbf{S}_i$ le i-ème sous-système dont l'évolution est décrite par les relations :

$$\dot{x}_i = A_i x_i + B_i u_i + C_i z_i, \tag{3.452}$$

$$z_i = \sum_{j=1}^{r} L_{ij} x_j, \tag{3.453}$$

où $x_i \in \Re^{n_i}$, $u_i \in \Re^{l_i}$, $z_i \in \Re^{m_i}$, représentent respectivement les vecteurs d'état, de commande et d'interconnexion associés au i-ème sous-système, $\sum_{i=i}^{r} n_i = n$. Les matrices A_i, B_i, C_i, et L_{ij} sont constantes et de dimensions convenables. Dans cette écriture z_i représente l'ensemble des sorties des divers sous-systèmes qui agissent sur $\mathbf{S}_i$.

Le problème est ici de déterminer les commandes minimisant la quantité :

$$J = \frac{1}{2} \sum_{i=i}^{r} \left\{ (x_{if}^T P_i x_{if}) + \int_{t_0}^{t_f} [x_i^T Q_i x_i + u_i^T R_i u_i + z_i^T S_i z_i] \, \mathrm{d}t \right\}, \tag{3.454}$$

en partant des conditions initiales :

$$\forall i \in \{1, \ldots, r\}, \; x_i(t_0) = x_{i0}.$$

Ce problème peut être résolu globalement à partir des méthodes définies dans le cas général. Toutefois, afin de simplifier l'approche, et dans un esprit qui correspond d'avantage aux méthodes généralement utilisées, l'étude est le plus souvent décomposée en deux niveaux [TITLI, 1975; SINGH, 1977; MAHMOUD ET AL., 1985] :

— une optimisation au niveau de chaque sous-système S_i;

— un ajustement au niveau global par coordination des résultats obtenus au niveau de chaque sous-système.

3.7.2   Coordination au niveau du modèle

Dans cette méthode, nous avons $S_i = 0$, $\forall i$ et le Hamiltonien $\mathcal{H}$ du problème général :

$$
\mathcal{H} = -\frac{1}{2}\sum_{i=i}^{r}(x_i^T Q_i x_i + u_i^T R_i u_i)
$$

$$
+ \sum_{i=i}^{r}\lambda_i^T(A_i x_i + B_i u_i + C_i z_i) + \sum_{i=1}^{r}\mu_i^T(\sum_{j=1}^{r}L_{ij}x_j - z_i), \quad (3.455)
$$

peut être réécrit sous la forme :

$$
\mathcal{H} = \sum_{i=i}^{r}\mathcal{H}_i, \quad (3.456)
$$

avec :

$$
\mathcal{H}_i = -\frac{1}{2}(x_i^T Q_i x_i + u_i^T R_i u_i)
$$

$$
+ \lambda_i^T(A_i x_i + B_i u_i + C_i z_i) - \mu_i^T z_i + \sum_{j=1}^{r}\mu_i^T L_{ij}x_j.
$$

Dans ces expressions, le vecteur μ_i est le multiplicateur de Lagrange associé à la contrainte définie par l'équation (0.2).

Dans la méthode de coordination au niveau du modèle nous exprimons et résolvons les conditions d'optimalité en x_i, u_i, λ_i et μ_i au niveau de chaque sous-système S_i.

Il vient les relations :

$$
\begin{aligned}
\dot{x}_i &= \frac{\partial \mathcal{H}_i}{\partial \lambda_i}, \\
\dot{\lambda}_i &= -\frac{\partial \mathcal{H}_i}{\partial x_i}, \\
\frac{\partial \mathcal{H}_i}{\partial u_i} &= 0, \\
\frac{\partial \mathcal{H}_i}{\partial \mu_i} &= 0,
\end{aligned} \quad (3.457)
$$

d'où nous tirons les trajectoires du système en fonction des variables z_i considérées à ce niveau comme des paramètres indépendants. La deuxième étape consiste à ajuster les z_i avec les conditions d'optimalité :

$$\frac{\partial \mathcal{H}_i}{\partial z_i} = 0, \tag{3.458}$$

en utilisant en général un algorithme de type gradient (fig. 3.17).

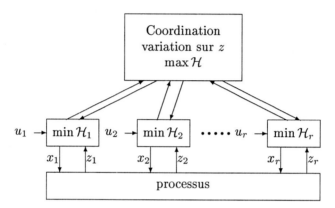

FIG. 3.17 : Coordination au niveau du modèle.

Une méthode de résolution consiste également à utiliser la propriété[MAH-MOUD, 1977; PEARSON, 1971] :

$$\min_z \{ \max_{\mu, \lambda} (\min_{x,u}) \}(L) = \min_u J, \tag{3.459}$$

expression dans laquelle L désigne le Lagrangien du problème. Dans cette méthode, la contrainte :

$$\frac{\partial \mathcal{H}_i}{\partial z_i} = C_i^T \lambda_i - \mu_i = 0, \tag{3.460}$$

n'est en fait satisfaite qu'à la fin du processus d'itération. Cette méthode n'est valablement utilisable en pratique que lorsque le nombre de variables de couplages est inférieur au nombre de variables de commandes. Lorsque cette condition est satisfaite, les commandes peuvent être déterminées en temps réel, et les commandes sous-optimales appliquées à la commande du processus avant la fin de la convergence de l'algorithme d'itération. Il est évident, dans ce mode de détermination de la commande, que les résultats intermédiaires sont d'autant plus proches de la solution optimale pour le processus complet et l'algorithme de coordination converge d'autant plus vite que les interconnections sont faibles.

3.7.3 Coordination au niveau du critère

Dans cette méthode $S_i \neq 0$ et l'interprétation du terme correspondant dans le critère, est liée à l'existence de termes en $z_i^T S_i z_i$ dans le critère défini sous la forme la plus générale pour le processus initial :

$$J = \frac{1}{2} \left\{ x_f^T P x_f + \int_{t_0}^{t_f} (x^T Q x + u^T R u)\, \mathrm{d}t \right\}. \tag{3.461}$$

La condition $S_i \neq 0$ est en fait nécessaire à l'utilisation de cette approche, de façon à ce que z_i n'apparaisse pas linéairement dans le Hamiltonien intégrant les contraintes, ce qui conduirait à un problème singulier. La méthode utilisée consiste à opérer en deux étapes d'itérations. Notons :

$$\begin{aligned}
L(x, u, z, \mu) &= \sum_{i=i}^{r} \left\{ \frac{1}{2} x_{if}^T P_i x_{if} \right. \\
&\quad + \int_{t_0}^{t_f} \left(\frac{1}{2}(x_i^T Q_i x_i + u_i^T R_i u_i + z_i^T S_i z_i) \right. \\
&\quad \left. \left. + \mu_i^T \left(z_i - \sum_{j=1}^{r} L_{ij} x_j \right) \right) \mathrm{d}t \right\},
\end{aligned} \tag{3.462}$$

et, si $\mu = [\mu_1^T, \mu_2^T, \dots \mu_r^T]^T$:

$$\varphi(\mu) = \min_{x, u, z} \{ L(x, u, z, \mu) \}. \tag{3.463}$$

Comme le critère et les contraintes sont convexes[MAHMOUD ET AL., 1985], il vient :

$$\max_{\mu} \varphi(\mu) = \min_{u} J, \tag{3.464}$$

les extrémums étant recherchés en tenant compte des contraintes (0.1) et (0.2).

L'expression du Lagrangien défini en (3.462) pour μ donné peut être réécrite :

$$L = \sum_{i=i}^{r} L_i, \tag{3.465}$$

avec L_i Lagrangien associé au i-ème sous-système :

$$\begin{aligned}
L_i &= \frac{1}{2} x_{if}^T P_i x_{if} \\
&\quad + \int_{t_0}^{t_f} \left\{ \frac{1}{2}(x_i^T Q_i x_i + u_i^T R_i u_i + z_i^T S_i z_i) \right.
\end{aligned}$$

$$+\mu_i^T\Big(z_i - \sum_{j=1}^{r} L_{ij}x_j\Big)\Big\}\,\mathrm{d}t. \tag{3.466}$$

Dans une première étape, les μ_i sont supposés fixés; il convient d'optimiser le critère correspondant à chaque sous-système $\mathbf{S}_i$ en tenant compte des contraintes dynamiques. Il en résulte $\varphi(\mu)$, maximisé dans une seconde étape par une méthode du type gradient utilisant les résultats de la première étape d'optimisation (fig. 3.18). Soit l'erreur d'interconnection :

$$\varepsilon = [\varepsilon_1^T, \varepsilon_2^T, \dots \varepsilon_r^T]^T, \tag{3.467}$$

ou :

$$\forall i \in \{1, \dots r\}, \quad \varepsilon_i = z_i - \sum_{j=i}^{r} L_{ij}x_j, \tag{3.468}$$

le vecteur $\varepsilon(t)$ prenant la valeur $\varepsilon^k(t)$ à la k-ième itération, l'algorithme de coordination s'arrête lorsque $\varepsilon^k(t)$ est jugé suffisamment faible sur l'horizon considéré. Cette méthode souvent désignée sous le nom de méthode non ad-

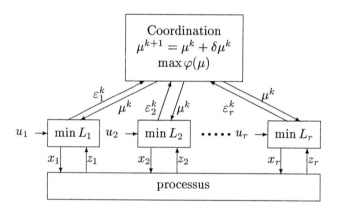

FIG. 3.18 : Coordination au niveau du critère.

missible est utilisée essentiellement dans le cas de sous-systèmes à commandes décentralisées.

Trois points gênant son utilisation sont à noter :

— la détermination de la variation optimum $\delta\mu^k$ qui conduit à des calculs importants, bien que la détermination du gradient de la fonction φ soit relativement aisée;

— la nécessité d'introduire des termes en $z_i^T S_i z_i$ pour éviter que le problème soit singulier, l'interprétation physique de ces termes n'étant pas évidente;

— la non fiabilité des solutions intermédiaires, tant que l'algorithme de coordination n'a pas convergé.

Dans cette méthode, ainsi que dans la suivante, la qualité des résultats obtenus croît, et la quantité de calculs à effectuer décroît si les interactions sont plus faibles.

3.7.4 Coordination mixte par prédiction interactive

Dans cette approche nous adopterons la description :

$$\begin{aligned} \dot{x} &= Ax + Bu + Cz, \\ z &= Lx, \end{aligned} \tag{3.469}$$

le critère correspondant à la minimisation de J :

$$J = \int_{t_0}^{t_f} \frac{1}{2}(x^T Q x + u^T R u)\,\mathrm{d}t \tag{3.470}$$

Les conditions d'optimalité peuvent s'obtenir directement à partir du Hamiltonien :

$$\mathcal{H} = -\frac{1}{2}(x^T Q x + u^T R u) + \lambda^T(Ax + Bu + Cz) + \mu^T(Lx - z), \tag{3.471}$$

et il vient au premier ordre :

$$\begin{aligned} u &= R^{-1}B^T\lambda, \\ \mu &= C^T\lambda, \\ \dot{x} &= Ax + BR^{-1}B^T\lambda + Cz, \\ \dot{\lambda} &= Qx - A^T\lambda - L^T\mu, \\ z &= Lx. \end{aligned} \tag{3.472}$$

Dans la méthode envisagée ici, le coordinateur fixe les évolutions de z et μ, les trois dernières équations deviennent indépendantes et les solutions en x_i, u_i et λ_i peuvent être recherchées au niveau de chaque sous-système. Un second niveau d'optimisation apparaît pour prédire les évolutions de z et μ [HASSAN, 1977] à partir des évolutions obtenues pour x, u et λ (fig.3.19), il vient pour le passage de la k-ième à la $(k+1)$-ième itération :

$$\begin{aligned} z^{k+1} &= Lx^k, \\ \mu^{k+1} &= C^T\lambda^k. \end{aligned} \tag{3.473}$$

L'itération s'arrête lorsque les solutions obtenues en z et μ n'évoluent plus.

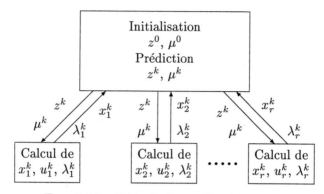

FIG. 3.19 : Méthode de coordination mixte.

Malgré les éventuels problèmes théoriques de convergence, cette méthode d'interaction-prédiction apparaît intéressante car :

— le second niveau d'itération est de mise en œuvre aisée ;

— la signification physique est évidente car on travaille sur le critère initial, les matrices A, B, C, Q, et R étant bloc-diagonales ;

— l'expérience a montré que la méthode converge en général très rapidement.

3.8 Commande quasi-optimale des systèmes à deux dynamiques

3.8.1 Système singulièrement perturbé

3.8.1.1 Principe de la modélisation

Soit un système non linéaire caractérisé par une équation d'état de la forme :

$$\dot{x} = f(x, u),$$
$$y = h(x, u), \tag{3.474}$$
$$x(t_0) = x_0,$$

avec $x \in \Re^n$ et t_0 instant initial.

Lorsque l'expertise de l'utilisateur ou l'observation du comportement du système permet de décomposer le vecteur état global x en deux sous-ensembles x_1 et x_2, $x_1 \in \Re^{n_1}$, $x_2 \in \Re^{n_2}$, $n_1 + n_2 = n$, respectivement associés aux variables lentes et rapides du système, alors l'équation d'état (3.474) peut s'écrire sous la forme suivante :

$$\dot{x}_1 = f_1(x_1, x_2, u),$$
$$\varepsilon \dot{x}_2 = f_2(x_1, x_2, u),$$
$$y = h(x_1, x_2, u), \tag{3.475}$$
$$x_1(t_0) = x_{1,0}, \ x_2(t_0) = x_{2,0}.$$

Cette forme est dite **singulièrement perturbée** et permet l'application de la méthode des **perturbations singulières** (qu'on notera PS). Le paramètre ε, responsable de cette singularité ($\frac{f_2}{\varepsilon} \to \infty$ quand $\varepsilon \to 0$) est un scalaire positif appartenant à l'intervalle $]0, 1]$ qui exprime que la vitesse de x_2 est grande par rapport à celle de x_1. Il n'est pas défini *a priori* mais dépend du système étudié :

— il peut correspondre au rapport entre les échelles de temps de la partie lente (t) et de la partie rapide (τ), soit :

$$\varepsilon = \frac{t - t_0}{\tau}.$$

Ainsi, si l'on choisit une échelle lente en minutes et une échelle rapide en secondes, alors $\varepsilon = \frac{1}{60}$;

— il peut avoir une signification physique : rapport entre masses, entre concentrations...;

— il peut être obtenu comme rapport entre les valeurs extrêmes des modes lents et rapides;

— il peut également n'avoir aucune réalité physique et intervenir uniquement comme artifice mathématique dans un but de simplification de modèles arbitraire. On parlera alors de **perturbations singulières forcées**.

Il est bien sûr possible d'étendre cette modélisation à des systèmes à plusieurs dynamiques, par introduction de plusieurs paramètres ε_i, $0 < \varepsilon_i \leq 1$, associés par ordre de grandeur décroissant aux variables ordonnées par ordre de vitesses croissantes.

3.8.1.2 Découplage des dynamiques

Dans un but de simplification de modèles conduisant à une détermination et une mise en œuvre simplifiées de lois de commande réduites, le principe de la méthode des PS consiste à effectuer un découplage du modèle global (3.475) en deux sous-modèles associés directement aux variables lentes et rapides, . Le sous-système lent est obtenu en posant ε égal à zéro dans l'équation (3.475), ce qui donne :

$$\dot{x}_{1l} = f_1(x_{1l}, x_{2l}, u_l),$$
$$0 = f_2(x_{1l}, x_{2l}, u_l), \tag{3.476}$$
$$y_l = h(x_{1l}, x_{2l}, u_l),$$

où u_l représente la partie lente de la consigne.

Ces équations constituent la **solution lente**, que l'on appelle aussi **réduite** ou **extérieure**. Si l'on fait l'hypothèse que l'équation algébrique reliant x_{1l}, x_{2l}, et u_l, admet au moins une solution explicite x_{2l} correspondant au régime quasi-permanent des variables x_2 telle que :

$$x_{2l} = f_{2l}(x_{1l}, u_l), \tag{3.477}$$

alors les équations (3.476) se transforment de la façon suivante :

$$\dot{x}_{1l} = f_1(x_{1l}, f_{2l}(x_{1l}, u_l), u_l) = f_{1l}(x_{1l}, u_l),$$
$$x_{2l} = f_{2l}(x_{1l}, u_l), \tag{3.478}$$
$$y_l = h(x_{1l}, f_{2l}(x_{1l}, u_l), u_l) = h_l(x_{1l}, u_l),$$

qui représentent le comportement lent du système. Un problème apparaît concernant les conditions initiales sur les variables rapides. En effet, contrairement au cas des variables lentes x_1, pour lesquelles il est possible de faire l'approximation :

$$x_{1l}(t_0) \simeq x_{1,0}, \tag{3.479}$$

nous voyons qu'en général, il n'y a pas coïncidence possible entre $x_2(t_0)$ et $x_{2l}(t_0)$. Nous ferons donc l'approximation suivante :

— pour $t \in [t_0, +\infty[\, : x_1(t) \simeq x_{1l}(t)$;
— pour $t \in [T_0, +\infty[$, $T_0 > t_0 : x_2(t) \simeq x_{2l}(t)$, avec la condition initiale $x_{2l}(t_0) = f_{2l}(x_{1,0}, u(t_0))$.

Les variables lentes x_1 ont ici un comportement dynamique propre, et les variables rapides apparaissent, au bout d'un certain temps, comme "entraînées" par le mouvement lent. L'intervalle de temps $[t_0, T_0[$ introduit précédemment est appelé **domaine de couche limite**, et correspond aux transitoires rapides associés à la variable rapide x_2, les variables lentes x_1 et u_l étant supposées constantes. Nous noterons x_{2r} le vecteur correspondant, qui sera caractérisé par l'équation dynamique suivante, écrite dans l'échelle des temps rapide :

$$\frac{dx_{2r}}{d\tau} = f_2(x_{1,0}, x_{2r}(\tau) + x_{2l}(t_0), u_r(\tau)),$$
$$y_r(\tau) = h(x_{1,0}, x_{2r}(\tau) + x_{2l}(t_0), u_r(\tau)), \tag{3.480}$$

avec $\tau = \frac{t-t_0}{\varepsilon}$ et $u_r(\tau)$ représente la partie rapide des commandes. L'approximation du vecteur rapide dépend de la définition de x_{2r} à partir des conditions initiales :

— si l'on pose $x_{2r}(t_0) = x_{2,0}$, alors :

$$x_2(t, \varepsilon) \simeq x_{2r}(\tau) + x_{2l}(t) - x_{2l}(t_0);$$

— si l'on définit $x_{2r}(t_0) = x_{2,0} - x_{2l}(t_0)$, alors :

$$x_2(t, \varepsilon) \simeq x_{2r}(\tau) + x_{2l}(t).$$

La deuxième définition est la plus couramment utilisée, et met en évidence, pour x_2, une approximation sous forme composite, par superposition d'un régime transitoire rapide, $x_{2r}(\tau)$, et d'un régime quasi-permanent $x_{2l}(t)$. Si l'on fait l'hypothèse que l'état d'équilibre $x_{2r}(\tau) = 0$ est asymptotiquement stable, uniformément en x_0 et t_0, et que $x_{2,0} - x_{2l}(t_0)$ appartient à son domaine d'attraction, alors :

$$\lim_{\tau \to \infty} x_{2r}(\tau) = 0, \tag{3.481}$$

ce qui revient à dire que x_2 s'approchera de son état quasi-permanent x_{2l} pour tout instant $t > T_0$. Cette propriété garantit un bon raccordement entre la solution de couche limite et la solution extérieure.

3.8.1.3   Principe du maximum et perturbations singulières

Le problème à résoudre est donc de trouver une commande **quasi-optimale** à appliquer au système à deux dynamiques modélisé sous la forme (3.475) minimisant la fonctionnelle :

$$J = g(x_{1,0}, x_{2,0}, t_0, x_{1f}, x_{2f}, t_f) + \int_{t_0}^{t_f} r(x_1, x_2, u, t)\, \mathrm{d}t, \tag{3.482}$$

en satisfaisant aux conditions limites $k(x_{1,0}, x_{2,0}, t_0) = 0$, et $l(x_{1f}, x_{2f}, t_f) = 0$.

Le Hamiltonien du système s'exprime sous la forme :

$$H = -r(x_1, x_2, u, t) + \lambda_1^T f_1(x_1, x_2, u) + \lambda_2^T \frac{f_2(x_1, x_2, u)}{\varepsilon}, \tag{3.483}$$

où λ_1 et λ_2 sont les vecteurs adjoints associés respectivement aux vecteurs x_1 et x_2. Ils possèdent également la propriété de double échelle des temps, on peut en effet écrire le système adjoint sous forme singulièrement perturbée :

$$\dot{\lambda}_1 = r_{x_1} - \lambda_1^T (f_1)_{x_1} - \lambda_2^T \frac{(f_2)_{x_1}}{\varepsilon},$$
$$\varepsilon \dot{\lambda}_2 = \varepsilon r_{x_2} - \varepsilon \lambda_1^T (f_1)_{x_2} - \lambda_2^T (f_2)_{x_2}, \tag{3.484}$$

avec les conditions de transversalité :

$$0 = (-H(t_0) - g_{t_0})\delta t_0 + (\lambda_1(t_0) - g_{x_{1,0}})^T \delta x_{1,0} + (\lambda_2(t_0) - g_{x_{2,0}})^T \delta x_{2,0},$$
$$0 = (-H(t_f) + g_{t_f})\delta t_f + (\lambda_1(t_f) + g_{x_{1f}})^T \delta x_{1f} + (\lambda_2(t_f) + g_{x_{2f}})^T \delta x_{2f}. \tag{3.485}$$

3.8.2 Cas linéaire stationnaire

3.8.2.1 Découplage

Soit le système linéaire caractérisé par le modèle d'état sous forme singulièrement perturbée suivante :

$$\begin{bmatrix} \dot{x}_1 \\ \varepsilon\dot{x}_2 \end{bmatrix} = \begin{bmatrix} A_{11} & A_{12} \\ A_{21} & A_{22} \end{bmatrix} \begin{bmatrix} x_1 \\ x_2 \end{bmatrix} + \begin{bmatrix} B_1 \\ B_2 \end{bmatrix} u,$$
$$y = \begin{bmatrix} C_1 & C_2 \end{bmatrix} \begin{bmatrix} x_1 \\ x_2 \end{bmatrix}. \tag{3.486}$$

La solution extérieure associée au mouvement lent est obtenue comme précédemment et se présente sous la forme :

$$\dot{x}_{1l} = A_l x_{1l} + B_l u_l,$$
$$x_{2l} = -A_{22}^{-1}(A_{21}x_{1l} + B_2 u_l), \tag{3.487}$$
$$y_l = C_l x_{1l} + D_l u_l,$$

avec :

$$A_l = A_{11} - A_{12}A_{22}^{-1}A_{21},$$
$$C_l = C_1 - C_2 A_{22}^{-1} A_{21},$$
$$B_l = B_1 - A_{12}A_{22}^{-1}B_2, \tag{3.488}$$
$$D_l = -C_2 A_{22}^{-1} B_2.$$

Une condition nécessaire pour que ce développement existe est que la matrice A_{22} soit inversible. La solution de couche limite est obtenue à partir des définitions suivantes :

$$x_{2r} = x_2 - x_{2l}, \quad u_r = u - u_l, \tag{3.489}$$

ce qui conduit au modèle de dimension n_2 suivant :

$$\varepsilon\dot{x}_{2r} = A_{22}x_{2r} + B_2 u_r,$$
$$y_r = C_2 x_{2r}. \tag{3.490}$$

3.8.2.2 Commande quasi-optimale

Le problème à résoudre se résume donc ici à trouver une commande quasi-optimale u_{qo}, de mise en œuvre plus simple que la commande optimale réelle, à appliquer au système (3.486) pour minimiser le critère :

$$J = \frac{1}{2}\int_0^{+\infty} (y^T Q y + u^T R u)\,\mathrm{d}t. \tag{3.491}$$

Plusieurs approches sont possibles pour résoudre ce problème, deux d'entre elles conduisent à construire une commande quasi-optimale sous forme **composite** :

$$u_{qo} = u_l^* + u_r^*, \tag{3.492}$$

avec $u_l^* = G_l x_{1l}$ et $u_r^* = G_r x_{2r}$. La différence entre ces méthodes apparaît dans la détermination des gains G_l et G_r à partir du modèle initial singulièrement perturbé (3.486) ou à partir des modèles lents et rapides déjà découplés. La commande u_{qo}, exprimée en fonction des composantes réelles du système, x_1 et x_2 est alors, en reprenant les résultats présentés précédemment :

$$x_1 \simeq x_{1l},$$
$$x_2 \simeq x_{2l} + x_{2r}, \qquad (3.493)$$
$$x_{2l} = -A_{22}^{-1}[A_{21}x_{1l} + B_2 u_l],$$

soit :

$$u_{qo} = [(I + G_r A_{22}^{-1} B_2)G_l + G_r A_{22}^{-1} A_{21}]x_1 + G_r x_2. \qquad (3.494)$$

A. Première approche

Rappelons que ce type de méthodes utilise la modélisation initiale du système, la simplification interviendra alors par le découplage du système étendu optimal obtenu ou bien par la simplification de l'équation de Riccati.

a. Découplage du système étendu optimal

Construisons la fonction Hamiltonienne associée au problème précédent dans lequel le paramètre ε a été intégré à la matrice d'état et à la matrice de commande :

$$
\begin{aligned}
H &= -\tfrac{1}{2}(y^T Q y + u^T R u) + \lambda_1^T (A_{11}x_1 + A_{12}x_2 + B_1 u) \\
&\quad + \lambda_2^T (\frac{A_{21}}{\varepsilon}x_1 + \frac{A_{22}}{\varepsilon}x_2 + \frac{B_2}{\varepsilon}u).
\end{aligned} \qquad (3.495)
$$

L'application du principe du maximum conduit à la construction du système étendu (système global + système adjoint) sous forme singulièrement perturbée :

$$
\begin{bmatrix} \dot{x}_1 \\ \varepsilon\dot{x}_2 \\ \dot{\lambda}_1 \\ \varepsilon\dot{\lambda}_2 \end{bmatrix} =
\begin{bmatrix}
A_{11} & A_{12} & B_1 R^{-1} B_1^T & B_1 R^{-1} B_2^T \\
A_{21} & A_{22} & B_2 R^{-1} B_1^T & B_2 R^{-1} B_2^T \\
C_1^T Q C_1 & C_1^T Q C_2 & -A_{11}^T & -A_{21}^T \\
C_2^T Q C_1 & C_2^T Q C_2 & -A_{12}^T & -A_{22}^T
\end{bmatrix}
\begin{bmatrix} x_1 \\ x_2 \\ \lambda_1 \\ \lambda_2 \end{bmatrix}. \qquad (3.496)
$$

Suivant la démarche exposée précédemment, ce système peut se décomposer en deux sous-systèmes (x_{1l}, λ_{1l}) et (x_{2r}, λ_{2r}), et l'on obtient :

$$
\begin{bmatrix} \dot{x}_{1l} \\ \dot{\lambda}_{1l} \end{bmatrix} = F_l \begin{bmatrix} x_{1l} \\ \lambda_{1l} \end{bmatrix}, \qquad (3.497)
$$

avec

$$
\begin{aligned}
F_l &= \begin{bmatrix} A_{11} & B_1 R^{-1} B_1^T \\ C_1^T Q C_1 & -A_{11}^T \end{bmatrix} - \begin{bmatrix} A_{12} & B_1 R^{-1} B_2^T \\ C_1^T Q C_2 & -A_{21}^T \end{bmatrix} \\
&\quad \begin{bmatrix} A_{22} & B_2 R^{-1} B_2^T \\ C_2^T Q C_2 & -A_{22}^T \end{bmatrix}^{-1} \begin{bmatrix} A_{21} & B_2 R^{-1} B_1^T \\ C_2^T Q C_1 & -A_{12}^T \end{bmatrix}.
\end{aligned} \qquad (3.498)
$$

De même, le sous-système rapide est défini par le modèle réduit suivant :

$$\varepsilon \begin{bmatrix} \dot{x}_{2r} \\ \dot{\lambda}_{2r} \end{bmatrix} = \begin{bmatrix} A_{22} & B_2 R^{-1} B_2^T \\ C_2^T Q C_2 & -A_{22}^T \end{bmatrix} \begin{bmatrix} x_{2r} \\ \lambda_{2r} \end{bmatrix}. \tag{3.499}$$

La même démarche que celle présentée dans le cas général nous permet d'écrire qu'il existe deux matrices constantes K_l et K_r telles que $\lambda_{1l} = K_l x_{1l}$ et $\lambda_{2r} = K_r x_{2r}$, d'où :

$$\begin{aligned} u_l^* &= G_l x_{1l}, \text{ avec } G_l = R^{-1} B_1^T K_l, \\ u_r^* &= G_r x_{2r}, \text{ avec } G_r = R^{-1} B_2^T K_r. \end{aligned} \tag{3.500}$$

b.   Simplification de l'équation de Riccati

Il a été montré que dans le cas des systèmes stationnaires et pour une commande à horizon infini, la loi optimale est obtenue par la relation :

$$u^*(t) = R^{-1} B^T K x(t), \tag{3.501}$$

où K est solution de l'équation de Riccati :

$$KA + A^T K + KBR^{-1}B^T K - C^T QC = 0. \tag{3.502}$$

Nous pouvons ici écrire cette équation pour le modèle (3.486) après avoir intégré le paramètre ε dans les matrices A et B, ce qui donne :

$$\begin{aligned} &K \begin{bmatrix} A_{11} & A_{12} \\ \dfrac{A_{21}}{\varepsilon} & \dfrac{A_{22}}{\varepsilon} \end{bmatrix} + \begin{bmatrix} A_{11}^T & \dfrac{A_{21}^T}{\varepsilon} \\ A_{12}^T & \dfrac{A_{22}^T}{\varepsilon} \end{bmatrix} K \\ &+ K \begin{bmatrix} B_1 \\ \dfrac{B_2}{\varepsilon} \end{bmatrix} R^{-1} \begin{bmatrix} B_1^T & \dfrac{B_2^T}{\varepsilon} \end{bmatrix} K - \begin{bmatrix} C_1^T \\ C_2^T \end{bmatrix} Q \begin{bmatrix} C_1 & C_2 \end{bmatrix} = 0. \end{aligned} \tag{3.503}$$

Pour pouvoir obtenir une solution définie négative pour K, il convient d'écrire cette matrice sous la forme suivante :

$$K = \begin{bmatrix} K_{11} & \varepsilon K_{12} \\ \varepsilon K_{12}^T & \varepsilon K_{22} \end{bmatrix}, \tag{3.504}$$

ce qui, replacé dans (3.503), fournit un système de trois équations matricielles en les K_{ij}, $i,j = 1,2$, dont les coefficients sont fonctions de ε. La solution quasi-optimale sera ici obtenue par résolution du système d'équations simplifié en posant $\varepsilon = 0$.

$$\begin{aligned} 0 &= K_{11}A_{11} + A_{11}^T K_{11} + K_{12}A_{21} + A_{21}^T K_{12}^T \\ &\quad + K_{11}B_1 R^{-1} B_1^T K_{11} + K_{12}B_2 R^{-1} B_2^T K_{12}^T \\ &\quad + K_{12}B_2 R^{-1} B_1^T K_{11} + K_{11}B_1 R^{-1} B_2^T K_{12}^T - C_1^T Q C_1, \end{aligned} \tag{3.505}$$

$$\begin{aligned} 0 &= K_{11}A_{12} + K_{12}A_{22} + A_{21}^T K_{22} + K_{11}B_1 R^{-1} B_2^T K_{22} \\ &\quad + K_{12}B_2 R^{-1} B_2^T K_{22} - C_1^T Q C_2, \end{aligned} \tag{3.506}$$

$$0 = K_{22}A_{22} + A_{22}^T K_{22} + K_{22}B_2 R^{-1} B_2^T K_{22} - C_2^T Q C_2. \tag{3.507}$$

La résolution de ce système s'effectue hiérarchiquement :

— K_{22} est d'abord donnée par la résolution de l'équation de Riccati (3.507);
— l'expression de K_{22} ainsi obtenue, introduite dans l'équation (3.506) permet d'obtenir une relation donnant K_{12} en fonction de K_{11}. Cela donne une nouvelle forme pour l'équation (3.505), après remplacement de K_{11} par cette relation, qui donne une solution K_{12};
— la solution K_{12} nous permet d'obtenir K_{11}.

Nous obtenons donc la commande quasi-optimale :

$$u_{qo}(t) = G_1 x_1 + G_2 x_2, \tag{3.508}$$

avec :

$$\begin{aligned} G_1 &= R^{-1}(B_1^T K_{11} + B_2^T K_{12}^T), \\ G_2 &= R^{-1}(\varepsilon B_1^T K_{12} + B_2^T K_{22}). \end{aligned} \tag{3.509}$$

B. Découplage du système initial

Lorsque le système (3.486) est tel que la matrice A_{22} est inversible, alors il est possible de décomposer le problème de détermination de la loi de commande optimale en deux sous-problèmes, un lent et un rapide.

En effet, le système a un comportement dynamique qui peut se décomposer en deux parties :

— dans le domaine de couche limite $[0, T_0]$, seules les variations rapides (en temps dilaté $\tau = \frac{t}{\varepsilon}$) de $x_{2r}(\tau)$, $u_r(\tau)$ et $y_r(\tau)$ sont actives, les variables lentes x_{1l}, u_l, et y_l étant constantes. Le problème initial de commande consiste alors à trouver u_r^* qui minimise :

$$J_r = \frac{1}{2} \int_0^\infty (y_r^T Q y_r + u_r^T R u_r)\, dt, \tag{3.510}$$

pour le système rapide modélisé par l'équation (3.490);
— en dehors de cet intervalle, les transitoires rapides ont disparu et le problème initial se ramène à trouver u_l^* qui minimise :

$$J_l = \frac{1}{2} \int_0^\infty (y_l^T Q y_l + u_l^T R u_l)\, dt, \tag{3.511}$$

pour le système lent modélisé par l'équation (3.487).

a. Problème rapide

Si le triplet (A_{22}, B_2, C_2) est commandable et observable, alors il existe une solution K_r unique définie négative à l'équation de Riccati :

$$K_r A_{22} + A_{22}^T K_r + K_r B_2 R^{-1} B_2^T K_r - C_2^T Q C_2 = 0, \tag{3.512}$$

et la commande optimale rapide s'écrit alors :

$$u_r^* = R^{-1} B_2^T K_r x_{2r} = G_r x_{2r}. \tag{3.513}$$

b.   Problème lent

Comme $y_l = C_l x_{1l} + D_l u_l$, le critère J_l se transforme en :

$$J_l = \frac{1}{2} \int_0^\infty (x_{1l}^T C_l^T Q C_l x_{1l} + 2 u_l^T D_l^T Q C_l x_{1l} + u_l^T R_l u_l) \, dt, \qquad (3.514)$$

avec $R_l = R + D_l^T Q D_l$. Ce critère est à coût croisé, le changement de variable :

$$u_l = u_l' - R_l^{-1} D_l^T C_l x_{1l}, \qquad (3.515)$$

met le problème lent sous la forme habituelle. On doit rechercher $u_l'^*$ qui minimise :

$$J_l = \frac{1}{2} \int_0^\infty (x_{1l}^T \hat{C}_l^T \hat{C}_l x_{1l} + v_l^T R_l u_l') \, dt, \qquad (3.516)$$

pour le système :

$$\dot{x}_{1l} = \hat{A}_l x_{1l} + B_l u_l', \qquad (3.517)$$

avec $\hat{C}_l^T \hat{C}_l = C_l^T [I - D_l R_l^{-1} D_l^T] Q C_l$, et $\hat{A}_l = A_l - B_l R_l^{-1} D_l^T C_l$.

Si le triplet $(\hat{A}_l, B_l, \hat{C}_l)$ est commandable et observable, alors il existe une solution K_l unique, semi-définie négative de l'équation de Riccati :

$$K_l \hat{A}_l + \hat{A}_l^T K_l + K_l B_l R_l^{-1} B_l^T K_l - \hat{C}_l^T \hat{C}_l = 0, \qquad (3.518)$$

et on peut montrer que la propriété de commandabilité-observabilité du triplet $(\hat{A}_l, B_l, \hat{C}_l)$ est équivalente à celle du triplet (A_l, B_l, C_l). La commande optimale lente est alors :

$$u_l^* = R_l^{-1} (B_l^T K_l - D_l^T C_l) x_{1l} = G_l x_{1l}. \qquad (3.519)$$

C.   Calcul de l'indice de performance

Pour comparer les différentes méthodes de détermination d'une commande sous-optimale, on peut calculer la valeur du critère obtenue pour une commande quelconque stabilisante de la forme :

$$u = G_1 x_1 + G_2 x_2 = G \begin{bmatrix} x_1 \\ x_2 \end{bmatrix}, \qquad (3.520)$$

les valeurs de G_1 et G_2 dépendant de la méthode utilisée. Le système en boucle fermée est caractérisée par l'équation :

$$\begin{aligned} \begin{bmatrix} \dot{x}_1 \\ \dot{x}_2 \end{bmatrix} &= [A + BG] \begin{bmatrix} x_1 \\ x_2 \end{bmatrix}, \\ y &= C \begin{bmatrix} x_1 \\ x_2 \end{bmatrix}, \end{aligned} \qquad (3.521)$$

dans laquelle le paramètre de modélisation ε a été intégré dans A et B. Notons A^* la matrice $[A + BG]$, le critère J s'écrit, quand on remplace u par son expression :

$$J = \frac{1}{2} \int_0^\infty \begin{bmatrix} x_1 \\ x_2 \end{bmatrix}^T (C^T Q C + G^T R G) \begin{bmatrix} x_1 \\ x_2 \end{bmatrix} \mathrm{d}t,$$
$$= -\frac{1}{2} \begin{bmatrix} x_{1,0} \\ x_{2,0} \end{bmatrix}^T P \begin{bmatrix} x_{1,0} \\ x_{2,0} \end{bmatrix},$$

(3.522)

où la matrice P est solution unique de l'équation de Lyapunov :

$$A^{*T} P + P A^* = +(C^T Q C + G^T R G).$$

(3.523)

3.8.2.3 Exemple de mise en œuvre

Considérons le système à deux dynamiques :

$$\begin{bmatrix} \dot{x}_1 \\ \varepsilon \dot{x}_2 \end{bmatrix} = \begin{bmatrix} -2 & 1 \\ 1 & -2 \end{bmatrix} \begin{bmatrix} x_1 \\ x_2 \end{bmatrix} + \begin{bmatrix} 4 \\ 1 \end{bmatrix} u,$$
$$y = \begin{bmatrix} 1 & 1 \end{bmatrix} \begin{bmatrix} x_1 \\ x_2 \end{bmatrix},$$

avec $\varepsilon = 0.1$, $x_{1,0} = 1$, $x_{2,0} = 1$, et l'indice de performance :

$$J = \frac{1}{2} \int_0^\infty (x_1^2 + x_2^2 + u^2) \, \mathrm{d}t.$$

A. *Commande optimale.*

A titre de comparaison, calculons d'abord la commande optimale u_{opt} pour le système complet. Cette commande s'exprimera par la relation :

$$u_{opt} = \begin{bmatrix} B_1^T & \dfrac{B_2^T}{\varepsilon} \end{bmatrix} K \begin{bmatrix} x_1 \\ x_2 \end{bmatrix},$$

où K est solution de l'équation de Riccati :

$$K \begin{bmatrix} -2 & 1 \\ 10 & -20 \end{bmatrix} + \begin{bmatrix} -2 & 10 \\ 1 & -20 \end{bmatrix} K + K \begin{bmatrix} 16 & 40 \\ 40 & 100 \end{bmatrix} K = \begin{bmatrix} 1 & 1 \\ 1 & 1 \end{bmatrix},$$

soit :

$$K = \begin{bmatrix} -0.166 & -0.043 \\ -0.043 & -0.023 \end{bmatrix},$$

ce qui donne :

$$u_{opt} = -1.094 x_1 - 0.402 x_2.$$

La valeur du critère obtenue est alors :

$$J_{opt} = 0.1378.$$

B. Première méthode.

Nous pouvons écrire directement, à partir de l'équation (3.497) :

$$\begin{bmatrix} \dot{x}_{1l} \\ \dot{\lambda}_{1l} \end{bmatrix} = \begin{bmatrix} -4.2 & 16.2 \\ 1.8 & 4.2 \end{bmatrix} \begin{bmatrix} x_{1l} \\ \lambda_{1l} \end{bmatrix}.$$

La recherche d'une relation $\lambda_{1l} = k_l x_{1l}$, conduit à résoudre :

$$16.2 k_l^2 - 8.4 k_l - 1.8 = 0,$$

dont la solution négative est $k_l = -0.163$. On obtient donc l'expression de la commande optimale lente :

$$u_l^* = -0.65 x_{1l}.$$

De même pour le sous-système rapide, nous obtenons à partir de l'équation (3.499) :

$$\varepsilon \begin{bmatrix} \dot{x}_{2r} \\ \dot{\lambda}_{2r} \end{bmatrix} = \begin{bmatrix} -2 & 1 \\ 1 & 2 \end{bmatrix} \begin{bmatrix} x_{2r} \\ \lambda_{2r} \end{bmatrix},$$

sur lequel la recherche de la relation $\lambda_{2r} = k_r x_{2r}$, impose :

$$k_r^2 - 4 k_r - 1 = 0,$$

dont la solution négative est $k_r = -2.236$. La commande rapide a donc, d'après (3.494), pour expression :

$$u_r^* = -0.236 x_{2r},$$

et la commande composite est alors :

$$u_{qol} = -0.611 x_1 - 0.236 x_2.$$

La valeur du critère obtenue dans ce cas est :

$$J_1 = 0.1562.$$

C. Deuxième méthode.

Le système d'équations (3.505-3.507) s'écrit ici :

$$16 k_{11}^2 - 4 k_{11} + 8 k_{11} k_{12} + 2 k_{12} + k_{12}^2 = 1,$$
$$k_{11} - 2 k_{12} + k_{22} + 4 k_{11} k_{22} + k_{12} k_{22} = 1,$$
$$k_{22}^2 - 4 k_{22} = 1.$$

La dernière de ces équations nous donne $k_{22} = -0.236$ car seule la valeur négative est à retenir. La deuxième conduit à la relation :

$$k_{11} = 39.93 k_{12} + 22.071,$$

ce qui, replacé dans la première, permet d'obtenir une équation du second degré en k_{12} qui admet deux solutions, -0.536 et -0.557. Nous obtenons alors deux valeurs possibles pour k_{11}, mais seule la valeur négative convient, soit $k_{11} = -0.17$, ce qui correspond à $k_{12} = -0.557$. La solution au premier ordre pour la matrice K est donc :

$$K = \begin{bmatrix} -0.17 & -0.557\varepsilon \\ -0.557\varepsilon & -0.236\varepsilon \end{bmatrix},$$

avec $\varepsilon = 0.1$, ce qui donne la forme de la commande quasi-optimale :

$$u_{qo2} = -1.237x_1 - 0.459x_2,$$

correspondant à une valeur de critère :

$$J_2 = 0.1387.$$

D.   Troisième méthode.

Le modèle initial se découple en :

— un sous-système lent :

$$\dot{x}_{1l} = -1.5x_{1l} + 4.5u_l,$$

$$y_l = 1.5x_{1l} + 0.5u_l;$$

— un sous-système rapide :

$$\varepsilon\dot{x}_{2r} = -2x_{2r} + u_r,$$

$$y_r = x_{2r}.$$

L'équation de Riccati à résoudre pour le système lent est donnée par l'équation (3.518), soit ici :

$$16.2k_l^2 - 8.4k_l - 1.8 = 0,$$

ce qui donne deux solutions pour k_l, dont seule la valeur négative $k_l = -0.163$ est à retenir. D'où l'expression pour la commande optimale du problème lent :

$$u_l^* = -1.1868x_{1l}.$$

De même, l'équation de Riccati pour le système rapide est :

$$k_r^2 - 4k_r - 1 = 0,$$

ce qui donne la solution négative $k_r = -0.236$, soit :

$$u_r^* = -0.236x_{2r}.$$

La commande quasi-optimale pour le système initial est obtenue suivant (3.494), ce qui donne :

$$u_{qo3} = -1.2090x_1 - 0.236x_2,$$

qui conduit à la valeur du critère :

$$J_3 = 0.1380.$$

CHAPITRE 4

Observation

De nombreuses méthodes de commande des processus utilisent le principe du retour d'état (commande optimale, découplage, placement de pôles, ...). Comme dans la plupart des cas, les seules grandeurs accessibles du système sont les variables d'entrée et de sortie, il est nécessaire, à partir de ces informations, de reconstruire l'état du modèle choisi pour élaborer la commande. Un **reconstructeur d'état** ou **estimateur** est un système (fig. 4.1) ayant comme entrées les entrées et les sorties du processus réel et dont la sortie est une **estimation** de l'état de ce processus.

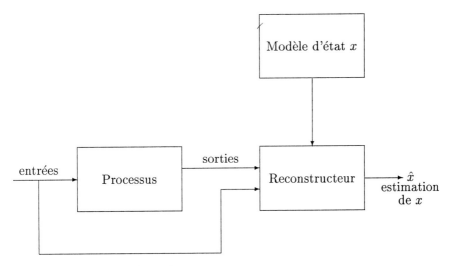

FIG. 4.1 : Principe d'un estimateur.

Sous l'hypothèse de linéarité du modèle du processus, la structure de base de l'estimateur est toujours la même, mais sa réalisation dépendra du contexte choisi : continu ou discret, déterministe ou stochastique.

Dans le cas où ce modèle est un modèle déterministe, le reconstructeur d'état sera appelé **observateur**, ce qui sera l'objet de chapitre. Dans le chapitre suivant, où nous aborderons le cas stochastique, nous parlerons alors de **filtre**.

Le problème de l'**observation** consiste donc à construire, pour un modèle déterministe du processus, un système, défini par son équation d'état, dont la sortie donne une estimation de l'état réel du processus suivant le schéma figure 4.1. Cette estimation comporte une erreur qui doit tendre vers 0; quand cette propriété est satisfaite, l'observateur est dit **asymptotique**.

4.1   Systèmes continus

4.1.1   Principe de l'observation

Soit un système défini par la réalisation linéaire déterministe :

$$\dot{x}(t) = Ax(t) + Bu(t), \quad x(0) = x_0,$$
$$y(t) = Cx(t), \tag{4.1}$$

où $t \in \Re^+$, représente le temps, $u(t) \in \Re^l$, l'entrée du processus, $y(t) \in \Re^m$, la sortie mesurée du processus, $x(t) \in \Re^n$, l'état du modèle (4.1), et A, B, C sont des matrices constantes de dimensions adaptées.

Dans le cas où le processus présente une transmission directe entrée-sortie, $y = Cx + Du$, on se ramène au cas étudié en remplaçant y par $\bar{y} = y - Du$ dans (4.1).

Si l'on excepte le cas trivial où C est inversible, les seules grandeurs accessibles du modèle sont u et y. Pour estimer l'état x de (4.1), une première solution serait de simuler en parallèle le modèle (4.1) sous la forme :

$$\dot{\hat{x}}(t) = A\hat{x}(t) + Bu(t), \tag{4.2}$$

où $\hat{x}$ est une estimation de x (nous conserverons cette notation par la suite). Cette solution ne tenant compte que des entrées est inacceptable : d'une part l'erreur d'estimation, $\tilde{x} = x - \hat{x}$, augmente exponentiellement dans le cas d'un modèle instable; d'autre part, toute commande , $u = f(x)$, calculée en boucle fermée, et implantée sous la forme $u = f(\hat{x})$, devient en réalité une commande en boucle ouverte. Le principe de construction d'un observateur consiste donc à corriger la dynamique de l'estimation dans (4.2) en tenant compte de l'écart entre la sortie réelle et la sortie reconstruite. Cela conduit à l'observateur :

$$\dot{\hat{x}}(t) = A\hat{x}(t) + Bu(t) + K[y(t) - C\hat{x}(t)], \quad \hat{x}(0) = \hat{x}_0, \tag{4.3}$$

où K est le **gain de l'observateur**. Notons $\hat{A} = A - KC$, l' équation (4.3) peut alors s'écrire sous la forme :

$$\dot{\hat{x}}(t) = \hat{A}\hat{x}(t) + Bu(t) + Ky(t). \tag{4.4}$$

Soit $\tilde{x} = x - \hat{x}$, l'erreur d'observation, d'après (4.1) et (4.3), il vient :

$$\dot{\tilde{x}}(t) = \hat{A}\tilde{x}(t), \quad \tilde{x}(0) = x_0 - \hat{x}_0. \tag{4.5}$$

Dans ces conditions, $\hat{x}_0$ étant une estimation a priori de l'état initial de (4.1), on ne peut pas avoir $\tilde{x}(0) = 0$ de façon générale. L'observateur (4.4) est satisfaisant (asymptotique) si $\lim_{t \to \infty} \tilde{x}(t) = 0$, donc si $\hat{A}$ est de Hurwitz (les valeurs propres de $\hat{A}$ sont à parties réelles négatives).

Théorème 1

> *Les valeurs propres de $A - KC$ peuvent être fixées arbitrairement si et seulement si la paire (A, C) est observable.*

Si les conditions de ce théorème sont vérifiées, c'est-à-dire si l'on a :

$$\text{rang}[C^T, A^T C^T, A^{T^2} C^T, \ldots, A^{T^{(n-1)}} C^T] = n, \qquad (4.6)$$

une grande liberté est laissée à l'utilisateur pour fixer la matrice K. De façon générale, on la choisit telle que les valeurs propres de $\hat{A}$ aient des parties réelles négatives plus grandes en module que celles des valeurs propres de A. On sera alors assuré d'avoir une dynamique d'erreur d'observation plus rapide que celle du processus. Cependant, on ne peut pas les prendre infiniment grandes car l'augmentation de la bande passante du reconstructeur ne permettrait plus de négliger les bruits.

A ce niveau, on peut constater que les matrices $A - KC$ et $A^T - C^T K^T$ ont mêmes valeurs propres, dans ces conditions le choix de K peut être défini directement à partir des méthodes de placement de pôles en travaillant sur la paire $(A^T, -C^T)$, qui est commandable si (A, C) est observable. De plus, il est également possible de concevoir K comme un gain minimisant un critère de type quadratique sur l'erreur de reconstruction $\tilde{x}$.

4.1.2 Détermination simplifiée d'un observateur

Notons $z(t)$, la variable dont l'évolution est décrite par :

$$\dot{z}(t) = A^T z(t) + C^T w(t), \qquad (4.7)$$

où $w(t)$ est la commande de ce processus. Nous avons vu que la recherche d'une commande optimale w^* minimisant le critère :

$$J = \frac{1}{2} \int_0^\infty (z^T Q z + w^T R w) \, \mathrm{d}t, \qquad (4.8)$$

avec Q symétrique définie non négative et R symétrique positive, conduit à une structure bouclée :

$$w^* = R^{-1} C L z, \qquad (4.9)$$

où L est la matrice symétrique définie négative solution de l'équation de Riccati :

$$Q = L A^T + A L + L C^T R^{-1} C L. \qquad (4.10)$$

Le choix $K = -L^T C^T R^{-1}$ comme gain du reconstructeur d'état assure la stabilité de la matrice $A^T - C^T K^T$, donc l'amortissement exponentiel de l'erreur d'estimation $\tilde{x}$. Le choix de la dynamique d'amortissement est obtenu par le choix des matrices Q et R intervenant dans le critère d'optimisation.

4.1.3   Détermination directe du gain de l'observateur

Le problème consiste à déterminer K à partir d'un choix arbitraire des valeurs propres de $\hat{A}$. Dans le cas mono-sortie ($m = 1$), on utilise la méthode de Bass et Gura [1965] qui donne explicitement l'expression du gain. Par contre, dans le cas où $m \neq 1$, on peut employer une méthode basée sur la forme matricielle de Luenberger.

4.1.3.1   Système mono-sortie

Désignons par $a(s)$ et $\hat{a}(s)$, les polynômes caractéristiques des matrices A et $\hat{A}$. Ils sont liés par la relation suivante [KAILATH, 1980] :

$$\hat{a}(s) = a(s)\det[I_n + (sI_n - A)^{-1}KC]. \tag{4.11}$$

Pour des matrices M et N, de dimensions respectives ($q \times n$) et ($n \times q$), la relation :

$$\det(I_q - MN) = \det(I_n - NM), \tag{4.12}$$

permet, dans le cas d'un système mono-sortie ($m = 1$), de réécrire (4.11) sous la forme :

$$\hat{a}(s) - a(s) = a(s)C(sI_n - A)^{-1}K. \tag{4.13}$$

Posons :

$$\begin{aligned}
\hat{a}(s) &= s^n + \sum_{i=1}^{n} \hat{a}_i s^{n-i}, \\
a(s) &= s^n + \sum_{i=1}^{n} a_i s^{n-i}.
\end{aligned} \tag{4.14}$$

L'utilisation de la formule de Leverrier-Souriau :

$$\begin{aligned}
(sI_n - A)^{-1} &= \\
\frac{1}{a(s)} &[s^{n-1}I_n + s^{n-2}(A + a_1 I_n) \\
&+ s^{n-3}(A^2 + a_1 A + a_2 I_n) + \cdots + \\
&+ (A^{n-1} + a_1 A^{n-2} + \cdots + a_{n-1}I_n)],
\end{aligned} \tag{4.15}$$

conduit, à partir de (4.13), au système d'équations :

$$\begin{aligned}
\hat{a}_1 - a_1 &= CK, \\
\hat{a}_2 - a_2 &= CAK + a_1 CK, \\
\hat{a}_3 - a_3 &= CA^2 K + a_1 CAK + a_2 CK, \\
&\vdots \\
\hat{a}_n - a_n &= CA^{n-1}K + a_1 CA^{n-2}K + \cdots + a_{n-1}CK.
\end{aligned} \tag{4.16}$$

Ce système d'équations se met sous la forme matricielle :

$$\hat{a} - a = T_a \mathcal{O}_{(A,C)}K, \tag{4.17}$$

$\hat{a}^T$: vecteur-ligne des coefficients de $\hat{a}(s)$, $[\hat{a}_1, \ldots, \hat{a}_n]$;

a^T : vecteur-ligne des coefficients de $a(s)$, $[a_1, \ldots, a_n]$;

T_a : matrice triangulaire inférieure, $\begin{bmatrix} 1 & 0 & 0 & \ldots & 0 \\ a_1 & 1 & 0 & \ldots & 0 \\ a_2 & a_1 & 1 & \ldots & 0 \\ \vdots & \vdots & \vdots & \ddots & \vdots \\ a_{n-1} & a_{n-2} & a_{n-3} & \ldots & 1 \end{bmatrix}$;

$\mathcal{O}_{(A,C)}$: matrice d'oservabilité de la paire (A, C), $\begin{bmatrix} C \\ CA \\ CA^2 \\ \vdots \\ CA^{n-1} \end{bmatrix}$.

Lorsque la paire (A, C) est observable, la matrice $\mathcal{O}_{(A,C)}$ est régulière, le gain vectoriel K correspondant au polynôme caractéristique $\hat{a}(s)$ est alors donné par :

$$K = \mathcal{O}_{(A,C)}^{-1} T_a^{-1} [\hat{a} - a]. \tag{4.18}$$

4.1.3.2   Cas général

A.   Utilisation du cas mono-sortie

Pour utiliser ce qui précède, introduisons les notations :

$$K = \begin{bmatrix} K_1 \mid K_2 \mid \ldots \mid K_m \end{bmatrix},$$

$$C = \begin{bmatrix} C_1 \\ C_2 \\ \vdots \\ C_m \end{bmatrix}, \tag{4.19}$$

où, pour tout i dans $\{1, \ldots, m\}$, $K_i \in \Re^n$, et $C_i \in \Re^n$. On peut alors écrire :

$$\hat{A} = A - \sum_{i=1}^{m} K_i C_i. \tag{4.20}$$

Si l'on choisit j dans $\{1, \ldots, m\}$, et les vecteurs $K_1, \ldots, K_{j-1}, K_{j+1}, \ldots, K_m$, tels que la paire $(\hat{A}_{(j)}, C_j)$ soit observable, où $\hat{A}_{(j)}$ est définie par :

$$\hat{A}_{(j)} = A - \sum_{\substack{i=1 \\ i \neq j}}^{m} K_i C_i, \tag{4.21}$$

on peut alors appliquer la méthode précédente pour déterminer K_j. L'inconvénient réside dans le choix de l'indice j et des gains vectoriels K_i, $i \neq j$, qui ne conduisent pas tous forcément à une paire $(\hat{A}_{(j)}, C_j)$ observable. Pour contourner cette difficulté, on utilise la méthode suivante, basée sur la forme canonique observable de Luenberger.

B.   Utilisation de la forme observable

Lorsque le système (4.1) est observable, les transformations (qui sont ex-
plicitées dans l'annexe A) :

$$
\begin{aligned}
x(t) &= N\bar{x}(t), \\
y(t) &= M\bar{y}(t),
\end{aligned}
\tag{4.22}
$$

mettent le modèle (4.1) sous la forme observable [LUENBERGER,1967] :

$$
\begin{aligned}
\dot{\bar{x}}(t) &= \bar{A}\bar{x}(t) + \bar{B}u(t), \\
\bar{y}(t) &= \bar{H}\bar{x}(t),
\end{aligned}
\tag{4.23}
$$

où, en notant d_i, $i \in \{1,\ldots,m\}$, les indices d'observabilité (annexe A) :

$$
\bar{A} = N^{-1}AN = \left[\bar{A}_{ij}\right]_{\substack{i\downarrow 1,\ldots,m \\ j\rightarrow 1,\ldots,m}}, \quad \bar{A}_{ij} \in \Re^{d_i \times d_j},
$$

$$
\bar{A}_{ii} = \begin{bmatrix} 0 & \ldots & 0 & \times \\ 1 & \ldots & 0 & \times \\ \vdots & \ddots & \vdots & \vdots \\ 0 & \ldots & 1 & \times \end{bmatrix} \quad \text{et pour} \quad j \neq i, \; \bar{A}_{ij} = \begin{bmatrix} 0 & \ldots & 0 & \times \\ 0 & \ldots & 0 & \times \\ \vdots & & \vdots & \vdots \\ 0 & \ldots & 0 & \times \end{bmatrix},
$$

$$
\bar{H} = M^{-1}CN = \left[\bar{H}_i\right]_{i\rightarrow 1,\ldots,m}, \bar{H}_i \in \Re^{m \times d_i},
$$

$$
\bar{H}_i = \begin{bmatrix} 0 & \ldots & 0 & 0 \\ \vdots & & \vdots & \vdots \\ 0 & \ldots & 0 & 0 \\ 0 & \ldots & 0 & 1 \\ 0 & \ldots & 0 & 0 \\ \vdots & & \vdots & \vdots \\ 0 & \ldots & 0 & 0 \end{bmatrix} \leftarrow (i).
\tag{4.24}
$$

En conséquence, si l'on pose :

$$
\bar{K} = N^{-1}KM = \left[\bar{k}_1 \mid \bar{k}_2 \mid \ldots \mid \bar{k}_m\right],
$$

$$
\text{où} \quad \forall i \in \{1,\ldots,m\}, \bar{k}_i = \begin{bmatrix} \bar{k}_{i1} \\ \vdots \\ \bar{k}_{im} \end{bmatrix} \begin{array}{l} \updownarrow d_1 \\ \vdots \\ \updownarrow d_m \end{array},
\tag{4.25}
$$

il vient :

$$
A^* = \bar{A} - \bar{K}\bar{H} = N^{-1}\hat{A}N.
\tag{4.26}
$$

Les polynômes caractéristiques de $\hat{A}$ et A^* sont donc identiques et A^* a
pour structure :

$$
A^* = [A^*_{ij}]_{\substack{i\downarrow 1,\ldots,m \\ j\rightarrow 1,\ldots,m}}, \quad A^*_{ij} = \bar{A}_{ij} - (0\ldots 0\bar{k}_{ij}).
\tag{4.27}
$$

Le choix des composantes de $\bar{K}$ est donc fixé par :

— pour $j \neq i$, $\bar{k}_{ij}$ annule la dernière colonne de A_{ij}^*;

— pour $j = i$, $\bar{k}_{ii}$ est déterminé à partir d'un choix arbitraire des valeurs propres de A_{ii}^*.

On a donc à résoudre un système d'équations, fourni par les égalités :

$$\forall i \in \{1, \ldots, m\}, \ \det(sI_{d_i} - A_{ii}^*) = s^{d_i} + \sum_{j=0}^{d_i-1} a_{ij}^* s^j, \qquad (4.28)$$

où les a_{ij}^* sont fixés *a priori*.

La matrice $\bar{K}$ étant déterminée, le gain de l'observateur du système (4.1) est donné par :

$$K = N\bar{K}M^{-1}. \qquad (4.29)$$

Il est à noter que cette méthode fournit une preuve (constructive) du théorème 1 et peut également être employée dans le cas mono-sortie. Il est possible d'envisager de déterminer K de façon optimale par la minimisation d'un critère quadratique portant sur l'erreur de reconstruction. Les méthodes proposées dans ce but [MAEDA,HINO,1974; O'REILLY,1983] nécessitent la connaissance de données statistiques sur l'état initial considéré comme une variable aléatoire. Nous ne donnerons qu'un bref aperçu de ce type de méthodes dans le cas des systèmes discrets, en renvoyant à la bibliographie citée pour des exposés détaillés.

4.1.3.3   Exemple 1

Considérons un système multi-sorties ($m = 2$) décrit par l'équation d'état :

$$\dot{x}(t) = \begin{bmatrix} 1 & -1 & 0 & 0 & -6 \\ 1 & -1 & 0 & 0 & -6 \\ 0 & 1 & -1 & 2 & -8 \\ 0 & 0 & 1 & 0 & -6 \\ 0 & 0 & 0 & 1 & -2 \end{bmatrix} x(t) + \begin{bmatrix} 1 \\ 0 \\ 0 \\ 1 \\ 1 \end{bmatrix} u(t),$$

$$y(t) = \begin{bmatrix} 0 & 0 & 1 & -1 & 0 \\ 0 & 0 & 0 & 0 & 1 \end{bmatrix} x(t).$$

Les valeurs propres de la matrice d'évolution de ce système étant : $\{0, -0.144 + 1.87i, -0.144 - 1.87i, -1, -1.71\}$, nous allons déterminer le gain nécessaire, $K = [K_1, K_2]$, pour obtenir un reconstructeur dont les dynamiques sont toutes fixées arbitrairement à $\{-4\}$. Nous illustrerons successivement, sur cet exemple, les deux méthodes du calcul de K que nous venons de décrire, dont nous reprendrons les notations.

A.   Méthode de Bass et Gura

Cette méthode est, dans ce cas, très rapide d'application, puisque les paires (A, C_1) et (A, C_2) sont toutes les deux observables. On peut donc fixer, par exemple, $K_1 = 0$. Pour déterminer K_2, calculons chacun des termes de (4.17) :

— matrice d'observabilité de la paire (A, C_2) :

$$\mathcal{O}_{(A,C_2)} = \begin{bmatrix} 0 & 0 & 0 & 0 & 1 \\ 0 & 0 & 0 & 1 & -2 \\ 0 & 0 & 1 & -2 & -2 \\ 0 & 1 & -3 & 0 & 8 \\ 1 & -4 & 3 & 2 & 2 \end{bmatrix} ;$$

— polynôme caractéristique du système :

$$a(s) = s^5 + 3s^4 + 6s^3 + 10s^2 + 6s;$$

— polynôme caractéristique de l'observateur :

$$\hat{a}(s) = (s+4)^5 = s^5 + 20s^4 + 160s^3 + 640s^2 + 1280s + 1024;$$

— vecteur des coefficients de $\hat{a}(s) - a(s)$:

$$(\hat{a} - a)^T = \begin{bmatrix} 17 & 154 & 630 & 1274 & 1024 \end{bmatrix};$$

— matrice T_a :

$$T_a = \begin{bmatrix} 1 & 0 & 0 & 0 & 0 \\ 3 & 1 & 0 & 0 & 0 \\ 6 & 3 & 1 & 0 & 0 \\ 10 & 6 & 3 & 1 & 0 \\ 6 & 10 & 6 & 3 & 1 \end{bmatrix} .$$

La formule (4.18) donne directement la valeur du gain, soit :

$$K_2 = \begin{bmatrix} 2298 \\ 1274 \\ 527 \\ 137 \\ 17 \end{bmatrix} ,$$

et l'observateur a pour équation d'état :

$$\dot{\hat{x}}(t) = \begin{bmatrix} 1 & -1 & 0 & 0 & -2304 \\ 1 & -1 & 0 & 0 & -1280 \\ 0 & 1 & -1 & 2 & -535 \\ 0 & 0 & 1 & 0 & -143 \\ 0 & 0 & 0 & 1 & -19 \end{bmatrix} \hat{x}(t) + \begin{bmatrix} 1 \\ 0 \\ 0 \\ 1 \\ 1 \end{bmatrix} u(t) + \begin{bmatrix} 0 & 2298 \\ 0 & 1274 \\ 0 & 527 \\ 0 & 137 \\ 0 & 17 \end{bmatrix} y(t).$$

Comme on peut s'en apercevoir, cette méthode peut conduire à un observateur mal conditionné.

B. Méthode de Luenberger

Le premier temps de cette méthode consiste à mettre l'équation d'état initiale sous la forme observable de Luenberger. Suivant la démarche présentée à l'annexe A, on sélectionne successivement les lignes de la matrice d'observabilité de la paire (A, C) correspondant à $\{C_1, C_2, C_1 A, C_2 A, C_1 A^2\}$. Les indices d'observabilité sont donc : $d_1 = 3$, $d_2 = 2$, et, après permutation des lignes, on obtient la matrice suivante :

$$V = \begin{bmatrix} 0 & 0 & 1 & -1 & 0 \\ 0 & 1 & -2 & 2 & -2 \\ 1 & -3 & 4 & -6 & 2 \\ 0 & 0 & 0 & 0 & 1 \\ 0 & 0 & 0 & 1 & -2 \end{bmatrix}.$$

Soit :

$$V^{-1} = \begin{bmatrix} 2 & 3 & 1 & 8 & 2 \\ 2 & 1 & 0 & 2 & 0 \\ 1 & 0 & 0 & 2 & 1 \\ 0 & 0 & 0 & 2 & 1 \\ 0 & 0 & 0 & 1 & 0 \end{bmatrix},$$

ce qui donne les vecteurs $g_{\sigma_1} = [1, 0, 0, 0, 0]^T$ et $g_{\sigma_2} = [2, 0, 1, 1, 0]^T$, qui définissent la transformation, $\bar{x} = N^{-1} x$, avec :

$$N = \begin{bmatrix} 1 & 1 & 0 & 2 & 2 \\ 0 & 1 & 0 & 0 & 2 \\ 0 & 0 & 1 & 1 & 1 \\ 0 & 0 & 0 & 1 & 1 \\ 0 & 0 & 0 & 0 & 1 \end{bmatrix}.$$

Cette transformation conduit à la forme observable de Luenberger du système initial :

$$\dot{\hat{x}}(t) = \begin{bmatrix} 0 & 0 & -2 & 0 & 8 \\ 1 & 0 & 0 & 0 & -4 \\ 0 & 1 & -2 & 0 & 0 \\ 0 & 0 & 1 & 0 & -4 \\ 0 & 0 & 0 & 1 & -1 \end{bmatrix} x(t) + \begin{bmatrix} 1 \\ -2 \\ -1 \\ 0 \\ 1 \end{bmatrix} u(t),$$

$$y(t) = \begin{bmatrix} 0 & 0 & 1 & 0 & 0 \\ 0 & 0 & 0 & 0 & 1 \end{bmatrix} \hat{x}(t).$$

Notons que sur cet exemple particulier, il n'y a pas besoin d'une transformation supplémentaire dans l'espace des sorties. Le gain $\bar{K}$ de l'observateur de ce système, que nous décomposerons sous la forme :

$$\bar{K} = \begin{bmatrix} \bar{K}_{11} & \bar{K}_{12} \\ \bar{K}_{21} & \bar{K}_{22} \end{bmatrix},$$

sera déterminé par les relations :

$$\det \begin{bmatrix} s & 0 & \begin{bmatrix} 2 \\ 0 \\ s+2 \end{bmatrix} \\ -1, & s, & \\ 0 & -1 & \end{bmatrix} + \bar{K}_{11} = (s+4)^3,$$

$$\bar{K}_{12} = \begin{bmatrix} 8 \\ -4 \\ 0 \end{bmatrix}, \quad \bar{K}_{21} = \begin{bmatrix} 1 \\ 0 \end{bmatrix},$$

$$\det \begin{bmatrix} s & \begin{bmatrix} 4 \\ s+1 \end{bmatrix} \\ -1, & \end{bmatrix} + \bar{K}_{22} = (s+4)^2.$$

On obtient donc :

$$\bar{K} = \begin{bmatrix} 62 & 8 \\ 48 & -4 \\ 10 & 0 \\ 1 & 12 \\ 0 & 7 \end{bmatrix},$$

ce qui conduit au gain de l'observateur, $K = N\bar{K}$, pour le système initial :

$$K = \begin{bmatrix} 112 & 42 \\ 48 & 10 \\ 11 & 19 \\ 1 & 19 \\ 0 & 7 \end{bmatrix}.$$

Le reconstructeur admet donc pour équation d'état :

$$\dot{\hat{x}}(t) = \begin{bmatrix} 1 & -1 & -112 & 112 & -48 \\ 1 & -1 & -48 & 48 & -16 \\ 0 & 1 & -12 & 13 & -27 \\ 0 & 0 & 0 & 1 & -25 \\ 0 & 0 & 0 & 1 & -9 \end{bmatrix} \hat{x}(t) + \begin{bmatrix} 1 \\ 0 \\ 0 \\ 1 \\ 1 \end{bmatrix} u(t) + \begin{bmatrix} 112 & 42 \\ 48 & 10 \\ 11 & 19 \\ 1 & 19 \\ 0 & 7 \end{bmatrix} y(t).$$

Comparativement à la méthode précédente, la matrice d'évolution du reconstructeur obtenu est mieux conditionnée.

4.1.4 Principe de séparation

En supposant que toutes les composantes de l'état de (4.1) sont accessibles, la loi de commande :

$$u(t) = Fx(t) + v(t), \tag{4.30}$$

où $v(t)$ est une consigne externe, conduit au système en boucle fermée :

$$\dot{x}(t) = [A + BF]x(t) + Bv(t). \tag{4.31}$$

Si la paire (A, B) est commandable, les valeurs propres de la matrice $A+BF$ peuvent être choisies arbitrairement. Dans cette partie, nous allons montrer que l'élaboration de la commande (4.30) par l'intermédiaire d'un reconstructeur d'état asymptotique, c'est-à-dire, sous la forme :

$$u(t) = F\hat{x}(t) + v(t), \tag{4.32}$$

où $\hat{x}(t)$ est régi par (4.4), ne modifie pas les valeurs propres que l'on obtiendrait par un retour d'état complètement accessible.

On utilise donc la commande par **régulateur-observateur** décrite figure 4.2, qui conduit au système :

$$\dot{X}(t) = \begin{bmatrix} A + BF & -BF \\ 0 & A - KC \end{bmatrix} X(t) + \begin{bmatrix} B \\ 0 \end{bmatrix} v(t), \tag{4.33}$$

où $X^T = [x^T, \tilde{x}^T]$ est l'état complet du système bouclé, défini comme la somme directe de l'état du processus et de l'erreur de reconstruction.

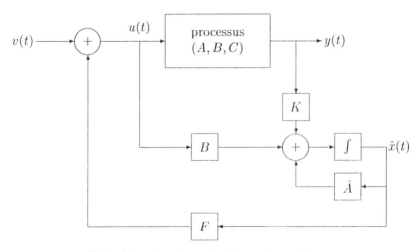

FIG. 4.2 : Structure régulateur-observateur.

Le polynôme caractéristique, $p_{\text{r.o.}}$, du système complet a pour expression :

$$p_{\text{r.o.}} = \det(sI_n - A - BF)\det(sI_n - A + KC). \tag{4.34}$$

Cela indique que l'ensemble des modes du système commandé par régulateur-observateur est la réunion des modes du système (4.31), que l'on désire obtenir, et des modes de l'observateur. Dans le cas où le triplet (A, B, C) est commandable-observable, ces $2n$ modes peuvent être fixés arbitrairement et indépendamment. Ces remarques sont résumées sous la forme du **principe de séparation**, énoncé ici dans le cas déterministe :

Théorème 2

Dans une commande par régulateur-observateur, les modes de la partie régulateur et ceux de la partie observateur peuvent être fixés indépendamment; K et F peuvent donc être calculées séparément.

Compte tenu de l'équation de sortie :

$$y(t) = [\,C \quad 0\,]X(t), \tag{4.35}$$

le système bouclé (4.33) a pour matrice de transfert :

$$F_{\text{r.o.}}(s) = C(sI_n - A - BF)^{-1}B, \tag{4.36}$$

qui est la matrice de transfert que l'on obtiendrait sur le système (4.31) où tous les états sont supposés accessibles. La commande par régulateur-observateur se comporte, si l'on néglige l'effet des conditions initiales $\tilde{x}(0)$, comme un retour d'état ; les modes de l'observateur, qui sont supposés asymptotiquement stables, sont non-observables et non-commandables.

4.2 Systèmes discrets

4.2.1 Observateurs prédicteurs ou correcteurs

Considérons le système discret stationnaire défini par :

$$\begin{aligned} x_{k+1} &= Ax_k + Bu_k, \\ y_k &= Cx_k, \end{aligned} \tag{4.37}$$

où $k \in \mathcal{N}$, $x_k \in \Re^n$ est l'état du modèle (4.37), $u_k \in \Re^l$, l'entrée du processus, $y_k \in \Re^m$, la sortie mesurée du processus, et A, B, C sont des matrices de dimensions adaptées.

On construit un observateur pour ce système par le principe énoncé dans le cas des systèmes continus ; seulement ici nous distinguerons deux types d'observateurs suivant que la mesure est disponible à l'instant k ou à l'instant $k+1$. Dans le premier cas nous construirons un **observateur - prédicteur** donnant une estimation de l'état à l'instant $k+1$ d'après ce que l'on connait à l'instant k, nous noterons $\hat{x}_{k+1/k}$ cette prédiction. Dans le deuxième cas, nous construirons un **observateur - correcteur**, l'estimation de l'état sera alors notée $\hat{x}_{k+1/k+1}$.

4.2.1.1 Observateur - prédicteur

Ce reconstructeur d'état est défini par :

$$\hat{x}_{k+1/k} = A\hat{x}_{k/k-1} + Bu_k + K^p[y_k - \hat{y}_{k/k-1}], \tag{4.38}$$

avec $\hat{y}_{k/k-1} = C\hat{x}_{k/k-1}$. Ce qui peut s'écrire également :

$$\hat{x}_{k+1/k} = [A - K^pC]\hat{x}_{k/k-1} + Bu_k + K^py_k. \tag{4.39}$$

Cette structure est identique à celle obtenue dans le cas des systèmes continus ; en notant $\tilde{x}_{k+1/k}$ l'erreur de reconstruction $x_{k+1} - \hat{x}_{k+1/k}$, il vient :

$$\tilde{x}_{k+1/k} = [A - K^p C]\tilde{x}_{k/k-1}. \tag{4.40}$$

Le reconstructeur est asymptotique si le gain K^p est choisi tel que les valeurs propres de la matrice $A - K^p C$ sont, en module, inférieures à l'unité (on a alors une matrice de Schur). Dans le cas où la paire (A, C) est observable, ces valeurs propres peuvent être fixées arbitrairement.

4.2.1.2   Observateur - correcteur

Dans le cas où y_{k+1} est connue, l'estimation de x_{k+1} est fournie par le reconstructeur :

$$\hat{x}_{k+1/k+1} = A\hat{x}_{k/k} + Bu_k + K^c[y_{k+1} - \bar{y}_{k+1}], \tag{4.41}$$

où $\bar{y}_{k+1}$ représente l'estimation de la sortie à l'instant $k+1$ qui peut être réalisée de deux façons différentes : par anticipation ou par prédiction.

A.   Anticipation

On pose dans ce cas :

$$\bar{y}_{k+1} = C\hat{x}_{k+1/k+1}, \tag{4.42}$$

ce qui conduit à écrire l'observateur, sous la forme :

$$\hat{x}_{k+1/k+1} = [I + K^c C]^{-1}[A\hat{x}_{k/k} + Bu_k + K^c y_{k+1}]. \tag{4.43}$$

L'erreur de reconstruction, $\tilde{x}_{k+1/k+1} = x_{k+1} - \hat{x}_{k+1/k+1}$, est définie par l'équation récurrente :

$$\tilde{x}_{k+1/k+1} = [I + K^c C]^{-1}A\tilde{x}_{k/k}. \tag{4.44}$$

Pour obtenir un reconstructeur asymptotique, K^c doit être choisie telle que $[I + K^c C]^{-1}A$ soit une matrice de Schur.

B.   Prédiction

Dans ce cas, $\bar{y}_{k+1}$ est la meilleure estimation que l'on puisse faire de la sortie à partir de l'information disponible avant le calcul de $\hat{x}_{k+1/k+1}$. On pose donc :

$$\bar{y}_{k+1} = C[A\hat{x}_{k/k} + Bu_k], \tag{4.45}$$

ce qui conduit à la deuxième forme de reconstructeur-correcteur :

$$\hat{x}_{k+1/k+1} = [I - K^c C][A\hat{x}_{k/k} + Bu_k] + K^c y_{k+1}. \tag{4.46}$$

Avec les mêmes notations que précédemment, l'erreur de reconstruction est régie par l'équation :

$$\tilde{x}_{k+1/k+1} = [I - K^c C]A\tilde{x}_{k/k}, \tag{4.47}$$

Si le gain K^c est choisi tel que $[I - K^c C]A$ soit de Schur, le reconstructeur obtenu sera asymptotique.

4.2.1.3   Remarques sur les observateurs de systèmes discrets

Quel que soit le type d'observateur choisi, le principe de séparation énoncé dans le cas des systèmes continus reste valide : commande par retour d'état et observateur (prédicteur ou correcteur) peuvent être déterminés séparément.

D'autre part, il faut noter l'analogie de structure entre un observateur discret de type prédicteur et l'observateur d'un système continu ; pour cette raison, toutes les techniques appliquées pour la détermination du gain, dans le cas continu, sont directement transposables au cas de l'observateur-prédicteur, ce qui le rend plus facile à manipuler. Enfin, dans le cas d'un système comportant une transmission directe entrée-sortie :

$$y_k = Cx_k + Du_k, \tag{4.48}$$

l'élaboration d'une commande par retour d'état reconstruit par un observateur correcteur :

$$u_k = F\hat{x}_{k/k}, \tag{4.49}$$

demande des manipulations supplémentaires. En effet, dans les deux formes d'observateurs-correcteurs, $\hat{x}_{k+1/k+1}$ est fonction de u_{k+1}, la structure du reconstructeur dépendra donc de la matrice de gain de retour d'état :

— pour la première forme :

$$\bar{y}_{k+1} = [C + DF]\hat{x}_{k+1/k+1}; \tag{4.50}$$

— pour la deuxième forme :

$$\bar{y}_{k+1} = [C + DF][A\hat{x}_{k/k} + Bu_k]. \tag{4.51}$$

Il suffit donc de remplacer dans (4.43) ou (4.46), C par $\bar{C} = C + DF$, pour, dans le cas où $D \neq 0$, adapter l'observateur-correcteur à la loi de commande envisagée.

4.2.2   Calcul direct du gain d'un observateur

Que l'on cherche à déterminer le gain K^p ou K^c, suivant le type d'observateur choisi, l'erreur d'estimation est régie par l'équation écrite sous forme unifiée :

$$\tilde{x}_{k+1} = [A - KC^*]\tilde{x}_k. \tag{4.52}$$

Par analogie avec le cas continu, notons z_k la variable dont l'évolution est régie par :

$$z_{k+1} = A^T z_k + C^{*T} w_k. \tag{4.53}$$

La recherche d'une loi de commande w_k^* minimisant le critère :

$$J = \frac{1}{2} \sum_{k=0}^{\infty} (z_k^T Q z_k + w_k^T R w_k), \tag{4.54}$$

avec Q définie non négative et R définie positive, conduit à :

$$w_k^* = (R - C^* L C^{*T})^{-1} C^* L A^T z_k, \qquad (4.55)$$

où L est solution de l'équation de Riccati :

$$Q + L = A L A^T + A L C^{*T} (R - C^* L C^{*T})^{-1} C^* L A^T. \qquad (4.56)$$

Il vient pour l'observateur-prédicteur :

$$K^p = -A L_p C^T (R - C L_p C^T)^{-1}, \qquad (4.57)$$

où L_p est solution de :

$$Q + L_p = A L_p A^T + A L_p C^T (R - C L_p C^T)^{-1} C L_p A^T. \qquad (4.58)$$

L'observateur-correcteur avec prédiction est défini par :

$$K^c = -A L_p A^T C^T (R - C A L_p A^T C^T)^{-1}, \qquad (4.59)$$

où L_c est solution de :

$$Q + L_c = A L_c A^T + A L_c A^T C^T (R - C A L_c A^T C^T)^{-1} C A L_c A^T. \qquad (4.60)$$

4.2.3   Choix du gain de l'observateur-prédicteur

Comme dans le cas continu, deux approches existent pour le choix du gain du reconstructeur d'état, l'une basée sur la notion de placement de pôles, l'autre basée sur la minimisation d'un critère quadratique associé à l'erreur d'estimation.

Un premier choix consiste à déterminer K^p tel que la matrice $A - K^p C$ soit nilpotente. En reprenant l'étude menée dans le cas des systèmes continus, notons N et M les matrices de transformations associées à la forme observable de Luenberger (Annexe A) du système, on choisira alors les colonnes de la matrice $\bar{K}^p$ définie par :

$$\bar{K}^p = N^{-1} K^p M, \qquad (4.61)$$

telles que la matrice $\bar{A} - \bar{K}^p \bar{H}$ ait la structure suivante [1] :

$$\bar{A} - \bar{K}^p \bar{H} = \operatorname{diag}_{i=1}^{m} \{\Lambda_{ii}\}, \ \Lambda_{ii} \in \Re^{d_i \times d_i}, \ \Lambda_{ii} = \begin{bmatrix} 0 & \dots & 0 & 0 \\ 1 & \dots & 0 & 0 \\ \vdots & \ddots & \vdots & \vdots \\ 0 & \dots & 1 & 0 \end{bmatrix}. \qquad (4.62)$$

Dans ces conditions, si la paire (A, C) est observable, l'état du système discret (4.37) peut être reconstruit en ν pas, où :

$$\nu = \max_{i=1}^{m} \{d_i\}. \qquad (4.63)$$

---

[1] Les d_i sont les indices d'observabilité (cf. Annexe A).

On peut également, comme dans le cas continu, envisager un choix optimal de K^p. En considérant l'état initial de (4.37) comme une variable aléatoire connue par sa moyenne et sa matrice de covariance :

$$
\begin{aligned}
m_0 &= \mathrm{E}\{x_0\}, \\
Q_0 &= \mathrm{E}\{(x_0 - m_0)(x_0 - m_0)^T\},
\end{aligned}
\tag{4.64}
$$

on peut chercher K^p telle que soit minimisée la quantité :

$$
\rho = \mathrm{E}\{\sum_{k=0}^{\infty} \tilde{x}_{k/k-1}^T \alpha \alpha^T \tilde{x}_{k/k-1}\},
\tag{4.65}
$$

où α est un vecteur arbitraire de dimension n.
D'après l'équation d'erreur (4.40), il vient :

$$
\mathrm{E}\{\tilde{x}_{k+1/k}\tilde{x}_{k+1/k}^T\} = [A - K^p C]\mathrm{E}\{\tilde{x}_{k/k-1}\tilde{x}_{k/k-1}^T\}[A - K^p C]^T,
\tag{4.66}
$$

avec la condition initiale : $\mathrm{E}\{\tilde{x}_{0/-1}\tilde{x}_{0/-1}^T\} = Q_0$. En effet, la meilleure estimation *a priori* sera obtenue en prenant comme condition initiale pour le reconstructeur-prédicteur :

$$
x_{0/-1} = m_0.
\tag{4.67}
$$

Le critère à optimiser s'écrit alors sous la forme :

$$
\rho = \sum_{k=0}^{\infty} \alpha^T [A - K^p C]^k Q_o ([A - K^p C]^T)^k \alpha,
\tag{4.68}
$$

La recherche du gain optimal, minimisant ρ, est donc équivalente à la recherche du retour d'état solution du problème d'optimisation suivant :

— système : $z_{k+1} = A^T z_k + C^T v_k$, $z_o = \alpha$;
— critère à minimiser : $\eta = \sum_{k=0}^{\infty} z_k^T Q_o z_k$.

Cette solution est donnée par :

$$
v_k = -(CPC^T)^{-1}CPA^T z_k,
\tag{4.69}
$$

où P est la solution symétrique de l'équation de Riccati :

$$
P = APA^T - APC^T(CPC^T)^{-1}CPA^T + Q_o.
\tag{4.70}
$$

Le gain optimal de l'observateur-prédicteur an sens du critère (4.65) est donné par :

$$
K^p = APC^T[CPC^T]^{-1},
\tag{4.71}
$$

où P est solution de l'équation (4.70).

Une étude analogue peut également être envisagée dans le cas de la deuxième forme (4.46), d'un observateur-correcteur [WILLEMS, 1980], et on peut remarquer que dans les deux cas le gain optimal ainsi déterminé ne dépend pas du vecteur α.

4.3 Simplification des observateurs

Dans les parties précédentes, nous avons déterminé des systèmes observateurs de même dimension que l'état du système à reconstruire. Nous allons montrer que l'on peut construire, en réalité, des reconstructeurs d'ordre inférieur. Plusieurs principes peuvent être utilisés. Nous regarderons successivement : le reconstructeur réduit de Luenberger qui estime la partie non accessible de l'état ; la méthode des perturbations singulières qui conduit à un observateur estimant la partie lente des variables d'état ; les observateurs de fonctionnelles linéaires de l'état qui permettent d'estimer directement la commande lorsque celle-ci est un retour d'état linéaire.

4.3.1 Observateur d'ordre réduit

4.3.1.1 Construction

Cet observateur, appelé **observateur de Luenberger**, utilise le fait que la matrice d'observation soit de rang plein. Cette hypothèse n'est pas restrictive car il suffit alors d'éliminer les composantes de la sortie redondantes. Soit le système (4.1), où après une permutation des variables d'état, les matrices A, B, C, et le vecteur x sont de la forme :

$$
A = \begin{bmatrix} A_{11} & A_{12} \\ A_{21} & A_{22} \end{bmatrix}, \; B = \begin{bmatrix} B_1 \\ B_2 \end{bmatrix},
$$
$$
C = [\, C_1 \quad C_2 \,], \; x = \begin{bmatrix} x_1 \\ x_2 \end{bmatrix},
$$
(4.72)

où rang $C_1 = m$, A_{11} et $C_1 \in \Re^{m \times m}$, $x_1 \in \Re^m$, et $B_1 \in \Re^{m \times l}$.

Le changement de variables :

$$
\bar{x} = \begin{bmatrix} C_1 & C_2 \\ 0 & I_{n-m} \end{bmatrix} x,
$$
(4.73)

transforme le système (4.1) en :

$$
\dot{\bar{x}}(t) = \bar{A}\bar{x}(t) + \bar{B}u(t),
$$
$$
y(t) = \bar{C}\bar{x}(t),
$$
(4.74)

où :

$$
\bar{x} = \begin{bmatrix} \bar{x}_1 \\ \bar{x}_2 \end{bmatrix}, \; \bar{A} = \begin{bmatrix} \bar{A}_{11} & \bar{A}_{12} \\ \bar{A}_{21} & \bar{A}_{22} \end{bmatrix}, \; B = \begin{bmatrix} \bar{B}_1 \\ \bar{B}_2 \end{bmatrix}, \; \bar{C} = [\, I_m \quad 0 \,].
$$

Ces matrices sont définies par :

$$\bar{A}_{11} = [C_1 A_{11} + C_2 A_{21}]C_1^{-1},$$
$$\bar{A}_{12} = -\bar{A}_{11}C_2 + [C_1 A_{12} + C_2 A_{22}],$$
$$\bar{A}_{21} = A_{21}C_1^{-1}, \tag{4.75}$$
$$\bar{A}_{22} = A_{22} - A_{21}C_1^{-1}C_2,$$
$$\bar{B}_1 = C_1 B_1 + C_2 B_2.$$

L'équation d'état (4.74) s'écrit donc sous la forme :

$$\dot{\bar{x}}_1(t) = \bar{A}_{11}\bar{x}_1(t) + \bar{A}_{12}\bar{x}_2(t) + \bar{B}_1 u(t),$$
$$\dot{\bar{x}}_2(t) = \bar{A}_{21}\bar{x}_1(t) + \bar{A}_{22}\bar{x}_2(t) + B_2 u(t), \tag{4.76}$$
$$y(t) = \bar{x}_1(t),$$

où la sortie correspond aux m premières composantes d'état, elles n'ont donc pas à être reconstruites. La première équation de (4.76) peut alors être considérée comme une mesure $\xi(t)$ dépendant de $\bar{x}_2(t)$, variables d'état à reconstruire, et de u(t) :

$$\xi(t) = \dot{\bar{x}}_1(t) - \bar{A}_{11}\bar{x}_1(t) = \bar{A}_{12}\bar{x}_2(t) + \bar{B}_1 u(t). \tag{4.77}$$

Suivant le principe de construction des observateurs, on peut proposer comme reconstructeur de $\bar{x}_2(t)$, le vecteur $\hat{v}(t)$ défini par :

$$\dot{\hat{v}}(t) = \bar{A}_{21}\bar{x}_1(t) + \bar{A}_{22}\hat{v}(t) + B_2 u(t) + \bar{K}[\xi(t) - \hat{\xi}(t)],$$
$$\bar{x}_1(t) = y(t), \quad \hat{\xi}(t) = \bar{A}_{12}\hat{v}(t) + \bar{B}_1 u(t). \tag{4.78}$$

L'inconvénient de cette structure est de nécessiter, pour élaborer la mesure $\xi(t)$, la dérivation de la sortie réelle $y(t)$. De façon à contourner cette difficulté, on définit la variable :

$$\hat{z}(t) = \hat{v}(t) - \bar{K}y(t), \tag{4.79}$$

ce qui permet d'obtenir :

$$
\begin{aligned}
\dot{\hat{z}}(t) &= \dot{\hat{v}}(t) - \bar{K}\dot{\bar{x}}_1(t), \\
&= \bar{A}_{21}\bar{x}_1(t) + \bar{A}_{22}\hat{v}(t) + B_2 u(t) \\
&\quad - \bar{K}[\bar{A}_{11}\bar{x}_1(t) + \bar{A}_{12}\hat{v}(t) + \bar{B}_1 u(t)],
\end{aligned} \tag{4.80}
$$

où n'apparaît aucune dérivation de la sortie. En tenant compte du fait que $\hat{v}(t) = \hat{z}(t) + \bar{K}y(t)$ et $\bar{x}_1(t) = y(t)$, (4.80) se réécrit sous la forme :

$$
\begin{aligned}
\dot{\hat{z}}(t) &= \bar{M}\hat{z}(t) + \bar{N}u(t) + \bar{P}y(t), \\
\bar{M} &= \bar{A}_{22} - \bar{K}\bar{A}_{12}, \\
\bar{N} &= B_2 - \bar{K}\bar{B}_1, \\
\bar{P} &= \bar{A}_{21} + \bar{A}_{22}\bar{K} - \bar{K}\bar{A}_{11} - \bar{K}\bar{A}_{12}\bar{K}.
\end{aligned} \tag{4.81}
$$

Cette équation d'état définit un observateur réduit (d'ordre $n - m$) pour le système (4.76), la variable $\bar{x}_2(t)$ étant reconstruite par :

$$\hat{v}(t) = \hat{z}(t) + \bar{K}y(t), \tag{4.82}$$

où $\bar{K}$ est la matrice $((n - m) \times m)$ de gain de cet observateur. Notons l'erreur d'observation $e(t) = \bar{x}_2(t) - \bar{v}(t)$, il vient :

$$\dot{e}(t) = \bar{M}e(t), \tag{4.83}$$

Ainsi, lorsque la paire $(\bar{A}_{22}, \bar{A}_{12})$ est observable les valeurs propres de $\bar{M}$ peuvent être fixées arbitrairement par un choix convenable de $\bar{K}$.

Théorème 3

Si (A, C) est observable, alors $(\bar{A}_{22}, \bar{A}_{12})$ est observable.

Démonstration :

Il suffit de montrer que si $(\bar{A}, \bar{C})$ est observable, alors $(\bar{A}_{22}, \bar{A}_{12})$ l'est également. Si $(\bar{A}, \bar{C})$ est observable, on a :

$$\forall s, \ \text{rang} \begin{bmatrix} sI_n - \bar{A} \\ \bar{C} \end{bmatrix} = \text{rang} \begin{bmatrix} sI_m - \bar{A}_{11} & -\bar{A}_{12} \\ -\bar{A}_{21} & sI_{n-m} - \bar{A}_{22} \\ I_m & 0 \end{bmatrix} = n, \tag{4.84}$$

ce qui est équivalent à :

$$\forall s, \ \text{rang} \begin{bmatrix} \bar{A}_{12} \\ sI_{n-m} - \bar{A}_{22} \end{bmatrix} = n - m, \tag{4.85}$$

donc $(\bar{A}_{22}, \bar{A}_{12})$ est une paire observable.

Dans le cas où le système initial est observable, on peut appliquer les techniques de détermination du gain à la paire $(\bar{A}_{22}, \bar{A}_{21})$ pour déterminer le gain $\bar{K}$; l'observateur réduit du système (4.1) a finalement la structure suivante, en notant $\hat{x}_1$ et $\hat{x}_2$ les estimations des vecteurs x_1 et x_2 :

$$\dot{\hat{z}}(t) = \bar{M}\hat{z}(t) + \bar{N}u(t) + \bar{P}y(t), \tag{4.86}$$

où $\bar{M}$, $\bar{N}$ et $\bar{P}$ sont définies par les relations (4.81) et :

$$\begin{aligned} \hat{x}_1(t) &= C_1^{-1}[(I - C_2\bar{K})y(t) - C_2\hat{z}(t)], \\ \hat{x}_2(t) &= \hat{z}(t) + \bar{K}y(t). \end{aligned} \tag{4.87}$$

4.3.1.2 Exemple

Reprenons le système étudié dans l'exemple précédent. Moyennant une permutation des variables d'état, il est décrit par :

$$\dot{x}(t) = \begin{bmatrix} -1 & -8 & 0 & 1 & 2 \\ 0 & -2 & 0 & 0 & 1 \\ 0 & -6 & 1 & -1 & 0 \\ 0 & -6 & 1 & -1 & 0 \\ 1 & -6 & 0 & 0 & 0 \end{bmatrix} x(t) + \begin{bmatrix} 0 \\ 1 \\ 1 \\ 0 \\ 1 \end{bmatrix} u(t),$$

$$y(t) = \begin{bmatrix} 1 & 0 & 0 & 0 & -1 \\ 0 & 1 & 0 & 0 & 0 \end{bmatrix} x(t).$$

Suivant (4.73), la transformation :

$$\bar{x}(t) = \begin{bmatrix} 1 & 0 & 0 & 0 & -1 \\ 0 & 1 & 0 & 0 & 0 \\ 0 & 0 & 1 & 0 & 0 \\ 0 & 0 & 0 & 1 & 0 \\ 0 & 0 & 0 & 0 & 1 \end{bmatrix} x(t),$$

met ce système sous la forme :

$$\dot{\bar{x}}(t) = \begin{bmatrix} -2 & -2 & 0 & 1 & 0 \\ 0 & -2 & 0 & 0 & 1 \\ 0 & -6 & 1 & -1 & 0 \\ 0 & -6 & 1 & -1 & 0 \\ 1 & -6 & 0 & 0 & 1 \end{bmatrix} \bar{x}(t) + \begin{bmatrix} -1 \\ 1 \\ 1 \\ 0 \\ 1 \end{bmatrix} u(t),$$

$$y(t) = \begin{bmatrix} 1 & 0 & 0 & 0 & 0 \\ 0 & 1 & 0 & 0 & 0 \end{bmatrix} \bar{x}(t).$$

On peut donc construire un observateur réduit d'ordre 3 pour ce sytème, en employant la méthode présentée dans la partie précédente, avec :

$$\bar{A}_{11} = \begin{bmatrix} -2 & -2 \\ 0 & -2 \end{bmatrix}, \quad \bar{A}_{12} = \begin{bmatrix} 0 & 1 & 0 \\ 0 & 0 & 1 \end{bmatrix}, \quad \bar{B}_1 = \begin{bmatrix} -1 \\ 1 \end{bmatrix},$$

$$\bar{A}_{21} = \begin{bmatrix} 0 & -6 \\ 0 & -6 \\ 1 & -6 \end{bmatrix}, \quad \bar{A}_{22} = \begin{bmatrix} 1 & -1 & 0 \\ 1 & -1 & 0 \\ 0 & 0 & 1 \end{bmatrix}, \quad B_2 = \begin{bmatrix} 1 \\ 0 \\ 1 \end{bmatrix}.$$

Suivant (4.81), toutes les matrices intervenant dans le reconstructeur dépendent du gain $\bar{K}$, que l'on déterminera en fixant arbitrairement les valeurs propres de $\bar{A}_{22} - \bar{K}\bar{A}_{12}$ toutes égales à -4. Soit :

$$\bar{K} = \begin{bmatrix} k_1 & k_2 \\ k_3 & k_4 \\ k_5 & k_6 \end{bmatrix},$$

il vient :

$$\bar{A}_{22} - \bar{K}\bar{A}_{12} = \begin{bmatrix} 1 & -1 - k_1 & -k_2 \\ 1 & -1 - k_3 & -k_4 \\ 0 & -k_5 & 1 - k_6 \end{bmatrix}.$$

La façon la plus simple de déterminer $\bar{K}$ consiste ici à prendre : $k_1 = k_4 = k_5 = 0$; l'identité des polynômes caractéristiques conduit aux relations :

$$k_3 = 8,$$
$$k_1 - k_3 = 16,$$
$$1 - k_6 = -4,$$

soit :

$$\bar{K} = \begin{bmatrix} 24 & 0 \\ 8 & 0 \\ 0 & 5 \end{bmatrix}.$$

On obtient ainsi un reconstructeur d'ordre 3 défini par l'équation :

$$\dot{\hat{z}}(t) = \begin{bmatrix} 1 & -25 & 0 \\ 1 & -9 & 0 \\ 0 & 0 & -4 \end{bmatrix} \hat{z}(t) + \begin{bmatrix} 25 \\ 8 \\ -4 \end{bmatrix} u(t) + \begin{bmatrix} -128 & 42 \\ -32 & 10 \\ 1 & -16 \end{bmatrix} y(t)$$

$$\hat{x}(t) = \begin{bmatrix} 0 & 0 & 1 \\ 0 & 0 & 0 \\ 1 & 0 & 0 \\ 0 & 1 & 0 \\ 0 & 0 & 1 \end{bmatrix} \hat{z}(t) + \begin{bmatrix} 1 & 5 \\ 0 & 1 \\ 24 & 0 \\ 8 & 0 \\ 0 & 5 \end{bmatrix} y(t).$$

4.3.2   Systèmes singulièrement perturbés

Le système (4.1) est sous forme singulièrement perturbée si les matrices A, B et C ont la structure suivante :

$$A = \begin{bmatrix} A_{11} & A_{12} \\ A_{21}/\epsilon & A_{22}/\epsilon \end{bmatrix} \begin{matrix} \updownarrow n_1 \\ \updownarrow n_2 \end{matrix}, \quad B = \begin{bmatrix} B_1 \\ B_2/\epsilon \end{bmatrix}, \tag{4.88}$$

$$C = [\, C_1 \quad C_2 \,], \ C_1 \in \Re^{n_1},$$

où ϵ est un petit paramètre $0 < \epsilon \ll 1$. Pour le gain de l'observateur d'un tel système, on peut proposer la structure :

$$K = \begin{bmatrix} K_1 \\ K_2/\epsilon \end{bmatrix} \begin{matrix} \updownarrow n_1 \\ \updownarrow n_2 \end{matrix}, \tag{4.89}$$

et le résultat suivant [PORTER, 1977] indique que les gains K_1 et K_2 peuvent être déterminés, sous certaines conditions, comme les gains d'observateurs de systèmes d'ordres réduits (respectivement n_1 et n_2).

Théorème 4

Si (A_{22}, C_2) est une paire observable, P une matrice telle que $A_{22} - PC_2$ soit inversible et (A_0, C_0) est une paire observable, avec

$$A_0 = A_{11} - A_{12}(A_{22} - PC_2)^{-1}(A_{21} - PC_1),$$
$$C_0 = C_1 - C_2(A_{22} - PC_2)^{-1}(A_{21} - PC_1), \tag{4.90}$$

alors il existe un réel positif ϵ_0 tel que, pour tout ϵ dans $]0, \epsilon_0]$, le reconstructeur de gain K, avec :

$$K_2 = P + P_2,$$
$$K_1 = P_0\{I - C_2(A_{22} - PC_2)^{-1}P_2\} + A_{12}(A_{22} - PC_2)^{-1}P_2, \tag{4.91}$$

où P_0 et P_2 sont telles que $(A_0 - P_0C_0)$ et $(A_{22} - PC_2 - P_2C_2)$ soient des matrices de Hurwitz, soit asymptotique.

La démonstration de ce théorème utilise le résultat suivant : si la matrice $R = \Gamma_{11} - \Gamma_{12}\Gamma_{22}^{-1}\Gamma_{21}$ (où Γ_{22} est supposée inversible), est de Hurwitz, alors il existe ϵ_0, tel que pour tout ϵ dans $]0, \epsilon_0]$, le système singulièrement perturbé :

$$\begin{aligned}
\dot{x}_1(t) &= \Gamma_{11}x_1(t) + \Gamma_{12}x_2(t), \\
\epsilon\dot{x}_2(t) &= \Gamma_{21}x_1(t) + \Gamma_2 x_2(t),
\end{aligned} \tag{4.92}$$

admet $x_1 = 0$, $x_2 = 0$, comme équilibre asymptotiquement stable.

Pour K_1 et K_2, définies en (4.91), les erreurs d'observation $\tilde{x}_1 = x_1 - \hat{x}_1$, $\tilde{x}_2 = x_2 - \hat{x}_2$, sont régies par les équations :

$$\begin{aligned}
\dot{\tilde{x}}_1(t) &= [A_{11} - K_1C_1]\tilde{x}_1(t) + [A_{12} - K_1C_2]\tilde{x}_2(t), \\
\epsilon\dot{\tilde{x}}_2(t) &= [A_{21} - PC_1 - P_2C_1]\tilde{x}_1(t) + [A_{22} - PC_2 - P_2C_2]\tilde{x}_2(t).
\end{aligned} \tag{4.93}$$

Lorsque K_1, P et P_2 vérifient les hypothèses du théorème, la matrice R, qui pour ce système, s'écrit (après quelques manipulations algébriques) :

$$R = F_0 - P_0 H_0, \tag{4.94}$$

et l'utilisation du résultat de stabilité démontre le Théorème.

On peut remarquer que, dans le cas où A_{22} est une matrice de Hurwitz, le choix $P = P_2 = K_2 = 0$ conduit à une structure d'observateur simplifiée où $K_1 = P_0$ est la matrice stabilisant la paire (A_l, C_l) avec :

$$\begin{aligned}
A_l &= A_{11} - A_{12}A_{22}^{-1}A_{21}, \\
C_l &= C_1 - C_2A_{22}^{-1}A_{21}.
\end{aligned} \tag{4.95}$$

L'utilisation des perturbations singulières (lorsque A_{22} est de Hurwitz) permet d'approcher les variables x_1 et x_2 à l'aide de leur comportement lent ($x_1 \simeq x_{1l}$, $x_2 \simeq x_{2l}$ et $y \simeq y_l$) où x_{1l}, x_{2l} et y_l sont définies par le modèle réduit :

$$\begin{aligned}
\dot{x}_{1l}(t) &= A_l x_{1l}(t) + B_l u(t), \\
x_{2l}(t) &= -A_{22}^{-1}A_{21}x_{1l}(t) - A_{22}^{-1}B_2 u(t), \\
y_l(t) &= C_l x_{1l}(t) + D_l u(t),
\end{aligned} \tag{4.96}$$

où $B_l = B_1 - A_{12}A_{22}^{-1}B_2$ et $D_l = -C_2A_{22}^{-1}B_2$.

Si la paire (A_l, C_l) est observable, on peut utiliser, pour approcher les variables initiales, le reconstructeur d'ordre q_1 dont la structure est indiquée figure 4.3. Dans cette figure, P_0 doit être telle que $\hat{A}_l = A_l - P_0C_l$ soit de Hurwitz. Cette structure est l'approximation "basse fréquence" de la structure générale obtenue précédemment sans réduction de dimensionnalité.

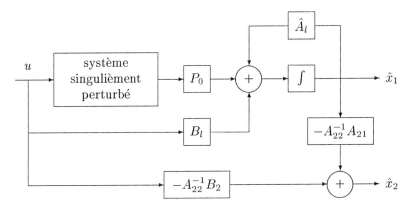

FIG. 4.3 : Observateur réduit par perturbations singulières.

4.3.3 Observation d'une fonction linéaire de l'état

Dans la plupart des cas, l'observation de l'état d'un système est réalisée pour construire une loi de commande linéaire de la forme $L\hat{x}$. On peut donc penser à construire un reconstructeur (appelé **observateur de fonctionnelle linéaire**) estimant directement la variable Lx sans utiliser l'étape intermédiaire d'estimation de l'état. Nous verrons dans ce paragraphe que cela apporte une simplification de structure de l'observateur utilisé, par diminution de l'ordre, mais cela ne permet plus l'utilisation du principe de séparation.

4.3.3.1 Réduction de l'ordre de l'observateur

Souvent, comme par exemple dans le cas des systèmes mono-entrées, $l = 1$, la fonctionnelle linéaire à estimer est une forme linéaire de l'état, Lx, $L \in R^n$. L'utilisation de la méthode de calcul du gain indique que l'observation de l'état d'un système multi-sorties se fait par l'intermédiaire de m sous-systèmes (fig. 4.4) dont les ordres sont donnés par les m indices d'observabilité d_i, $i \in \{1, \ldots, n\}$, définis à l'annexe A.

La transformée de Laplace de la sortie de chacun des m observateurs élémentaires s'écrit :

$$i = \{1, \ldots, m\}, \ W_i(s) = \frac{N_u^i(s)U(s) + N_y^i(s)Y(s)}{D_i(s)}, \tag{4.97}$$

où $\deg D_i(s) = d_i - 1$, $\deg N_u^i(s) \leq \deg D_i(s)$, et $\deg N_y^i(s) \leq \deg D_i(s)$. Comme les modes de ces observateurs réduits peuvent être fixés arbitrairement, on peut choisir le gain de l'observateur tel que :

$$\forall i \in \{1, \ldots, m\}, \ i \neq \nu, \ \exists P_i(s) \in \Re < s >,$$
$$\deg P_i(s) = \nu - d_i \text{ et } D_\nu(s) = P_i(s)D_i(s), \tag{4.98}$$

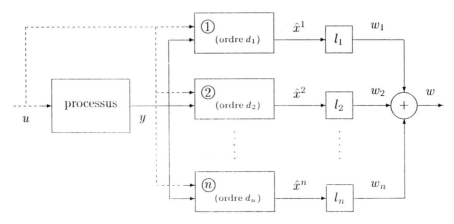

F⎪G. 4.4 : Observateurs réduits

où $\Re <s>$ représente l'ensemble des polynômes en la variable s à coefficients réels, et ν l'index d'observabilité du système défini par :

$$\nu = \max_{i=1}^{m}\{d_i\}. \tag{4.99}$$

Ainsi, il vient :

$$W(s) = \frac{N_u(s)u(s) + N_y(s)y(s)}{D_\nu(s)}, \tag{4.100}$$

où $\deg D_\nu(s) = \nu - 1$, $\deg N_u(s) \leq \deg D_\nu(s)$, et $\deg N_y(s) \leq \deg D_\nu(s)$.

Ceci indique que l'observateur d'une forme linéaire peut être réalisé par un observateur d'ordre $\nu - 1$. Dans le cas où $\nu - 1 < n - m$, ce résultat implique une réduction de l'ordre de l'observateur par rapport à l'emploi d'un observateur réduit.

4.3.3.2   Structure générale

L'étude du cas particulier précédent nous a permis de mettre en évidence la réduction de dimensionnalité apportée par la notion d'observateurs de formes linéaires. Nous allons dans cette partie dégager, dans le cas général d'une fonctionnelle linéaire, $l \geq 1$, la structure de l'observateur utilisé.

Pour estimer la fonctionnelle linéaire :

$$v = Lx, \; L \in \Re^{l \times n}, \tag{4.101}$$

on utilise un observateur dont la structure générale est [LUENBERGER,1971] :

$$\begin{aligned} \dot{z}(t) &= Dz(t) + Gu(t) + Ey(t), \\ w(t) &= Pz(t) + Vy(t), \end{aligned} \tag{4.102}$$

où $z(t) \in \Re^p$, $w(t) \in \Re^\ell$ et D, E, G, P, V sont des matrices de dimensions convenables. La sortie $w(t)$ de cet observateur reconstruira la fonctionnelle linéaire si l'on a :

$$\lim_{t \to \infty} [w(t) - Lx(t)] = 0. \qquad (4.103)$$

D'après la relation (4.103) et compte tenu de l'équation de sortie de (4.102), si $w(t)$ est une estimation de $Lx(t)$, alors $z(t)$ sera une estimation d'une autre forme linéaire de l'état, par exemple $Tx(t)$. Soient les erreurs d'estimation :

$$e(t) = w(t) - Lx(t),$$
$$\epsilon(t) = z(t) - Tx(t), \qquad (4.104)$$

il vient :

$$e(t) = P\epsilon(t) + [PT + VC - L]x(t),$$
$$\dot{\epsilon}(t) = D\epsilon(t) + [DT - TA + EC]x(t) + [G - TB]u(t). \qquad (4.105)$$

Si les relations suivantes :

1. D est une matrice de Hurwitz,
2. $TA - DT = EC$,
3. $PT + VC = L$,
4. $G = TB$,

sont vérifiées, alors $\lim_{t \to \infty} e(t) = 0$, et (4.102) constitue bien un observateur asymptotique de la fonctionnelle (4.101). Lorsque D est fixée, et possède des valeurs propres différentes de celles de A alors la deuxième relation est soluble, et dans ce cas le problème de la construction de l'observateur réside dans la détermination du triplet (E, P, V) tel que soient vérifiées les relations 2 et 3 (la dernière donnant directement G), le problème principal étant de construire un observateur de fonctionnelle linéaire minimal, c'est-à-dire où p est le plus petit possible. Nous allons regarder quelques méthodes permettant de répondre à cette question.

4.3.3.3   Détermination de l'observateur

A.   Cas d'une forme linéaire ($l = 1$)

Dans le cas où $l = 1$, suivant ce qui précède, on a $p = \nu - 1$. Soit λ_i, $i \in \{1, \ldots, p\}$ l'ensemble des valeurs propres de D que l'on peut choisir arbitrairement. La méthode, proposée dans [MURDOCH,1973], consiste à décomposer D, à l'aide d'une matrice U régulière, sous la forme :

$$D = U \Delta U^{-1} \qquad (4.106)$$

où $\Delta = \text{diag}_{i=1}^{p}[\lambda_i]$. Posons les matrices :

$$R = U^{-1}T = \begin{bmatrix} r_1 \\ r_2 \\ \vdots \\ r_p \end{bmatrix}, \quad M = U^{-1}E = \begin{bmatrix} m_1 \\ m_2 \\ \vdots \\ m_p \end{bmatrix}. \qquad (4.107)$$

La deuxième condition nécessaire s'écrit alors :

$$RA - \Delta R = MC, \qquad (4.108)$$

soit, pour $i \in \{1, \ldots, p\}$:

$$r_j = m_j C (A - \lambda_j I_n)^{-1}. \qquad (4.109)$$

Si, de plus, on impose pour P la structure :

$$P = 1_p U^{-1}, \qquad (4.110)$$

où $1_p = [1, 1, \ldots, 1] \in \Re^p$, la troisième condition se met sous la forme :

$$VC + 1_p R = L, \qquad (4.111)$$

soit, d'après (4.109) :

$$VC + \sum_{j=1}^{p} m_j C (A - \lambda_j I_n)^{-1} = L. \qquad (4.112)$$

La multiplication, par $\prod_{i=1}^{p}(A - \lambda_i I_n)$, de chacun des membres de cette égalité, permet de la mettre sous la forme matricielle :

$$X\mathcal{A} = \mathcal{B}, \qquad (4.113)$$

où $X = [V, m_1, \ldots, m_p]$ est un vecteur inconnu de dimension νm et :

$$
\begin{aligned}
\mathcal{B} &= L\prod_{i=1}^{p}(A - \lambda_i I_n), \ \mathcal{B} \in \Re^{1 \times n}, \\[2mm]
\mathcal{A} &= \begin{bmatrix}
C\prod_{i=1}^{p}(A - \lambda_i I_n) \\[2mm]
C\prod_{i=2}^{p}(A - \lambda_i I_n) \\[2mm]
\vdots \\[2mm]
C\prod_{\substack{i=1 \\ i \neq j}}^{p}(A - \lambda_i I_n) \\[2mm]
\vdots \\[2mm]
C\prod_{i=1}^{p-1}(A - \lambda_i I_n)
\end{bmatrix}, \ \mathcal{A} \in \Re^{\nu m \times n}.
\end{aligned}
\qquad (4.114)
$$

Si la paire (A, C) est observable, et si les λ_i sont toutes distinctes et ne sont pas valeurs propres de A alors rang$\mathcal{A} = n$ et la solution de ce système existe toujours (elle est unique pour $\nu m = n$) et elle s'écrit :

$$X = \mathcal{B}\mathcal{A}^+, \qquad (4.115)$$

où $\mathcal{A}^+$ est la pseudo-inverse de $\mathcal{A}$ [Ben Israel, Greville, 1974] :

$$\mathcal{A}^+ = \mathcal{A}^T(\mathcal{A}\mathcal{A}^T)^{-1}. \qquad (4.116)$$

La connaissance de X permet alors de calculer tous les paramètres de l'observateur (4.102).

B. *Exemple d'utilisation*

Reprenons le système traité dans le premier exemple de construction d'observateur :

$$\dot{x}(t) = \begin{bmatrix} 1 & -1 & 0 & 0 & -6 \\ 1 & -1 & 0 & 0 & -6 \\ 0 & 1 & -1 & 2 & -8 \\ 0 & 0 & 1 & 0 & -6 \\ 0 & 0 & 0 & 1 & -2 \end{bmatrix} x(t) + \begin{bmatrix} 1 \\ 0 \\ 0 \\ 1 \\ 1 \end{bmatrix} u(t),$$

$$y(t) = \begin{bmatrix} 0 & 0 & 1 & -1 & 0 \\ 0 & 0 & 0 & 0 & 1 \end{bmatrix} x(t),$$

pour lequel on désire construire un observateur de la commande optimale u^* qui minimise le critère :

$$J = \frac{1}{2}\int_0^\infty (x^T x + u^2)\,\mathrm{d}t.$$

L'utilisation des principes de commande optimale conduit à $u^* = Lx$, avec :

$$L = \begin{bmatrix} -3.21 & 2.366 & 1.28 & 2.018 & -3.932 \end{bmatrix}.$$

Comme on a montré que, pour ce système, $\nu = 3$, on peut donc chercher un observateur de u^* de dimension 2. En reprenant les notations du paragraphe précédent, imposons arbitrairement :

$$D = \begin{bmatrix} -4 & 0 \\ 0 & -5 \end{bmatrix},$$

ce qui conduit à $\lambda_1 = -4$, $\lambda_2 = -5$, $U = I_2$ et $P = \begin{bmatrix} 1 & 1 \end{bmatrix}$. On obtient ainsi :

$$A + 4I_5 = \begin{bmatrix} 5 & -1 & 0 & 0 & -6 \\ 1 & 3 & 0 & 0 & -6 \\ 0 & 1 & 3 & 2 & -8 \\ 0 & 0 & 1 & 4 & -6 \\ 0 & 0 & 0 & 1 & 2 \end{bmatrix},$$

$$A + 5I_5 = \begin{bmatrix} 6 & -1 & 0 & 0 & -6 \\ 1 & 4 & 0 & 0 & -6 \\ 0 & 1 & 4 & 2 & -8 \\ 0 & 0 & 1 & 5 & -6 \\ 0 & 0 & 0 & 1 & 3 \end{bmatrix},$$

soit :

$$\mathcal{A} = \begin{bmatrix} 1 & 6 & 6 & -8 & -16 \\ 0 & 0 & 1 & 7 & 0 \\ 0 & 1 & 3 & -3 & 2 \\ 0 & 0 & 0 & 1 & 3 \\ 0 & 1 & 2 & -2 & -2 \\ 0 & 0 & 0 & 1 & 2 \end{bmatrix},$$

$$\mathcal{B} = [\, -70.53 \quad 65.9 \quad 30.13 \quad 20.07 \quad -147.9 \,].$$

L'utilisation de la pseudo-inverse de $\mathcal{A}$ conduit à :

$$V = [\, -70.53 \quad 1.22 \,],$$
$$m_1 = [\, -526.08 \quad -98.94 \,],$$
$$m_2 = [\, 1015.2 \quad -1.694 \,],$$

et la formule (4.109) donne :

$$r_1 = [\, -16.9 \quad 84.49 \quad -270.36 \quad 285 \quad -73.16 \,],$$
$$r_2 = [\, 13.68 \quad -82.12 \quad 342.17 \quad -353.5 \quad 68 \,].$$

Comme $U = I_2$, on a :

$$T = \begin{bmatrix} r_1 \\ r_2 \end{bmatrix},$$

et il vient directement l'observateur (4.102), avec :

$$D = \begin{bmatrix} -4 & 0 \\ 0 & -5 \end{bmatrix}, \ G = \begin{bmatrix} 194.92 \\ -271.81 \end{bmatrix}, \ E = \begin{bmatrix} -526.08 & -98.94 \\ 1015.2 & -1.694 \end{bmatrix},$$
$$P = [\, 1 \quad 1 \,], \ V = [\, -70.53 \quad 1.22 \,],$$

dont la sortie donne $\hat{u}^*$, estimation de u^*. Ce reconstructeur apparait mal conditionné, ce qui n'aurait pas été le cas si l'on avait utilisé la forme observable pour le déterminer.

C.   Cas général $l > 1$

Dans le cas quelconque la détermination de l'ordre minimal de l'observateur est délicate, et bien souvent on construira un observateur réduit mais non minimal. On peut appliquer la méthode précédente avec l'équation linéaire (4.113) à résoudre où la dimension de X est $l \times (p+1)m$, mais le problème réside dans le choix de p. En effet une valeur trop petite peut conduire à un système non soluble, cependant certains algorithmes permettent d'accéder à cette valeur minimale [SIRISENA, 1979] et de déterminer les paramètres de l'observateur minimal.

Dans le cas où l'on cherche à construire rapidement un observateur (non forcément minimal) de la fonctionnelle linéaire :

$$Lx = \begin{bmatrix} L_1 x \\ L_2 x \\ \vdots \\ L_l x \end{bmatrix}, \ L_i \in \Re^n, \ i = 1, \ldots, l, \tag{4.117}$$

on peut utiliser la méthode interactive de [MURDOCH, 1974]. Cette méthode consiste à construire un ensemble de l observateurs décrits par les équations :

$$i \in \{1, \ldots, l\},$$

$$\dot{z}_i(t) = D_i z_i(t) + G_i u(t) + E_i y(t) + \sum_{j=1}^{i-1} K_{ij} z_j(t), \tag{4.118}$$

$$w_i(t) = P_i z_i(t) + V_i y(t),$$

le i-ième observateur estimant la forme linéaire $L_i x$. L'intérêt de cette méthode est de définir cette série d'observateurs de façon récursive : le $(i+1)$-ème étant construit par l'application de la méthode précédente au système (A, B, C_i) avec :

$$C_i = \begin{bmatrix} C \\ T_1 \\ \vdots \\ T_i \end{bmatrix}, \tag{4.119}$$

où les T_j, $j \leq i$, sont les matrices apparaissant aux étapes précédentes de détermination des observateurs 1 à i. La dimension de l'observateur complet est inférieure à celle que l'on obtiendrait avec r observateurs de formes linéaires en parallèle. En effet, l'index d'observabilité ν_i à l'étape i est inférieur ou égal à celui de l'étape précédente, car T_{i-1} contient au moins une ligne linéairement indépendante des lignes de C ou de T_j, $j \in \{1, \ldots, i-1\}$ (sinon la forme linéaire L_{i-1} est inutile). On obtient donc un observateur de taille réduite que l'on peut déterminer rapidement.

CHAPITRE 5

Filtrage

Le problème du filtrage consiste à déterminer des estimateurs de variables du système lorsque l'environnement présente des perturbations aléatoires. Nous allons donc étudier dans cette partie l'aspect stochastique de la notion d'observateurs développée dans la partie précédente. Deux points de vue peuvent être utilisés pour aborder cette question : celui de Wiener qui utilise une approche fréquentielle et celui de Kalman qui utilise l'approche temporelle. Dans tous les cas, le but est de déterminer un système (**le filtre**), optimal au sens de la minimisation de la variance d'erreur entre la variable réelle et son estimation. Nous regarderons successivement ces deux méthodes en développant particulièrement la deuxième approche qui permet d'appréhender directement le cas d'un système non stationnaire multivariable. Dans ce cadre on peut également classer les problèmes d'estimation suivant la quantité d'information disponible. En effet, considérons un système dont on possède un ensemble de mesures $m(t_0, t_f)$, entre les instants t_0 (instant initial) et t_f (instant final), sur les entrées et les sorties. On peut chercher à estimer la valeur de l'état x à un instant donné τ (que l'on notera par $\hat{x}(\tau/m(t_0, t_f))$). Suivant la valeur de τ, on distingue :

— si $\tau < t_f$ il s'agit d'un problème de **lissage**;
— si $\tau = t_f$ il s'agit d'un problème de **filtrage**;
— si $\tau > t_f$ il s'agit d'un problème de **prédiction**.

Alors qu'un problème de prédiction peut être ramené à un problème de filtrage par une estimation de $\hat{x}_f = \hat{x}(t_f/m(t_0, t_f))$ suivie d'une prédiction par utilisation du modèle initialisé à x_f, il n'en est pas de même du lissage. En fait, ce dernier problème peut être résolu par la combinaison de deux problèmes de filtrage : un filtrage de t_0 à τ et un filtrage rétrograde de t_f à τ. Cette application particulière du filtrage sera étudiée dans la troisième partie de ce chapitre, avec également l'application du filtrage de Kalman à l'identification des paramètres d'un modèle.

5.1   Filtre de Wiener

La méthode élaborée par Wiener [WIENER,1949] permet de déterminer la matrice de transfert du filtre (fig.5.1) qui reconstitue un signal $x(t)$ à partir d'une mesure $y(t)$ entachée d'un bruit $v(t)$.

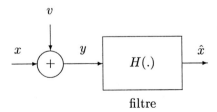

filtre

FIG. 5.1 : Détection d'un signal.

Le filtre optimal choisi est celui minimisant la variance de l'erreur d'estimation, $\tilde{x}(t) = x(t) - \hat{x}(t)$:

$$V = \mathrm{E}\{\tilde{x}(t)\tilde{x}^T(t)\}, \tag{5.1}$$

Pour rester bref, nous nous placerons dans le cas de signaux d'entrée et de sortie scalaires, mais la méthode peut être appliquée aux systèmes multivariables [MERRIAM, 1964]. Nous nous restreindrons également à la résolution d'un problème de filtrage (estimation à t à partir des informations disponibles jusqu'à cet instant), mais cette méthode peut être utilisée pour faire de la prédiction ou du lissage.

5.1.1   Cas des signaux continus

Il s'agit de déterminer la fonction de transfert $H(s)$ optimale. Les signaux $x(t)$ et $v(t)$ sont supposés aléatoires, scalaires, centrés, non corrélés et stationnaires. Nous désignerons par $\Sigma_{xy}(\tau)$ la covariance de deux signaux $x(t)$ et $y(t)$:

$$\forall \tau \in \Re, \quad \Sigma_{xy}(\tau) = \mathrm{E}\{x(t+\tau)y(t)\}, \tag{5.2}$$

et par $S_{xy}(s)$, le spectre de covariance, qui est, par définition, la transformée de Laplace **bilatère** de $\Sigma_{xy}(\tau)$:

$$S_{xy}(s) = \mathcal{L}_b\{\Sigma_{xy}(\tau)\} = \int_{-\infty}^{+\infty} \Sigma_{xy}(\tau)e^{-s\tau}\,\mathrm{d}\tau. \tag{5.3}$$

Cette transformée de Laplace bilatère peut être calculée à partir de la transformée de Laplace $\mathcal{L}\{.\}$ par la relation :

$$\mathcal{L}_b\{f(t)\} = \mathcal{L}\{f_+(t)\} + \mathcal{L}^*\{f_-(-t)\},$$

$$f_+(t) = \begin{cases} f(t) & \text{pour } t \geq 0, \\ 0 & \text{pour } t < 0, \end{cases}$$

$$f_-(t) = \begin{cases} 0 & \text{pour } t < 0, \\ f(-t) & \text{pour } t \geq 0, \end{cases} \tag{5.4}$$

$$\mathcal{L}^*\{.\} = [\mathcal{L}\{.\}]_{s \to -s}.$$

L'autovariance (covariance pour $y = x$) est une fonction paire :

$$\forall \tau \in \Re, \quad \Sigma_{xx}(\tau) = \Sigma_{xx}(-\tau), \tag{5.5}$$

en conséquence, le spectre d'autovariance s'écrit sous la forme :

$$\exists G(s), \ S_{xx}(s) = G(s) + G(-s). \tag{5.6}$$

5.1.1.1   Equation de Wiener-Hopf

Pour pouvoir estimer $x(t)$, on dispose de l'ensemble des mesures sur la sortie :

$$Y(t) = \{y(t - \tau), \ \tau \geq 0\}. \tag{5.7}$$

D'après les principes d'estimation de variables aléatoires (annexe C), l'estimation linéaire optimale cherchée $\hat{x}(t)$, vérifie la propriété d'orthogonalité :

$$\forall \tau \geq 0, \ \mathrm{E}\{[x(t) - \hat{x}(t)]y(t - \tau)\} = 0. \tag{5.8}$$

Comme le filtre $H(s)$ est supposé réalisable, sa réponse impulsionnelle $h(t)$ est nulle pour $t < 0$, et l'on a :

$$\hat{x}(t) = \int_0^{+\infty} h(\mu)y(t - \mu)\, \mathrm{d}\mu. \tag{5.9}$$

Cette relation permet d'écrire (5.8) sous la forme :

$$\forall \tau \geq 0, \ \Sigma_{xy}(\tau) = \mathrm{E}\{\int_0^{+\infty} h(\mu)y(t - \mu)y(t - \tau)\, \mathrm{d}\mu\}. \tag{5.10}$$

Cela conduit directement à **l'équation de Wiener-Hopf continue** :

$$\forall \tau \geq 0 \ \ \Sigma_{xy}(\tau) = \int_0^{+\infty} h(\mu)\Sigma_{yy}(\tau - \mu)\, \mathrm{d}\mu, \tag{5.11}$$

vérifiée par la réponse impulsionnelle du filtre optimal.

Remarque : Dans le cas de signaux ergodiques, les variances peuvent être remplacées par les fonctions de corrélation :

$$R_{xy}(\tau) = \lim_{T \to \infty} \frac{1}{2T} \int_{-T}^{+T} x(t + \tau)y(t)\, \mathrm{d}t, \tag{5.12}$$

et l'équation de Wiener-Hopf s'écrit :

$$\forall \tau \geq 0, R_{xy}(\tau) = \int_0^{+\infty} h(\mu) R_{yy}(\tau - \mu)\, \mathrm{d}\mu. \qquad (5.13)$$

5.1.1.2 Résolution

La présence d'une intégrale de convolution dans l'équation de Wiener-Hopf rend naturelle l'utilisation de la transformation de Laplace (bilatère).

A. Préliminaires

a. Remarque

Si une fonction bornée $f(t)$ est identiquement nulle pour des valeurs positives de t, alors $\mathcal{L}_b\{f(t)\}$ ne présente pas de pôle à partie réelle négative. En effet :

$$[\mathcal{L}_b\{f(t)\}]_{s=\sigma+jw} = \int_{-\infty}^0 f(t) e^{-\sigma t} e^{-jwt}\, \mathrm{d}t, \qquad (5.14)$$

converge pour $\sigma < 0$, ce qui contredit la présence d'un pôle pour $\mathcal{L}_b\{f(t)\}$ tel que $\sigma < 0$.

b. Factorisation

Soit une fraction rationnelle $F(s)$, elle peut être **factorisée** (à un facteur multiplicatif près) sous la forme :

$$F(s) = F^+(s) F^-(s), \qquad (5.15)$$

où $F^+(s)$ a tous ses pôles dans le demi-plan de gauche du plan complexe (facteur à minimum de phase), et $F^-(s)$ a tous ses pôles dans le demi-plan de droite.

Dans le cas d'une fraction rationnelle paire :

$$F(-s) = F(s), \qquad (5.16)$$

lorsque s est un zéro (pôle) de $F(s)$ alors $-s$ est également un zéro (pôle) de cette fraction rationnellle. Il vient donc dans (5.15) :

$$F^-(s) = F^+(-s), \qquad (5.17)$$

et l'on obtient la factorisation sous la forme :

$$F(s) = F^+(s)\, F^+(-s), \qquad (5.18)$$

où $F^+(s)$ a tous ses pôles et zéros dans le demi-plan de gauche.

c. Décomposition

On peut aussi, par décomposition en éléments simples, écrire $F(s)$ sous la forme **décomposée** :

$$F(s) = F_+(s) + F_-(s), \qquad (5.19)$$

où $F_+(s)$ a tous ses pôles dans le demi-plan de gauche, et $F_-(s)$ a tous ses pôles dans le demi-plan de droite.

B.   Résolution de l'équation de Wiener-Hopf

La fonction $f(t)$ définie par :

$$f(t) = \Sigma_{xy}(t) - \int_0^{+\infty} h(\tau)\Sigma_{yy}(t - \tau)\,\mathrm{d}\tau, \qquad (5.20)$$

doit être nulle pour $t \geq 0$. Les pôles de $F(s)$ n'appartiennent pas au demi-plan de gauche, où $F(s)$ est donnée par :

$$F(s) = S_{xy}(s) - H(s)S_{yy}(s). \qquad (5.21)$$

D'autre part, suivant (5.5) et (5.18), on peut écrire :

$$S_{yy}(s) = S_{yy}^+(s)S_{yy}^+(-s), \qquad (5.22)$$

où S_{yy}^+ a tous ses zéros dans le demi-plan de gauche.

Ainsi $U(s)$, définie par :

$$U(s) = \frac{F(s)}{S_{yy}^+(-s)} = \frac{S_{xy}(s)}{S_{yy}^+(-s)} - H(s)S_{yy}^+(s), \qquad (5.23)$$

doit avoir tous ses pôles dans le demi-plan de droite.

Si l'on décompose $S_{xy}(s)/S_{yy}^+(-s)$ sous la forme :

$$\frac{S_{xy}(s)}{S_{yy}^+(s)} = \left[\frac{S_{xy}(s)}{S_{yy}^+(-s)}\right]_- + \left[\frac{S_{xy}(s)}{S_{yy}^+(-s)}\right]_+, \qquad (5.24)$$

le fait que $H(s)$ soit stable, conduit à écrire qu'il existe un polynôme $P(s)$ tel que :

$$H(s) = \frac{1}{S_{yy}^+(s)}\left\{\left[\frac{S_{xy}(s)}{S_{yy}^+(-s)}\right]_+ + P(s)\right\}. \qquad (5.25)$$

Or $H(s)$ doit être réalisable et les signaux sont d'énergie finie ; on doit donc avoir $P(s) \equiv 0$. Le filtre optimal au sens de Wiener a donc pour fonction de transfert :

$$H(s) = \frac{1}{S_{yy}^+(s)}\left[\frac{S_{xy}(s)}{S_{yy}^+(-s)}\right]_+. \qquad (5.26)$$

C.   Exemple

Afin d'illustrer l'emploi de la formule (5.26), nous allons traiter un exemple simple. Soit :

$$y(t) = x(t) + b(t),$$

où $x(t)$ est un message de spectre d'autovariance :

$$S_{xx}(s) = \frac{1}{1 - s^2},$$

et $b(t)$ est un bruit blanc de spectre, $S_{bb} = b^2$, indépendant de $x(t)$. On obtient donc :

$$\Sigma_{yy}(\tau) = \Sigma_{xx}(\tau) + \Sigma_{bb}(\tau),$$

$$\Sigma_{xy}(\tau) = \Sigma_{xx}(\tau),$$

soit :

$$S_{yy}(s) = \frac{1}{1 - s^2} + b^2,$$

$$S_{xy}(s) = \frac{1}{1 - s^2}.$$

Les factorisations de ces expressions conduisent à :

$$S_{yy}^+(s) = \frac{\sqrt{1 + b^2} + bs}{1 + s},$$

$$\frac{S_{xy}(s)}{S_{yy}^+(-s)} = \frac{1}{(1 + s)(\sqrt{1 + b^2} - bs)},$$

dont la décomposition donne :

$$\left[\frac{S_{xy}(s)}{S_{yy}^+(-s)} \right]_+ = \frac{1}{(b + \sqrt{1 + b^2})(1 + s)}.$$

On obtient alors, directement d'après (5.26), la fonction de transfert du filtre optimal :

$$H(s) = \frac{1}{(b + \sqrt{1 + b^2})(\sqrt{1 + b^2} + bs)}.$$

5.1.2   Cas des signaux discrets

5.1.2.1   Equation de Wiener-Hopf

Une approche identique à celle utilisée dans le paragraphe précédent peut être utilisée lorsque les signaux $x(t)$ et $y(t)$ sont des suites $\{x_i\}$ et $\{y_i\}$, $i \in \mathcal{N}$, scalaires, centrées et stationnaires. En définissant la covariance de deux signaux échantillonnés :

$$\forall j \in \mathcal{N}, \ \Sigma_{xy}(j) = \mathrm{E}\{x(i + j)\, y(i)\}, \tag{5.27}$$

l'équation de Wiener-Hopf discrète définissant la réponse impulsionnelle $\{h_i, i \in \mathcal{N}\}$ du filtre optimal discret s'écrit :

$$\forall j \in \mathcal{N}, \ \Sigma_{xy}(j) = \sum_{i=0}^{\infty} h_i \, \Sigma_{yy}\,(j - i), \tag{5.28}$$

dont la démonstration est immédiate à l'aide du principe d'orthogonalité d'un estimateur optimal linéaire.

5.1.2.2   Notations

De même que dans le cas continu, la résolution utilise la **transformée en z bilatère** d'une suite $\{f_i, i \in \mathcal{Z}\}$:

$$F(z) = \mathcal{Z}_b\{f_i\} = \sum_{i=-\infty}^{+\infty} f_i \, z^{-i}, \qquad (5.29)$$

qui se calcule à partir de la transformée en z (monolatère) $\mathcal{Z}\{.\}$ par :

$$
\begin{aligned}
\mathcal{Z}_b\{f_i\} &= \mathcal{Z}\{f_i^+\} + \mathcal{Z}^*\{f_i^-\} - f_0, \\
f_i^+ &= \begin{cases} 0 & \text{pour } i < 0, \\ f_i & \text{pour } i \geq 0, \end{cases} \\
f_i^- &= \begin{cases} 0 & \text{pour } i < 0, \\ f_{-i} & \text{pour } i \geq 0, \end{cases} \\
\mathcal{Z}^*\{.\} &= [\mathcal{Z}\{.\}]_{z \to z^{-1}}.
\end{aligned}
\qquad (5.30)
$$

Le **spectre de covariance** est, par définition, la transformée en z bilatère de la fonction de covariance (5.28) :

$$S_{xy}(z) = \mathcal{Z}_b\{\Sigma_{xy}(j)\}. \qquad (5.31)$$

Pour une fonction d'autovariance on a :

$$\forall j \in \mathcal{Z}, \Sigma_{xx}(-j) = \Sigma_{xx}(j), \qquad (5.32)$$

le spectre d'autovariance s'écrit donc sous la forme :

$$\exists G(z), \ S_{xx}(z) = G(z) + G(z^{-1}) - \Sigma_{xx}(0), \qquad (5.33)$$

ce qui conduit à la propriété :

$$S_{xx}(z^{-1}) = S_{xx}(z). \qquad (5.34)$$

On utilise également les notions de factorisations et décompositions de fractions rationnelles en z.

A.   Factorisation

$$F(z) = F^+(z)F^-(z), \qquad (5.35)$$

où F^+ (resp. F^-) a tous ses pôles et zéros à l'intérieur (resp. à l'extérieur) du cercle unité : $\{z \in \mathcal{C}, | z |= 1\}$.

D'après (5.34), si z est un pôle (ou un zéro) de $S_{xx}(z)$ alors z^{-1} l'est également et l'on a une factorisation de la forme :

$$S_{xx}(z) = S_{xx}^+(z)S_{xx}^+(z^{-1}), \qquad (5.36)$$

où $S_{xx}^+(z)$ a tous ses pôles et zéros à l'intérieur du cercle unité.

B. Décomposition

$$F(z) = F_+(z) + F_-(z) - f_0, \qquad (5.37)$$

où F_+ (resp. F_-) a tous ses pôles à l'intérieur (resp. à l'extérieur) du cercle unité.

5.1.2.3 Résolution

La même démonstration que dans le cas des signaux continus conduit à exprimer la fonction de transfert du filtre optimal pour les signaux discrets par :

$$H(z) = \frac{1}{S_{xx}^+(z)} \left[\frac{S_{xy}(z)}{S_{xx}^+(z^{-1})} \right]_+, \qquad (5.38)$$

qui est une formule analogue à (5.26).

Dans les deux cas, la méthode de Wiener est une méthode de synthèse de filtres qui tient compte du caractère aléatoire des entrées des systèmes asservis. Le problème général, que nous n'avons pas traité ici, résolu par cette méthode, est la détermination du filtre optimal $H(.)$ (fig.5.2), où $D(.)$ est un filtre (non nécessairement réalisable) dont on désire estimer la sortie d. On peut donc

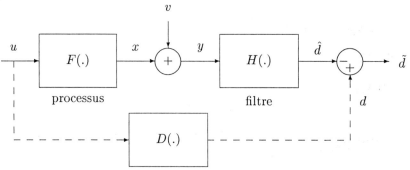

FIG. 5.2 : Structure générale d'un problème de Wiener.

résoudre les problèmes de prédiction ou de lissage. Cependant, cette méthode n'est pratiquement utilisable que dans le cas de signaux scalaires et de systèmes stationnaires. La détermination des spectres de variance et leur factorisation est une des principales difficultés de la synthèse d'un filtre de Wiener. Dans la partie suivante, nous verrons une méthode plus générale, le filtrage de Kalman, utilisable dans le cas de systèmes multivariables non stationnaires, basé sur la notion d'équation d'état et de réponse temporelle des processus. La méthode de Kalman est une extension de la méthode de Wiener; en effet, le filtre optimal de Wiener correspond à la forme stationnaire d'un filtre de Kalman.

5.2   Le filtre de Kalman

Le filtre de Kalman est un reconstructeur d'état dans un environnement stochastique. Lorsque les variances des bruits sont connues, c'est un estimateur linéaire minimisant la variance de l'erreur d'estimation. Les algorithmes donnant la solution de ce problème ont été déterminés initialement par [KALMAN, 1960] dans le cas discret et [KALMAN, BUCY, 1961] dans le cas continu. Nous établirons, dans un premier temps, les équations du filtre de Kalman discret puis, celles du filtre de Kalman continu par passage à la limite.

5.2.1   Le filtre de Kalman discret

Etant donné un système linéaire stochastique dont l'évolution dynamique est modélisée à l'aide de l'équation d'état :

$$
\begin{aligned}
x_{k+1} &= A_k x_k + B_k u_k + G_k w_k, \\
y_k &= C_k x_k + v_k,
\end{aligned}
\tag{5.39}
$$

où $k \geq 0$ représente les instants successifs du temps, x_k, l'état du système de dimension n, y_k, la sortie (mesure ou observation) de dimension m, u_k, l'entrée certaine de dimension l, w_k, le bruit d'entrée (ou de dynamique) de dimension l, v_k, le bruit de mesure de dimension m. Les matrices certaines A_k, B_k, G_k, C_k sont de dimensions convenables. Pour éviter toute confusion, nous représenterons dans la suite, la matrice identité d'ordre n, simplement par I.

Ce modèle peut être considéré comme représentatif d'un système à temps discret ou plus généralement être obtenu à partir de la discrétisation d'un modèle représentatif d'un système à temps continu. Les séquences de bruit $\{w_k\}$ et $\{v_k\}$ sont des séquences indépendantes de bruits blancs centrés et l'état initial x_0 est également une variable aléatoire indépendante des séquences $\{w_k\}$ et $\{v_k\}$. Leurs propriétés aux premier et second ordres sont données par :

$$
\mathrm{E}\{w_k\} = 0, \ \mathrm{E}\{v_k\} = 0, \ \mathrm{E}\{x_0\} = \bar{x}_0,
$$

$$
\mathrm{E}\left\{ \begin{bmatrix} v_k \\ w_k \\ \tilde{x}_0 \end{bmatrix} [v_l^T \ w_l^T \ \tilde{x}_0^T] \right\} =
\begin{bmatrix} R_k \delta_{kl} & 0 & 0 \\ 0 & Q_k \delta_{kl} & 0 \\ 0 & 0 & P_0 \end{bmatrix},
\tag{5.40}
$$

où $\mathrm{E}\{.\}$ représente l'espérance mathématique, $\tilde{x}_0 = x_0 - \bar{x}_0$, R_k, Q_k, P_0 sont des matrices symétriques définies positives, et δ_{kl} est le symbole de Kroknecker.

A l'aide du modèle (5.39), le calcul récurrent fournit :

$$
x_k = \Phi_{(k,0)} x_0 + \sum_{j=0}^{k-1} \Phi_{(k,j+1)} \{ B_j u_j + G_j w_j \},
\tag{5.41}
$$

où $\Phi_{k,j}$ représente la matrice de transition d'état définie par :

$$\forall k,\ \Phi_{k,k} = I,\ \forall k \in \{0, \ldots, k\},\ \Phi_{(k,j)} = A_{k-1}A_{k-2}\cdots A_j. \tag{5.42}$$

Ainsi, x_k est un vecteur aléatoire engendré par l'ensemble des vecteurs aléatoires $\{x_0, w_0, \ldots, w_{k-1}\}$ ($\{u_k\}$ est une séquence certaine) et, d'après (5.39), y_k est également une variable aléatoire engendrée cette fois par $\{x_0, w_0, \ldots, w_{k-1}, v_k\}$.

Si l'on cherche à caractériser les propriétés statistiques de x_k et y_k, en notant :

$$\begin{aligned} \mathrm{E}\{x_k\} &= \bar{x}_k,\ \mathrm{E}\{y_k\} = \bar{y}_k, \\ \mathrm{E}\{\tilde{x}_{k+i}\tilde{x}_k^T\} &= P_{k+i,k},\ \mathrm{E}\{\tilde{y}_{k+i}\tilde{y}_k^T\} = U_{k+i,k}, \end{aligned} \tag{5.43}$$

où $\tilde{x}_k = x_k - \bar{x}_k$ et $\tilde{y}_k = y_k - \bar{y}_k$, on obtient, d'après (5.39) :

$$\begin{aligned} \bar{x}_{k+1} &= A_k\bar{x}_k + B_k u_k, \\ \bar{y}_k &= C_k x_k, \end{aligned} \tag{5.44}$$

et :

$$\begin{aligned} \tilde{x}_{k+1} &= A_k\tilde{x}_k + G_k w_k, \\ \tilde{y}_k &= C_k\tilde{x}_k + v_k, \end{aligned} \tag{5.45}$$

soit :

$$\tilde{x}_{k+i} = \phi_{k+i,k}\tilde{x}_k + \sum_{j=0}^{i-1} \phi_{k+i,k+j+1}G_{k+j}w_{k+j}. \tag{5.46}$$

Comme $\tilde{x}_k$ est indépendant de $\{w_k, \ldots, w_{k+i-1}\}$, il vient :

$$\begin{aligned} P_{k+i,k} &= \phi_{k+i,k}P_{k,k}, \\ U_{k+i,k} &= C_{k+i}\phi_{k+i,k}P_{k,k}C_k^T + R_k\delta_{k+i,k}. \end{aligned} \tag{5.47}$$

Les propriétés statistiques du deuxième ordre s'expriment donc en fonction de la matrice de covariance $P_{k,k}$, qui a partir de (5.45) peut se calculer par la récurrence :

$$P_{k+1,k+1} = A_k P_{k,k}A_k^T + G_k Q_k G_k^T, \tag{5.48}$$

avec $P_{0,0} = P_0$.

5.2.1.1 Equations du filtre

Le problème du filtrage, au sens de Kalman, est de trouver, pour le système dynamique (5.39), la meilleure estimation $\hat{x}$ de l'état x à l'instant k, à partir d'observations effectuées jusqu'à l'instant t, au sens du critère de la variance conditionnelle minimum. Cela signifie que l'estimé $\hat{x}$ est tel que :

$$\mathrm{E}\{\| x_k - \hat{x} \|^2 \big/ \{y_0, y_1, \ldots, y_t\}\} \leq \mathrm{E}\{\| x_k - z \|^2 \big/ \{y_0, y_1, \ldots, y_t\}\}, \tag{5.49}$$

pour tout vecteur z fonction des observations $\{y_0, y_1, \ldots, y_t\}$. Nous noterons $\hat{x}_{k/t}$, cet estimateur optimal, et $\tilde{x}_{k/t}$ et $\tilde{y}_{k/t}$ les erreurs d'estimations :

$$\tilde{x}_{k/t} = x_k - \hat{x}_{k/t},$$
$$\tilde{y}_{k/t} = y_k - C_k \hat{x}_{k/t}. \tag{5.50}$$

Suivant que $k < t, k = t$ et $k > t$, on dit que $\hat{x}_{k/t}$ est une valeur lissée, filtrée ou prédite de x_k. Alors que le problème de prédiction se ramène à un problème de filtrage (détermination de $\hat{x}_{t/t}$) suivi d'une prédiction par extrapolation à partir du modèle déterministe (5.44), le problème de lissage nécessite un traitement plus complexe (on doit tenir compte d'informations futures) qui sera étudié dans un paragraphe particulier.

Pour simplifier les notations, nous poserons désormais :

$$\text{cov}(z) = \text{E}\{zz^T\},$$
$$P_{k/t} = \text{cov}(\tilde{x}_{k/t}). \tag{5.51}$$

Le problème de filtrage au sens de Kalman est résolu par un système d'équations récurrentes permettant la progression :

— $(\hat{x}_{k/k}, P_{k/k}) \longrightarrow (\hat{x}_{k+1/k+1}, P_{k+1/k+1})$: on réalise alors un filtre **estimateur**;
— $(\hat{x}_{k/k-1}, P_{k,k-1}) \longrightarrow (\hat{x}_{k+1/k}, P_{k+1/k})$: on réalise alors un filtre **prédicteur-à-un-pas**.

Les équations du filtre de Kalman discret se décompose en deux étapes :

— une étape de prédiction :

$$\hat{x}_{k+1/k} = A_k \hat{x}_{k/k} + B_k u_k,$$
$$P_{k+1/k} = A_k P_{k/k} A_k^T + G_k Q_k G_k^T; \tag{5.52}$$

— une étape de correction :

$$\hat{x}_{k/k} = \hat{x}_{k/k-1} + K_k(y_k - C_k \hat{x}_{k/k-1}).$$
$$P_{k/k} = (I - K_k C_k) P_{k/k-1}, \tag{5.53}$$

où K_k est le gain optimal du filtre, donné par :

$$K_k = P_{k/k-1} C_k^T \Sigma_k^{-1},$$
$$\Sigma_k = R_k + C_k P_{k/k-1} C_k^T. \tag{5.54}$$

La démonstration de ces relations est proposée dans l'annexe D. Cet algorithme répond à deux objectifs différents :

— c'est un **filtre linéaire** minimisant la variance *a priori* de l'erreur d'estimation. Dans ces conditions, les bruits peuvent ne pas être gaussiens;
— c'est un filtre maximisant la probabilité *a posteriori* des grandeurs à estimer. Cela n'est alors applicable que dans l'hypothèse de bruits gaussiens.

A. Formes particulières du filtre

Le filtre de Kalman discret est composé de l'ensemble des relations (5.52) à (5.54), mais, suivant que l'étape de prédiction suit ou précède l'étape de correction, on peut réaliser un filtre estimateur ou un filtre prédicteur-à-un-pas.

On obtient alors les formes suivantes :

— estimateur :

$$
\begin{aligned}
\hat{x}_{k+1/k+1} &= (I - K_{k+1}C_{k+1})A_k\hat{x}_{k/k} \\
&\quad +(I - K_{k+1}C_{k+1})B_k u_k + K_{k+1}y_{k+1}, \\
P_{k+1/k+1} &= (I - K_{k+1}C_{k+1})(A_k P_{k/k}A_k^T + G_k Q_k G_k^T), \\
K_{k+1} &= (A_k P_{k/k}A_k^T + G_k Q_k G_k^T)C_{k+1}^T \Sigma_{k+1}^{-1}, \\
\Sigma_{k+1} &= R_{k+1} + C_{k+1}(A_k P_{k/k}A_k^T + G_k Q_k G_k^T)C_{k+1}^T;
\end{aligned}
\tag{5.55}
$$

— prédicteur-à-un-pas :

$$
\begin{aligned}
\hat{x}_{k+1/k} &= A_k(I - K_k C_k)\hat{x}_{k/k-1} + B_k u_k + A_k K_k y_k, \\
P_{k+1/k} &= A_k(I - K_k C_k)P_{k/k-1}A_k^T + G_k Q_k G_k^T,
\end{aligned}
\tag{5.56}
$$

où K_k est définie en (5.54).

Bien que ces expressions n'apportent aucune simplification, il est nécessaire de remarquer que, dans le filtre de Kalman, le filtre estimateur et le filtre prédicteur-à-un-pas, les expressions permettant de calculer le gain K_k et les matrices de covariance $P_{k/k}$ et $P_{k+1/k}$ sont indépendantes des mesures y_k et des valeurs de $\hat{x}_{k/k}$ et $\hat{x}_{k+1/k}$. Elles peuvent donc être calculées à l'avance. On aboutit, à partir de (5.54) et (5.56), à l'équation de récurrence fournissant $P_{k+1/k}$:

$$
\begin{aligned}
P_{k+1/k} &= A_k P_{k/k-1}A_k^T + G_k Q_k G_k^T \\
&\quad -A_k P_{k/k-1}C_k^T(R_k + C_k P_{k/k-1}C_k^T)^{-1}C_k P_{k/k-1}A_k^T,
\end{aligned}
\tag{5.57}
$$

qui est une équation de Riccati permettant de calculer $P_{k/k}$ et K_k par (5.53) et (5.54). Une fois connues ces matrices, les filtres peuvent être réalisés par (5.52), (5.53), (5.55) et (5.56) suivant que l'on dispose ou non de la sortie à l'instant $k + 1$.

B. Résultats supplémentaires

Les matrices intervenant dans le filtre de Kalman ont les propriétés particulières suivantes.

a.   Autres expressions de $P_{k/k}$

L'élimination de C_k ou Σ_k dans (5.53) à l'aide de (5.54) conduit directement aux expressions :

$$
\begin{aligned}
P_{k/k} &= P_{k/k-1} - K_k \Sigma_k K_k^T, \\
P_{k/k} &= P_{k/k-1} \\
&\quad - P_{k/k-1} C_k^T (R_k + C_k P_{k/k-1} C_k^T)^{-1} C_k P_{k/k-1}.
\end{aligned}
\tag{5.58}
$$

b.   Inverse de $P_{k/k}$

L'utilisation du lemme matriciel :

$$
(A + BCD)^{-1} = A^{-1} - A^{-1} B (C^{-1} + DA^{-1}B)^{-1} DA^{-1},
\tag{5.59}
$$

conduit directement, à partir de (5.58), à :

$$
P_{k/k}^{-1} = P_{k/k-1}^{-1} + C_k^T R_k^{-1} C_k.
\tag{5.60}
$$

c.   Gain optimal

L'utilisation du lemme matriciel sur Σ_k conduit à :

$$
\Sigma_k^{-1} = R_k^{-1} - R_k^{-1} C_k \underbrace{(P_{k/k-1}^{-1} + C_k^T R_k^{-1} C_k)^{-1}}_{P_{k/k}} C_k^T R_k^{-1},
\tag{5.61}
$$

soit, d'après (5.54) :

$$
K_k = P_{k/k-1} C_k^T R_k^{-1} - P_{k/k-1} \underbrace{C_k^T R_k^{-1} C_k}_{P_{k/k}^{-1} - P_{k/k-1}^{-1}} P_{k/k} C_k^T R_k^{-1}.
\tag{5.62}
$$

On obtient finalement :

$$
K_k = P_{k/k} C_k^T R_k^{-1}.
\tag{5.63}
$$

Cette relation est d'interprétation plus facile que la formule initiale (5.54) (qui doit être envisagée lorsque R_k est singulière). En effet, K_k est le gain de l'observateur (5.53) et l'on peut faire le raisonnement qualitatif suivant :

— confiance dans les précédentes estimations ($P_{k/k-1}$ faible) et doute dans les mesures (R_k élevé) doivent impliquer un gain K_k faible;

— doute sur les précédentes estimations et confiance dans les mesures actuelles doit entraîner un gain de correction élevé;

ce qui est vérifié par la forme (5.63).

d.   Calcul de $U_{k/k-1} = \mathrm{cov}(\tilde{y}_{k/k-1})$

Comme :

$$\hat{y}_{k/k-1} = C_k \hat{x}_{k/k-1}, \tag{5.64}$$

il vient,

$$\tilde{y}_{k/k-1} = y_k - \hat{y}_{k/k-1} = C_k \tilde{x}_{k/k-1} + v_k. \tag{5.65}$$

La matrice de covariance de l'erreur de prédiction sur la sortie est alors donnée par :

$$U_{k/k-1} = C_k P_{k/k-1} C_k^T + R_k = \Sigma_k, \tag{5.66}$$

ce qui permet de donner une interprétation évidente de la matrice Σ_k.

e.   Calcul de $U_{k/k} = \mathrm{cov}(\tilde{y}_{k/k})$

De même que précédemment, on a :

$$\begin{aligned}
\tilde{y}_{k/k} &= y_k - \hat{y}_{k/k}, \\
&= y_k - C_k \hat{y}_{k/k}, \\
&= C_k \tilde{x}_{k/k} + v_k.
\end{aligned} \tag{5.67}$$

La matrice de covariance de l'erreur d'estimation sur la sortie est alors donnée par :

$$U_{k/k} = C_k P_{k/k} C_k^T + R_k. \tag{5.68}$$

f.   Calcul de $\tilde{U}_{k/k-1} = \mathrm{cov}(\tilde{y}_{k/k-1} - \tilde{y}_{k/k})$

D'après les relations précédentes :

$$\tilde{y}_{k/k-1} - \tilde{y}_{k/k} = C_k(\hat{x}_{k/k} - \hat{x}_{k/k-1}), \tag{5.69}$$

ce qui, d'après (5.53) et (5.39), conduit à :

$$\hat{y}_{k/k-1} - \tilde{y}_{k/k} = C_k K_k (C_k \tilde{x}_{k/k-1} + v_k). \tag{5.70}$$

La matrice de covariance de l'écart estimation-prédiction est donnée par :

$$\tilde{U}_{k/k-1} = C_k K_k \Sigma_k K_k^T C_k^T, \tag{5.71}$$

ce qui, d'après (5.58), conduit directement à :

$$\tilde{U}_{k/k} = C_k(P_{k/k-1} - P_{k/k})C_k^T. \tag{5.72}$$

C. La forme de Joseph

La forme (5.53) ne garantit pas, lors du passage de l'étape de prédiction à l'étape de correction, la conservation des propriétés de symétrie des matrices de covariances tout au long du fonctionnement du filtre. Afin de pallier à cet inconvénient, on peut utiliser une relation pour le calcul de $P_{k/k}$, dite "forme de Joseph". L'écriture de l'étape de correction sous la forme :

$$\hat{x}_{k/k} = (I - K_k C_k)\hat{x}_{k/k-1} + K_k y_k, \qquad (5.73)$$

permet d'obtenir, pour l'erreur d'estimation :

$$\tilde{x}_{k/k} = (I - K_k C_k)\tilde{x}_{k/k1} - K_k v_k. \qquad (5.74)$$

En prenant la covariance de ce vecteur, on obtient une expression de $P_{k/k}$ sous la "forme de Joseph" :

$$P_{k/k} = (I - K_k C_k)P_{k/k-1}(I - K_k C_k)^T + K_k R_k K_k^T, \qquad (5.75)$$

qui a l'avantage de faire intervenir la somme de deux matrices définies positives ou semi-définies positives. Par conséquent, la symétrie et la définie positivité de $P_{k/k}$ sont numériquement mieux préservées que par (5.53). D'autre part, la "forme de Joseph" est moins sensible à de petites erreurs sur K_k. En effet, δK_k étant l'erreur commise lors du calcul de K_k, l'utilisation de (5.53) conduit à une erreur $\delta P_{k/k}$ du premier ordre en δK_k :

$$\delta P_{k/k} = -(\delta K_k)C_k P_{k/k-1}, \qquad (5.76)$$

alors que (5.75) conduit à :

$$
\begin{aligned}
\delta P_{k/k} = {} & -(\delta K_k)C_k P_{k/k-1}(I - K_k C_k)^T \\
& -(I - K_k C_k)P_{k/k-1}C_k^T(\delta K_k)^T \\
& +(\delta K_k)R_k K_k^T + K_k R_k(\delta K_k)^T + o((\delta K_k)^2),
\end{aligned}
\qquad (5.77)
$$

ce qui, après simplification à l'aide de (5.54), donne :

$$\delta P_{k/k} = o((\delta K_k)^2). \qquad (5.78)$$

La "forme de Joseph" entraîne donc une erreur du second ordre en δK_k. A l'aide de (5.52), (5.75) conduit à la "forme de Joseph" pour $P_{k/k-1}$:

$$
\begin{aligned}
P_{k+1/k} = {} & A_k(I - K_k C_k)P_{k/k-1}(I - K_k C_k)^T A_k^T \\
& + A_k K_k R_k K_k^T A_k^T + G_k Q_k G_k^T,
\end{aligned}
\qquad (5.79)
$$

qui implique également une erreur $\delta P_{k+1/k}$ du deuxième ordre en δK_k.

5.2.1.2   Cas où les bruits sont corrélés

Dans le cas où les bruits de dynamique et de mesure de (5.39) sont corrélés, il est possible de reprendre toute l'étude précédente. Mais on peut se ramener au cas d'un modèle à bruits décorrélés par la construction d'un modèle équivalent.

En effet, supposons que l'on ait :

$$\mathrm{E}\{v_k w_l^T\} = S_k^T \delta_{kl}. \tag{5.80}$$

et introduisons le nouveau vecteur de bruit de dynamique :

$$\bar{w}_k = w_k - S_k R_k^{-1} v_k, \tag{5.81}$$

pour lequel il est facile de vérifier que $\mathrm{E}\{v_k \bar{w}_l^T\} = 0$.

L'utilisation de ce bruit, dans les équations du modèle initial (5.39), conduit directement au modèle équivalent cherché :

$$\begin{aligned}
x_{k+1} &= \bar{A}_k x_k + B_k u_k + \bar{G}_k y_k + G_k \bar{w}_k, \\
y_k &= C_k x_k + v_k,
\end{aligned} \tag{5.82}$$

avec $\bar{A}_k = A_k - G_k S_k R_k^{-1} C_k$, $\bar{G}_k = G_k S_k R_k^{-1}$.

Les propriétés statistiques des bruits de ce modèle sont telles que :

$$\mathrm{E}\{v_k\} = 0, \ \mathrm{E}\{\bar{w}_k\} = 0,$$

$$\mathrm{E}\left\{ \begin{bmatrix} v_k \\ \bar{w}_k \end{bmatrix} [v_l^T \ \bar{w}_l^T] \right\} = \begin{bmatrix} R_k & 0 \\ 0 & \bar{Q}_k \end{bmatrix} \delta_{kl}, \tag{5.83}$$

où $\bar{Q}_k = Q_k - S_k R_k^{-1} S_k^T$.

Il suffit alors d'appliquer, sur le système (5.82), le filtre de Kalman discret défini dans le cas de systèmes à bruits non corrélés. Les étapes de correction (5.53) et de calcul de gain (5.54) sont conservées. Seule est modifiée l'étape de prédiction qui devient :

$$\begin{aligned}
\hat{x}_{k+1/k} &= \bar{A}_k \hat{x}_{k/k} + B_k u_k + \bar{G}_k y_k, \\
P_{k+1/k} &= \bar{A}_k P_{k/k} \bar{A}_k^T + G_k \bar{Q}_k G_k^T.
\end{aligned} \tag{5.84}$$

En tenant compte des expressions de $\bar{A}_k$ et $\bar{G}_k$, il vient :

$$\hat{x}_{k+1/k} = A_k \hat{x}_{k/k} + B_k u_k + G_k S_k R_k^{-1}(y_k - C_k \hat{x}_{k/k}), \tag{5.85}$$

et l'utilisation de (5.52) conduit à la forme :

$$\hat{x}_{k+1/k} = A_k \hat{x}_{k/k} + B_k u_k + G_k S_k R_k^{-1}(I - C_k K_k)(y_k - C_k \hat{x}_{k/k-1}). \tag{5.86}$$

Or, d'après (5.54), on a la relation suivante :

$$\begin{aligned}
R_k^{-1}(I - C_k K_k) &= R_k^{-1}(I - C_k P_{k/k-1} C_k^T \Sigma_k^{-1}), \\
&= R_k^{-1} \underbrace{(\Sigma_k - C_k P_{k/k-1} C_k^T)}_{R_k} \Sigma_k^{-1}.
\end{aligned} \tag{5.87}$$

L'étape de prédiction (5.52) est donc modifiée par ajout d'un terme correcteur :

$$\hat{x}_{k+1/k} = \underbrace{A_k \hat{x}_{k/k} + B_k u_k}_{\text{partie pour } S_k = 0} + \bar{K}_k (y_k - C_k \hat{x}_{k/k-1}), \qquad (5.88)$$

où $\bar{K}_k = G_k S_k \Sigma_k^{-1}$.

De même, en développant la deuxième expression de (5.84), on obtient :

$$\begin{aligned}
P_{k+1/k} &= A_k P_{k/k}^T A_k^T + G_k Q_k G_k^T - G_k S_k R_k^{-1} S_k^T G_k^T \\
&\quad + G_k S_k R_k^{-1} C_k P_{k/k} C_k^T R_k^{-1} S_k^T G_k^T \\
&\quad - G_k S_k R_k^{-1} C_k P_{k/k} A_k^T - A_k P_{k/k} C_k^T R_k^{-1} S_k^T G_k^T.
\end{aligned} \qquad (5.89)$$

L'utilisation des relations (5.61), (5.63) et (5.88) nous permet d'écrire :

$$\begin{aligned}
P_{k+1/k} &= A_k P_{k/k} A_k^T + G_k Q_k G_k^T - \bar{K}_k \Sigma_k \bar{K}_k^T \\
&\quad - \bar{K}_k \Sigma_k K_k^T A_k^T - A_k K_k \Sigma_k \bar{K}_k^T.
\end{aligned} \qquad (5.90)$$

La détermination de la matrice de covariance de l'étape de prédiction du filtre de Kalman pour un système à bruits corrélés est donc déduite de celle obtenue dans le cas de bruits non corrélés par ajout d'un terme correcteur. On a alors :

$$P_{k+1/k} = \underbrace{A_k P_{k/k} A_k^T + G_k Q_k G_k^T}_{\text{partie pour } S_k = 0} + A_k K_k \Sigma_k K_k^T A_k^T - L_k \Sigma_k L_k^T, \qquad (5.91)$$

où $L_k = \bar{K}_k + A_k K_k$.

En résumé, pour un système à bruits corrélés, il suffit de remplacer les relations (5.52) par les relations réajustées (5.88) et (5.91) pour obtenir le filtre de Kalman discret correspondant.

Lorsque l'on s'intéresse à la réalisation d'un filtre prédicteur-à-un-pas pour un système à bruits corrélés, l'élimination de $\hat{x}_{k/k}$ et $P_{k/k}$ dans (5.88) et (5.91) conduit directement à :

$$\begin{aligned}
\hat{x}_{k+1/k} &= (A_k - L_k C_k) \hat{x}_{k/k-1} + B_k u_k + L_k y_k, \\
P_{k+1/k} &= A_k P_{k/k-1} A_k^T + G_k Q_k G_k^T - L_k \Sigma_k L_k^T, \\
L_k &= (A_k P_{k/k-1} C_k^T + G_k S_k)(R_k + C_k P_{k/k-1} C_k^T)^{-1},
\end{aligned} \qquad (5.92)$$

où les matrices $P_{k/k-1}$ et L_k peuvent être calculées à l'avance par la résolution de l'équation de Riccati :

$$\begin{aligned}
P_{k+1/k} &= A_k P_{k/k-1} A_k^T + G_k Q_k G_k^T \\
&\quad - (A_k P_{k/k-1} C_k^T + G_k S_k)(R_k + C_k P_{k/k-1} C_k^T)^{-1} \\
&\quad (A_k P_{k/k-1} C_k^T + G_k S_k)^T.
\end{aligned} \qquad (5.93)$$

A l'aide du modèle équivalent à bruits non corrélés, on a donc déterminé le filtre de Kalman dans le cas général. Un autre avantage de ce modèle est de permettre la simulation de tout système caractérisé par des bruits corrélés. En effet, les programmes de génération de bruits blancs pseudo-aléatoires ne permettent pas de générer des bruits corrélés. L'utilisation du modèle équivalent avec bruits non corrélés permet d'utiliser des bruits non corrélés $\bar{w}_k$ et v_k.

5.2.1.3   Le filtre Information

Le filtre **Information** est une formulation du filtre de Kalman en termes d'inverses de matrices de covariance (appelées matrices "Information"). Nous le présenterons dans le cas d'un système à bruits corrélés, mais il va de soi que le cas d'un système à bruits corrélés serait traité de la même manière par l'intermédiaire du modèle équivalent (5.82). Soient les estimations définies par les transformations :

$$\hat{z}_{k/k-1} = P_{k/k-1}^{-1}\hat{x}_{k/k-1},$$
$$\hat{z}_{k/k} = P_{k/k}^{-1}\hat{x}_{k/k}. \tag{5.94}$$

Le filtre Information est constitué des algorithmes de prédiction permettant de passer de $(\hat{z}_{k-1/k-1}, P_{k-1/k-1}^{-1})$ à $(\hat{z}_{k/k-1}, P_{k/k-1}^{-1})$ et des algorithmes de correction permettant de passer de $(\hat{z}_{k/k-1}, P_{k/k-1}^{-1})$ à $(\hat{z}_{k/k}, P_{k/k}^{-1})$.

A.   *Mise-à-jour des matrices Information*

La relation (5.60) donne le passage de $P_{k/k-1}^{-1}$ à $P_{k/k}^{-1}$:

$$P_{k/k}^{-1} = P_{k/k-1}^{-1} + C_k^T R_k^{-1} C_k. \tag{5.95}$$

L'utilisation du lemme matriciel (5.59) sur la relation (5.52) conduit à :

$$P_{k+1/k}^{-1} = (I - L_k G_k^T)M_k, \tag{5.96}$$

où :

$$M_k = A_k^{-T} P_{k/k}^{-1} A_k^{-1},$$
$$L_k = M_k G_k \Lambda_k^{-1}, \tag{5.97}$$
$$\Lambda_k = Q_k^{-1} + G_k^T M_k G_k.$$

Une dualité apparaît donc entre l'étape de prédiction (resp. correction) du filtre de Kalman et l'étape de correction (resp. prédiction) du filtre Information. Par analogie avec (5.53), la matrice L_k est la matrice gain du filtre Information. Ces calculs ne dépendent pas des observations, la même remarque que pour le filtre de Kalman s'applique donc ici : les matrices Information et le gain du filtre peuvent être calculés à l'avance.

B.   Mise-à-jour des estimations

On passe des estimations du filtre de Kalman à celles données par le filtre Information par les transformations (5.94). Cela fournit donc, d'après (5.53) et (5.63) :

$$P_{k/k}^{-1}\hat{x}_{k/k} = \underbrace{(P_{k/k}^{-1} - C_k^T R_k^{-1} C_k)}_{P_{k/k-1}^{-1}}\hat{x}_{k/k-1} + C_k^T R_k^{-1} y_k, \tag{5.98}$$

soit, pour l'étape de correction :

$$\hat{z}_{k/k} = \hat{z}_{k/k-1} + C_k^T R_k^{-1} y_k. \tag{5.99}$$

De même, à partir de (5.52) on obtient :

$$P_{k+1/k}^{-1}\hat{x}_{k+1/k} = P_{k+1/k}^{-1} A_k P_{k/k}\hat{z}_{k/k} + P_{k+1/k}^{-1} B_k u_k, \tag{5.100}$$

ce qui se transforme, par (5.97), en :

$$\hat{z}_{k+1/k} = (I - L_k G_k^T)A_k^{-T}\hat{z}_{k/k} + P_{k+1/k}^{-1} B_k u_k. \tag{5.101}$$

La dualité entre les filtres Kalman et Information existe aussi à ce niveau mais est moins évidente car l'influence des mesures et des entrées reste respectivement sur les étapes de correction et de prédiction, alors que le gain passe de l'une à l'autre des étapes. Les relations (5.95), (5.97), (5.99) et (5.101) constituent les formules de base du filtre Information. On peut cependant, comme pour le filtre de Kalman, déterminer d'autres relations. Nous ne donnerons ici que deux relations supplémentaires mieux adaptées, permettant le calcul de $P_{k+1/k}^{-1}$.

C.   Autres formes de $P_{k+1/k}^{-1}$

a.   La forme de Joseph

Il est facile de vérifier que la "forme de Joseph" de $P_{k+1/k}^{-1}$ s'écrit :

$$P_{k+1/k}^{-1} = (I - L_k G_k^T)M_k(I - L_k G_k^T)^T + L_k Q_k^{-1} L_k^T. \tag{5.102}$$

b.   L'équation de Riccati

L'élimination de L_k et de Λ_k dans (5.97) conduit à :

$$P_{k+1/k}^{-1} = M_k - M_k G_k(Q_k + G_k^T M_k G_k)^{-1} G_k^T M_k. \tag{5.103}$$

Or, d'après (5.95) et (5.97), M_{k+1} et $P_{k+1/k}^{-1}$ sont reliées par :

$$M_{k+1} = A_{k+1}^{-T}[P_{k+1/k}^{-1} + C_{k+1}^T R_{k+1}^{-1} C_{k+1}]A_{k+1}^{-1}. \tag{5.104}$$

La suite des matrices M_k qui permettent de calculer les matrices Information par (5.97) et :

$$P_{k/k}^{-1} = A_k^T M_k A_k, \tag{5.105}$$

peut être déterminée par la récurrence de Riccati :

$$\begin{aligned} M_{k+1} = &\ A_{k+1}^{-T}[C_{k+1}^T R_{k+1}^{-1} C_{k+1} + M_k \\ &- M_k G_k (Q_k + G_k^T M_k G_k)^{-1} G_k^T M_k] A_{k+1}^{-1}. \end{aligned} \tag{5.106}$$

D. Propriétés et utilisation du filtre Information

Bien que les filtres de Kalman et Information soient équivalents, ce dernier sera préféré au filtre de Kalman dans les cas suivants :

— lorsque les connaissances statistiques sur l'état initial sont mal connues (ce qui peut conduire à une valeur propre de P_0 infinie), le filtre Information permet alors de démarrer l'algorithme de filtrage avec des matrices finies jusqu'à ce que $P_{k/k}^{-1}$ et $P_{k+1/k}^{-1}$ soient de rang plein. A partir de ce moment on peut reprendre le filtre de Kalman ;

— lorsque la dimension du bruit de dynamique est inférieure à la dimension du bruit de mesure. La matrice Λ_k a alors une taille plus petite que Σ_k, le calcul du gain dans le filtre Information est donc plus rapide que dans le filtre de Kalman.

5.2.2 Le filtre de Kalman continu

Le filtre de Kalman-Bucy résoud le problème de l'estimation de l'état d'un système continu défini par l'équation d'état :

$$\begin{aligned} \dot{x}(t) &= A(t)x(t) + B(t)u(t) + G(t)w(t), \\ y(t) &= C(t)x(t) + v(t), \end{aligned} \tag{5.107}$$

où t représente le temps, $x(t)$, l'état de dimension n, $y(t)$, la mesure de dimension m, $u(t)$, l'entrée certaine de dimension l, $w(t)$, le bruit d'entrée (ou de dynamique) de dimension l, et $v(t)$, le bruit de mesure de dimension m. On suppose que ces bruits sont blancs, gaussiens, et connus par leurs matrices de covariance :

$$\begin{aligned} &\mathrm{E}\{w(t)w^T(t')\} = Q(t)\delta(t-t'), \ \mathrm{E}\{v(t)v^T(t')\} = R(t)\delta(t-t'), \\ &\mathrm{E}\{v(t)w^T(t')\} = 0, \ \mathrm{E}\{v(t)\tilde{x}^T(0)\} = 0, \ \mathrm{E}\{w(t)\tilde{x}^T(0)\} = 0, \tag{5.108} \\ &\mathrm{E}\{\tilde{x}(0)\tilde{x}^T(0)\} = P_0, \end{aligned}$$

où $\delta(t)$ est l'impulsion de Dirac en t, et en considérant $x(0)$ comme une variable aléatoire d'espérance m_0, $\tilde{x}(0) = x(0) - m_0$.

Il serait possible en utilisant les méthodes d'estimation de variables aléatoires (Annexe C), de déterminer directement la structure du système linéaire fournissant la meilleure estimation $\hat{x}(t/\tau)$, au sens de la variance d'erreur minimale, de l'état de (5.107) à t à partir de la connaissance de la mesure (5.107) jusqu'à l'instant τ (la démonstration est analogue au cas des systèmes discrets). Nous déterminons ici le filtre de Kalman dans le cas continu, par passage à la limite à partir des équations du filtre de Kalman dans le cas discret, pour un problème de filtrage ($\tau = t$).

En toute rigueur, pour éviter tout problème de définition en ce qui concerne les matrices de covariance, il serait prérérable d'utiliser la représentation différentielle d'Ito [PAPOULIS, 1965] d'un système continu stochastique :

$$\begin{aligned}
\mathrm{d}x_t &= A_t x_t\, \mathrm{d}t + B_t u_t\, \mathrm{d}t + G_t\, \mathrm{d}\beta_t, \\
\mathrm{d}y_t &= C_t x_t\, \mathrm{d}t + \mathrm{d}\eta_t,
\end{aligned} \tag{5.109}$$

où $\mathrm{d}\beta_t$ et $\mathrm{d}\eta_t$ sont des mouvements Browniens centrés tels que :

$$\begin{aligned}
\lim_{\mathrm{d}t\to 0} \frac{1}{\mathrm{d}t}\mathrm{E}\{\mathrm{d}\beta_t\, \mathrm{d}\beta_t^T\} &= Q(t), \\
\lim_{\mathrm{d}t\to 0} \frac{1}{\mathrm{d}t}\mathrm{E}\{\mathrm{d}\eta_t\, \mathrm{d}\eta_t^T\} &= R(t).
\end{aligned} \tag{5.110}$$

Nous ne le ferons pas, car cette représentation, ainsi que sa justification, fait appel à des notions complexes en calcul stochastique. Bien que l'assimilation de $w(t)$ avec $\mathrm{d}\beta_t^T/\mathrm{d}t$ et $v(t)$ avec $\mathrm{d}\eta_t^T/\mathrm{d}t$ soit abusive en ce sens que β_t et η_t n'admettent pas de dérivées, les deux types de représentation sont *formellement* équivalentes [BOUDAREL, DELMAS, GUICHET, 1967; BOZZO, 1982] et nous utiliserons le modèle (5.107), en conservant à l'esprit que le bruit blanc est "une limite qui n'existe pas".

5.2.2.1   Relations entre les cas continus et discrets

Le passage du modèle continu au modèle discret se fait : dans un sens, par discrétisation du modèle (5.107) avec une période d'échantillonnage constante; dans l'autre sens, par passage à la limite en faisant tendre la période d'échantillonnage vers 0. Nous allons ici établir les relations nécessaires entre les modèles discrets (5.39) et continus (5.107) imposées par ces transformations.

Posons $\Delta = t_k - t_{k-1}$, la relation suivante entre le symbole de Kronecker et l'impulsion de Dirac :

$$\lim_{\Delta\to 0} \frac{\delta_{ij}}{\Delta} = \delta(t_i - t_j), \tag{5.111}$$

impose les relations entre les matrices de convariances discrètes et continues :

$$\begin{aligned}
\lim_{\Delta\to 0} Q_k\Delta &= Q(t_k), \\
\lim_{\Delta\to 0} R_k\Delta &= R(t_k).
\end{aligned} \tag{5.112}$$

D'autre part, la discrétisation du modèle continu, avec la période d'échantillonnage Δ, conduit lorsque $\Delta \to 0$, à :

$$\begin{aligned}
x_{k+1} &= (I + A_k\Delta)x_k + \Delta B_k u_k + \Delta G_k w_k, \\
y_k &= C_k x_k + v_k,
\end{aligned} \tag{5.113}$$

où l'indice k représente une évaluation pour $t = t_k$ en t_k.

L'utilisation du filtre de Kalman sur ce système donne, d'après l'équation du prédicteur-à-un-pas (5.56) :

$$
\begin{aligned}
\hat{x}_{k+1/k} &= (I + A_k\Delta)\hat{x}_{k/k-1} + \Delta B_k u_k \\
&\quad + (I + A_k\Delta)K_k(y_k - C_k\hat{x}_{k/k-1}),
\end{aligned} \tag{5.114}
$$

ce qui peut s'écrire sous la forme :

$$
\begin{aligned}
\frac{\hat{x}_{k+1/k} - \hat{x}_{k/k-1}}{\Delta} &= A_k\hat{x}_{k/k-1} + B_k u_k \\
&\quad + (I + A_k\Delta)\frac{K_k}{\Delta}(y_k - C_k\hat{x}_{k/k-1}).
\end{aligned} \tag{5.115}
$$

En considérant :

$$
\begin{aligned}
\lim_{\Delta\to 0}\frac{\hat{x}_{k+1/k} - \hat{x}_{k/k-1}}{\Delta} &= \dot{\hat{x}}(t), \\
\lim_{\Delta\to 0}\frac{K_k}{\Delta} &= K(t), \\
\lim_{\Delta\to 0}\hat{x}_{k/k-1} &= \hat{x}(t),
\end{aligned} \tag{5.116}
$$

on obtient à partir de (5.115), l'équation de l'estimateur linéaire continu du système (5.107) :

$$
\dot{\hat{x}}(t) = A(t)\hat{x}(t) + B(t)u(t) + K(t)(y(t) - C(t)\hat{x}(t)). \tag{5.117}
$$

5.2.2.2   Détermination du gain optimal

Le gain optimal de l'estimateur est déterminé également par passage à la limite à partir des équations discrètes. D'après (5.116) et (5.54), on a :

$$
\begin{aligned}
K(t) &= \lim_{\Delta\to 0}\frac{K_k}{\Delta}, \\
&= \lim_{\Delta\to 0}P_{k/k-1}C_k^T(\underbrace{C_k P_{k/k-1}C_k^T\Delta}_{\to\, 0} + \underbrace{R_k\Delta}_{\to\, R(t)})^{-1}.
\end{aligned} \tag{5.118}
$$

Soit, en notant :

$$
\lim_{\Delta\to 0}P_{k/k-1} = P(t), \tag{5.119}
$$

il vient l'expression du gain optimal du filtre (5.117) :

$$
K(t) = P(t)C^T(t)R(t)^{-1}. \tag{5.120}
$$

En écrivant (5.53), sous la forme :

$$
P_{k/k} = P_{k/k-1} - \underbrace{\frac{K_k}{\Delta}}_{\to\, K(t)}\underbrace{C_k P_{k/k-1}\Delta}_{\to\, 0}. \tag{5.121}
$$

on arrive à :

$$\lim_{\Delta \to 0} P_{k/k} = \lim_{\Delta \to 0} P_{k/k-1} = P(t). \tag{5.122}$$

L'équation de Riccati récurrente (5.57) s'écrit ici :

$$P_{k+1/k} = (I + A_k\Delta)$$

$$[P_{k/k-1} - P_{k/k-1}C_k^T(R_k + C_k P_{k/k-1}C_k^T)^{-1}C_k P_{k/k-1}] \tag{5.123}$$

$$(I + A_k^T\Delta) + \Delta G_k Q_k G_k^T\Delta,$$

ce qui se met sous la forme :

$$\frac{P_{k+1/k} - P_{k/k-1}}{\Delta} = G_k \underbrace{Q_k\Delta}_{\to Q(t)} G_k^T + A_k P_{k/k-1} + P_{k/k-1}A_k^T$$

$$-(I + A_k\Delta)P_{k/k-1}C_k^T(\underbrace{\Delta R_k}_{\to R(t)} + \underbrace{\Delta C_k P_{k/k-1}C_k^T}_{\to 0})^{-1}$$

$$C_k P_{k/k-1}(I + A_k^T\Delta) + \Delta A_k P_{k/k-1}A_k^T. \tag{5.124}$$

En prenant la limite, quand $\Delta \to 0$, de chacun des deux termes de cette égalité on aboutit à l'équation différentielle de Riccati définissant l'évolution de la matrice de covariance de l'erreur d'estimation :

$$\dot{P}(t) = G(t)Q(t)G^T(t) + A(t)P(t) + P(t)A^T(t)$$
$$-P(t)C^T(t)R(t)^{-1}C(t)P(t). \tag{5.125}$$

5.2.2.3   Filtre de Kalman-Bucy

En résumé, le filtre linéaire optimal du système continu stochastique a pour structure :

$$\dot{\hat{x}}(t) = A(t)\hat{x}(t) + B(t)u(t) + K(t)[y(t) - C(t)\hat{x}(t)], \tag{5.126}$$

avec $\hat{x}(0) = m_0$, $K(t) = P(t)C^T(t)R(t)^{-1}$, où $P(t)$ est la solution de l'équation de Riccati (5.125) telle que $P(0) = P_0$.

On peut noter, ici, l'analogie entre les expressions de gains optimaux discrets (5.63) et continus (5.126).

Dans le cas où les bruits de mesure et de dynamique sont corrélés :

$$\mathrm{E}\{w(t)v^T(t')\} = S(t)\delta(t - t'), \tag{5.127}$$

on peut construire, comme dans le cas des systèmes discrets, un filtre de Kalman-Bucy, en faisant appel au modèle équivalent à bruits non corrélés. Ce modèle est défini par :

$$\dot{x}(t) = \bar{A}(t)x(t) + B(t)u(t) + G(t)\bar{w}(t) + \bar{G}(t)y(t),$$
$$y(t) = C(t)x(t) + v(t), \tag{5.128}$$

où :

$$\bar{A}(t) = A(t) - G(t)S(t)R^{-1}(t)C(t),$$
$$\bar{G}(t) = G(t)S(t)R^{-1}(t), \qquad (5.129)$$
$$\bar{w}(t) = w(t) - S(t)R^{-1}(t)v(t).$$

Dans ce modèle équivalent, $\bar{w}(t)$ est un bruit de dynamique décorrélé de $v(t)$, tel que :

$$\mathrm{E}\{\bar{w}(t)\bar{w}^T(t')\} = \bar{Q}(t)\delta(t - t'), \ \bar{Q}(t) = Q(t) - S(t)R^{-1}(t)S^T(t). \quad (5.130)$$

L'utilisation de l'estimateur (5.126), sur ce système, conduit au filtre :

$$\dot{\hat{x}}(t) = \bar{A}(t)\hat{x}(t) + B(t)u(t) + \bar{G}(t)y(t) + \bar{K}(t)[y(t) - C(t)\hat{x}(t)], \quad (5.131)$$

avec $\bar{K}(t) = \bar{P}(t)C^T(t)R^{-1}(t)$, où $\bar{P}(t)$ est la solution de l'équation :

$$
\begin{aligned}
\dot{\bar{P}}(t) \ = \ & G(t)\bar{Q}(t)G^T(t) + \bar{A}(t)\bar{P}(t) \\
& + \bar{P}(t)\bar{A}^T(t) - \bar{P}(t)C^T(t)R^{-1}(t)C(t)\bar{P}(t),
\end{aligned}
\qquad (5.132)
$$

telle que $\bar{P}(0) = P_0$.

Ce qui, compte tenu des relations (5.129) et (5.130), se met sous la forme :

$$\dot{\hat{x}}(t) = A(t)\hat{x}(t) + B(t)u(t) + L(t)[y(t) - C(t)\hat{x}(t)], \quad (5.133)$$

où :

$$L(t) = \bar{K}(t) + G(t)S(t)R^{-1}(t) = [\bar{P}(t)C^T(t) + G(t)S(t)]R^{-1}(t), \quad (5.134)$$

et $\bar{P}(t)$ est la solution de :

$$
\begin{aligned}
\dot{\bar{P}}(t) \ = \ & G(t)Q(t)G(t) + A(t)\bar{P}(t) + \bar{P}(t)A^T(t) \\
& - [\bar{P}(t)C^T(t) + G(t)S(t)]R^{-1}(t)[\bar{P}(t)C^T(t) + G(t)S(t)]^T,
\end{aligned}
$$
$$(5.135)$$

telle que $\bar{P}(0) = P_0$.

Ces relations correspondent au filtre de Kalman-Bucy dans le cas d'un système à bruits corrélés.

5.2.3   Commentaires sur le filtre de Kalman

5.2.3.1   Cas où certaines sorties sont non bruitées

L'existence de mesures non bruitées implique la singularité de la matrice de covariance des bruits de mesure. Il s'ensuit une difficulté d'application des filtres de Kalman (particulièrement dans le cas continu). Nous allons montrer que l'application de la méthode de simplification, utilisée dans le cas des observateurs déterministes, permet de contourner cette difficulté et laisse espérer une réduction notable du volume des calculs.

Considérons le système continu stationnaire :

$$\dot{x}(t) = Ax(t) + Bu(t) + Gw(t),$$
$$y_1(t) = C_1 x(t),$$
$$y_2(t) = C_2 x(t) + v_2(t),$$

(5.136)

où $x(t) \in \Re^n$, $y_1(t) \in \Re^{m_1}$, représente les mesures non bruitées, $y_2(t) \in \Re^{m_2}$, les mesures bruitées, $w(t)$ et $v_2(t)$ sont des bruits centrés, non corrélés, connus par leurs matrices de covariance :

$$\mathrm{E}\{w(t)w^T(t')\} = Q\delta(t - t'),$$
$$\mathrm{E}\{v_2(t)v_2^T(t')\} = R_2\delta(t - t').$$

En supposant C_1 de rang plein (ce qui est toujours possible par élimination de mesures redondantes), un changement de variable élémentaire permet de se ramener à la forme :

$$\dot{X}_1(t) = A_{11}X_1(t) + A_{12}X_2(t) + B_1 u(t) + G_1 w(t),$$
$$\dot{X}_2(t) = A_{21}X_1(t) + A_{22}X_2(t) + B_2 u(t) + G_2 w(t),$$
$$y_1(t) = X_1(t),$$
$$y_2(t) = C_{21}X_1(t) + C_{22}X_2(t) + v_2(t).$$

(5.137)

La mesure $y_1(t)$ donnant une estimation certaine de $X_1(t)$, il reste à construire un estimateur fournissant une estimation de $X_2(t)$. A partir des nouvelles mesures :

$$y_2'(t) = y_2(t) - C_{21}X_1(t),$$
$$z(t) = \dot{X}_1(t) - A_{11}X_1(t) - B_1 u(t),$$

(5.138)

les équations donnant $X_2(t)$ se ramènent à :

$$\dot{X}_2(t) = A_{22}X_2(t) + A_{21}y_1(t) + B_2 u(t) + G_2 w(t),$$
$$Z(t) = CX_2(t) + V(t),$$
$$Z(t) = \begin{bmatrix} z(t) \\ y_2'(t) \end{bmatrix}, \quad C = \begin{bmatrix} A_{12} \\ C_{22} \end{bmatrix}, \quad V(t) = \begin{bmatrix} G_1 w(t) \\ v_2(t) \end{bmatrix}.$$

(5.139)

Ces équations font donc apparaître un modèle à bruits de dynamique et de sortie corrélés, dont les matrices de covariance sont :

$$\mathrm{E}\{w(t)w^T(t')\} = Q\delta(t - t'),$$
$$\mathrm{E}\{v(t)v^T(t')\} = \begin{bmatrix} G_1 Q G_1^T & O \\ O & R_2 \end{bmatrix}\delta(t - t') = \bar{R}\delta(t - t'),$$
$$\mathrm{E}\{v(t)w^T(t')\} = \begin{bmatrix} G_1 Q \\ 0 \end{bmatrix}\delta(t - t') = \bar{S}\delta(t - t').$$

(5.140)

On construit alors le filtre de Kalman sur ce système par la méthode développée précédemment sur un système à bruits corrélés. Celà donne la structure :

$$
\begin{aligned}
\dot{\hat{X}}_2(t) &= A_{22}\hat{X}_2(t) + A_{21}y_1(t) + B_2u(t) \\
&\quad + K(Z(t) - C\hat{X}_2(t)),
\end{aligned} \tag{5.141}
$$

où K est le gain optimal.

De la même façon que dans le cadre des systèmes déterministes, ce filtre implique (pour la connaissance de $z(t)$, donc de $Z(t)$) la dérivation de la sortie $y_1(t)$. Pour contourner cette dernière difficulté, on introduit la variable :

$$
Y(t) = \hat{X}_2(t) - K_1y_1(t), \tag{5.142}
$$

où $K = [K_1, K_2]$, dont l'équation d'évolution se met sous la forme :

$$
\begin{aligned}
\dot{Y}(t) &= [A_{22} - KC]Y(t) + [B_2 - K_1B_1]u(t) + K_2y_2(t) \\
&\quad + [A_{21} - K_1A_{11} - K_2C_{21} + (A_{22} - KC)K_1]y_1(t).
\end{aligned} \tag{5.143}
$$

L'estimation optimale de $X_2(t)$ est alors fournie par la variable :

$$
\hat{X}_2(t) = Y(t) + K_1y_1(t). \tag{5.144}
$$

Dans le cas d'un système discret, une démarche analogue peut être proposée et conduit également à un estimateur d'ordre réduit.

Le cas que l'on vient d'étudier n'intervient pas seulement lorsque certaines mesures sont parfaites mais également lorsque l'hypothèse de bruits de dynamique et de sortie blancs n'est plus vérifiée. En effet, lorsque les matrices de covariance de ces bruits sont de la forme (par exemple, dans le cas discret) :

$$
\begin{aligned}
E\{w_k w_\ell^T\} &= Q_{k-\ell}, \\
E\{v_k w_\ell^T\} &= R_{k-\ell},
\end{aligned} \tag{5.145}
$$

on cherche deux systèmes, appelés **filtres formateurs**, dont l'entrée est une séquence blanche $\{\nu_k\}$:

$$
E\{\nu_k \nu_\ell^T\} = N_k\delta_{k\ell}, \tag{5.146}
$$

et dont la sortie fournit les bruits w_k et v_k.

Or, la transmission à travers un filtre linéaire stationnaire d'un bruit blanc génère sur l'état ou la sortie de telles séquences de matrices de covariance. Les séquences (5.145) peuvent donc être considérées comme des réponses impulsionnelles. L'application d'une méthode de réalisation conduit à modéliser les systèmes générant $\{w_k\}$ et $\{v_k\}$ à partir de $\{\nu_k\}$ sous la forme équations d'état :

$$
\begin{cases}
d_{k+1} = A^d d_k + G^d \nu_k, \\
w_k = C^d d_k + L^d \nu_k.
\end{cases} \tag{5.147}
$$
$$
\begin{cases}
m_{k+1} = A^m m_k + G^m \nu_k, \\
v_k = C^m m_k + L^m \nu_k.
\end{cases}
$$

L'application du filtre de Kalman se fait alors sur le système à état-augmenté, soit à partir de (5.39) :

$$
\begin{bmatrix} x_{k+1} \\ d_{k+1} \\ m_{k+1} \end{bmatrix} = \begin{bmatrix} A_k & G_k C^d & 0 \\ 0 & A^d & 0 \\ 0 & 0 & A^m \end{bmatrix} \begin{bmatrix} x_k \\ d_k \\ m_k \end{bmatrix} + \begin{bmatrix} G_k L^d \\ G^d \\ G^m \end{bmatrix} \nu_k + \begin{bmatrix} B_k \\ 0 \\ 0 \end{bmatrix} u_k,
$$

$$
y_k = \begin{bmatrix} C_k & 0 & C^m \end{bmatrix} \begin{bmatrix} x_k \\ d_k \\ m_k \end{bmatrix} + L^m \nu_k,
$$

$$(5.148)$$

qui est un système où les bruits sont blancs mais les bruits de sortie ou de mesure sont corrélés ou, si $\det(L^m N_k L^{mT}) = 0$, la covariance des bruits de mesure est singulière.

Nous verrons, dans la partie consacrée aux applications, que le filtre de Kalman est un filtre formateur particulier.

5.2.3.2   Filtre stationnaire

Dans le cas de systèmes stationnaires, les gains optimaux des filtres de Kalman continus et discrets sont donnés à partir de la solution des équations de Riccati suivantes :

— cas continu :

$$
\begin{aligned}
\dot{P}(t) &= GQG^T + AP(t) + P(t)A^T - P(t)C^T R^{-1} C P(t), \\
P(0) &= P_0;
\end{aligned}
$$
$$(5.149)$$

— cas discret :

$$
\begin{aligned}
P(k+1) &= AP(k)A^T + GQG^T \\
&\quad - AP(k)C^T[R + CP(k)C^T]^{-1} CP(k)A^T, \\
P(0) &= P_0;
\end{aligned}
$$
$$(5.150)$$

où les matrices A, G, C, Q et R sont des matrices constantes définissant l'équation d'état du processus considéré. Nous n'entrerons pas dans l'analyse de la stabilité de ces équations, qui est étudiée dans [ROITENBERG, 1974], mais on a le résultat suivant :

Théorème 5

Si (A, C) est une paire observable, le filtre optimal est asymptotiquement stable, quelles que soient les matrices GQG^T et R, définies positives et quelle que soient l'initialisation P_0. La matrice de covariance de l'erreur d'estimation tend vers la solution unique et définie positive des équations algébriques de Riccati :

— pour le cas continu :

$$
0 = GQG^T + AP + PA^T - PC^T R^{-1} CP;
$$
$$(5.151)$$

— *pour le cas discret :*

$$P = APA^T + GQG^T - APC^T[R + CPC^T]^{-1}CPA^T. \qquad (5.152)$$

On a alors intérêt, dans un but de simplification, à remplacer le gain optimal $K(t)$ (resp. K_k) du filtre de Kalman, calculé à partir de $P(t)$ (resp. P_k), par (5.149) (resp. (5.150)), par le gain optimal constant donné par :

— pour le cas continu :

$$K_c = PC^T R^{-1}; \qquad (5.153)$$

— pour le cas discret :

$$K_d = PC^T[R + CPC^T]^{-1}; \qquad (5.154)$$

où P est solution de l'équation continue (5.151) ou discrète (5.152) suivant le cas.

La différence entre le filtre optimal et le filtre stationnaire sous-optimal ne se fera sentir qu'en début de fonctionnement (on perd en effet des informations initiales) mais le gain en temps de calcul peut être, en contrepartie, appréciable. D'autre part, on peut montrer [FAURRE, CLERGET, GERMAIN, 1979] que le filtre de Kalman stationnaire ainsi déterminé est identique au filtre de Wiener déterminé à partir d'une réalisation du signal aléatoire $x(t)$.

5.2.3.3   Implantation numérique d'un filtre de Kalman

Concernant l'implantation numérique d'un filtre de Kalman, en particulier dans le cas discret, on peut faire quelques remarques sur le volume d'information à traiter simultanément et sur la résolution numérique de l'équation de Riccati. Nous décrirons, ici succinctement, des méthodes d'amélioration de chacun de ces points en renvoyant à [FAVIER,1982] pour des explications plus détaillées.

A.   *Traitement séquentiel des observations*

Dans le cas où les mesures proviennent de sources statistiquement indépendantes, la matrice de covariance des bruits de sortie est diagonale, sous la forme :

$$R_k = \mathrm{diag}_{i=1}^{\nu}\{R_k^i\} \qquad (5.155)$$

et l'on peut partitionner l'équation de sortie :

$$\begin{bmatrix} y_k^1 \\ \cdots \\ \vdots \\ \cdots \\ y_k^\nu \end{bmatrix} = \begin{bmatrix} C_k^1 \\ \cdots \\ \vdots \\ \cdots \\ C_k^\nu \end{bmatrix} x_k + \begin{bmatrix} v_k^1 \\ \cdots \\ \vdots \\ \cdots \\ v_k^\nu \end{bmatrix}, \qquad (5.156)$$

Le traitement séquentiel des observations consiste à traiter séquentiellement les composantes $y_k^1, \ldots, y_k^\nu$ lors de l'étape de correction, à l'aide de l'algorithme suivant :

— initialisation :
$$\hat{x}_k^0 = \hat{x}_{k/k-1}, \; P_k^0 = P_{k/k-1}; \tag{5.157}$$

— itération pour $i = 1$ à ν :

$$\begin{aligned}
\Sigma_k^i &= C_k^i P_k^{i-1} C_k^{iT} + R_k^i, \\
K_k^i &= P_k^{i-1} C_k^{iT} (\Sigma_k^i)^{-1}, \\
\hat{x}_k^i &= \hat{x}_k^{i-1} + K_k^i (y_k^i - C_k^i \hat{x}_k^{i-1}), \\
P_k^i &= [I - K_k^i C_k^i] P_k^{i-1} [I - K_k^i C_k^i]^T + K_k^i R_k^i K_k^{iT};
\end{aligned} \tag{5.158}$$

— estimation et covariance corrigées :

$$\hat{x}_{k/k} = \hat{x}_k^\nu, \; P_{k/k} = P_k^\nu. \tag{5.159}$$

La démonstration de ces relations est immédiate à partir de la relation (5.60). Il vient, compte tenu du partitionnement des matrices C_k et R_k :

$$P_{k/k}^{-1} = P_{k/k-1}^{-1} + \sum_{i=1}^{\nu} C_k^{iT} (R_k^i)^{-1} C_k^i, \tag{5.160}$$

d'où l'on peut tirer la formule de récurrence :

$$(P_k^i)^{-1} = (P_k^{i-1})^{-1} + C_k^{iT} (R_k^i)^{-1} C_k^i, i = \{1, \ldots, \nu\}, \tag{5.161}$$

avec $P_k^0 = P_{k/k-1}$ et $P_k^\nu = P_{k/k}$.

L'utilisation du lemme d'inversion matricielle conduit à la forme analogue à (5.58) :

$$P_k^i = P_k^{i-1} - P_k^{i-1} C_k^{iT} (\Sigma_k^i)^{-1} C_k^i P_k^{i-1}, \tag{5.162}$$

où Σ_k^i est définie en (5.158). La dernière relation de (5.158) correspond à la forme de Joseph de (5.162).

Cet algorithme permet une réduction notable du volume des calculs (notamment par l'inversion de matrices de dimension plus petite). Une économie supplémentaire en temps de calcul peut être réalisée dans le cas où R_k est régulière. En effet, nous avons vu que, dans ce cas, la valeur corrigée est donnée par :

$$\hat{x}_{k/k} = \hat{x}_{k/k-1} + P_{k/k} C_k^T R_k^{-1} (y_k - C_k \hat{x}_{k/k-1}), \tag{5.163}$$

et on peut éliminer de l'algorithme de traitement séquentiel toutes les estimations intermédiaires $\hat{x}_k^i, i = \{1, \ldots, \nu\}$.

D'autre part, dans le cas où R_k n'est pas diagonale, cet algorithme est utilisable moyennant un changement de variables de mesures. Dans le cas où R_k est régulière, l'algorithme de Cholewski (annexe F) permet de la factoriser sous la forme :

$$R_k = T_k T_k^T, \tag{5.164}$$

où T_k est une matrice triangulaire inférieure.

Le changement de variables de sortie :

$$y_k^* = T_k^{-1} y_k,\qquad(5.165)$$

conduit à l'équation de sortie :

$$y_k^* = C_k^* x_k + v_k^*,\qquad(5.166)$$

où $C_k^* = T_k^{-1} C_k$ et $v_k^* = T_k^{-1} v_k$.

La covariance des bruits sur cette sortie devient :

$$R_k^* = \mathrm{E}\{v_k^* v_k^{*T}\} = T_k^{-1} R_k (T_k^T)^{-1} = I,\qquad(5.167)$$

qui est une matrice diagonale.

Nous venons de montrer que l'on peut se ramener à une matrice diagonale, on peut donc toujours aboutir à un traitement séquentiel ne nécessitant que l'inversion de scalaires.

B.   Amélioration des performances

L'une des principales difficultés de la mise en oeuvre du filtre de Kalman réside dans la résolution de l'équation de Riccati donnant les matrices de covariance. Ce traitement implique de nombreuses opérations arithmétiques qui peuvent entraîner, par erreur d'arrondis, la non positivité ou la non symétrie de ces matrices. L'amélioration de ces calculs peut se faire en déterminant des formes factorisées (**algorithmes de factorisation**) des matrices de covariance ou bien en diminuant le nombre de calculs (**algorithmes de filtrage rapide**). Dans cette partie, nous regardons successivement les principes de base de chacun de ces deux types de méthode en notant qu'elles ont pour objet, essentiellement, l'amélioration de la résolution d'une équation de Riccati discrète. Elles peuvent donc être utilisées dans le cas des problèmes de commande optimale linéaire quadratique (annexe E).

a.   Algorithmes de factorisation

Parmi cette classe de méthodes, dont le principe de base consiste à décomposer la matrice de covariance de l'erreur d'estimation, on peut distinguer les algorithmes de **type RC** (racine carrée) et ceux de **type UD** (basés sur la factorisation UDU^T d'une matrice symétrique). Nous n'aborderons ici que le principe des algorithmes RC.

Les matrices de covariance $P_{k/k}$ et $P_{k+1/k}$ sont factorisées sous la forme racine carrée :

$$\begin{aligned} P_{k/k} &= P_{k/k}^{1/2} P_{k/k}^{T/2}, \\ P_{k+1/k} &= P_{k+1/k}^{1/2} P_{k+1/k}^{T/2}, \end{aligned}\qquad(5.168)$$

où $P^{T/2}$ représente $(P^{1/2})^T$ et $P^{1/2}$ une racine carrée de P, dont une méthode de calcul est donnée dans l'annexe F. Le filtre de Kalman sera alors réalisé à partir des évolutions des matrices $P_{k/k}^{1/2}$ et $P_{k+1/k}^{1/2}$. Il s'agit de remplacer l'équation de correction de la covariance :

$$P_{k/k} = P_{k/k-1} - P_{k/k-1}C_k^T\Sigma_k^{-1}C_kP_{k/k-1},$$
$$\Sigma_k = R_k + C_kP_{k/k-1}C_k^T, \tag{5.169}$$

par un algorithme ne faisant intervenir que $P_{k/k}^{1/2}$ et $P_{k+1/k}^{1/2}$.

Soient les matrices :

$$F_k = P_{k+1/k}^{T/2}C_k^T,$$
$$\Sigma_k^{1/2} = [R_k + F_k^TF_k]^{1/2}, \tag{5.170}$$

la relation (5.169) se met sous la forme :

$$P_{k/k}^{1/2}P_{k/k}^{T/2} = P_{k/k-1}^{1/2}[I - F_k\Sigma_k^{-T/2}\Sigma_k^{-1/2}F_k^T]P_{k/k-1}^{T/2}. \tag{5.171}$$

L'utilisation du lemme de factorisation matricielle (annexe F) permet d'écrire :

$$P_{k/k}^{1/2} = P_{k/k-1}^{T/2}[I - F_k\Sigma_k^{-T/2}\psi_k^{-1}\Sigma_k^{-1/2}F_k^T], \tag{5.172}$$

où :

$$\psi_k = I + (I - \Sigma_k^{-1/2}F_k^TF_k\Sigma_k^{-T/2})^{1/2}. \tag{5.173}$$

En tenant compte de la relation (5.170), il vient :

$$\begin{aligned}\psi_k &= I + (\Sigma_k^{-1/2}R_k\Sigma_k^{-T/2})^{1/2}, \\ &= \Sigma_k^{-1/2}[\Sigma_k^{1/2}R_k^{1/2}],\end{aligned} \tag{5.174}$$

ce qui fournit l'étape de correction sous forme RC :

$$P_{k/k}^{1/2} = P_{k/k-1}^{1/2}[I - F_k\Sigma_k^{-T/2}(\Sigma_k^{1/2} + R_k^{1/2})^{-1}F_k^T]. \tag{5.175}$$

L'étape de prédiction :

$$P_{k/k+1} = A_kP_{k/k}A_k^T + G_kQ_kG_k^T, \tag{5.176}$$

peut également être mise sous la même forme. En introduisant les matrices suivantes :

$$M_k^{1/2} = A_kP_{k/k}^{1/2},$$
$$B_k = M_k^{-1/2}G_kQ_k^{-1/2}, \tag{5.177}$$

l'équation (5.176) s'écrit sous la forme :

$$P_{k/k+1} = M_k^{1/2}[I + B_kB_k^T]M_k^{T/2}. \tag{5.178}$$

Par l'application du lemme de factorisation matricielle, on obtient directement l'étape de prédiction sous la forme RC :

$$P_{k/k+1}^{1/2} = M_k^{1/2}[I - B_k \psi_k^{-1} B_k^T], \qquad (5.179)$$

où $\psi_k = I + (I + B_k^T B_k)^{1/2}$.

Les algorithmes (5.175) et (5.179) appelés respectivement algorithmes d'Andrews et de Dyer-Mc Reynolds [FAVIER, 1982] demandent la décomposition de Cholewski (annexe F) des matrices R_k, $R_k + F_k^T F_k$, Q_k, $I + B_k^T B_k$ et l'inversion des matrices triangulaires $\Sigma_k^{1/2}$, $[\Sigma_k^{1/2} + R_k^{1/2}]$ et des matrices $M_k^{1/2}$, et ψ_k.

b. Algorithmes de filtrage rapide

Les équations de filtrage rapide sont obtenues en exprimant les équations du filtre de Kalman :

$$
\begin{aligned}
K_k &= P_{k/k-1} C_k^T \Sigma_k^{-1}, \\
\Sigma_k &= R_k + C_k P_{k/k-1} C_k^T, \\
P_{k+1/k} &= A_k P_{k/k-1} A_k^T + G_k Q_k G_k^T \\
&\quad - A_k P_{k/k-1} C_k^T (R_k + c_k P_{k/k-1} C_k^T)^{-1} \\
&\quad C_k P_{k/k-1} A_k^T,
\end{aligned}
\qquad (5.180)
$$

en fonction des incréments de la matrice de covariance :

$$\delta P_k = P_{k+1/k} - P_{k/k-1}. \qquad (5.181)$$

Les équations obtenues, que nous ne démontrerons pas ici, sont dites équations de Chandrasekhar et peuvent être résumées par l'algorithme suivant :

— condition initiale : à partir de la factorisation de δP_0 sous la forme :

$$\delta P_0 = L_0 M_0 L_0^T, \qquad (5.182)$$

où $L_0 \in \mathcal{R}^{q \times \alpha}$, $M_0 \in \mathcal{R}^{\alpha \times \alpha}$, $\alpha = \mathrm{rg}\delta P_0$;

— $k \in \mathcal{N}$: soit la décomposition :

$$\delta P_k = L_k M_k L_k^T, \qquad (5.183)$$

— calcul de :

$$
\begin{aligned}
\Sigma_{k+1} &= \Sigma_k + C_k \delta P_k C_k^T, \\
K_{k+1} &= [K_k \Sigma_k + A_k \delta P_k C_K^T] \Sigma_{k+1}^{-1};
\end{aligned}
\qquad (5.184)
$$

— calcul de L_{k+1} et M_{k+1} à l'aide de deux types d'expressions équivalentes :

$$
\begin{cases}
M_{k+1} = M_k - M_k L_k^T C_k^T \Sigma_{k+1}^{-1} C_k L_k M_k, \\
L_{k+1} = [A_k - K_k C_k] L_k, \\
M_{k+1} = M_k - M_k L_k^T C_k^T \Sigma_k^{-1} C_k L_k M_k, \\
L_{k+1} = [A_k - K_{k+1} C_k] L_k.
\end{cases}
\qquad (5.185)
$$

Cet algorithme permet donc de calculer, par récurrence, l'incrément à apporter à chaque itération d'un filtre de Kalman ; bien que non linéaire, le nombre des équations à résoudre est nettement moins élevé que par une méthode de filtrage classique. Les algorithmes, que nous avons esquissés dans cette partie et qui sont largement développés dans [FAVIER, 1982], peuvent être utilisés, de façon générale, pour la résolution d'une équation de Riccati.

5.3   Applications du filtrage

Le filtre de Kalman (continu ou discret) est utilisé dans de nombreux exemples pratiques. Nous allons détailler, dans cette partie, quelques principes d'application du filtre de Kalman en commande optimale, identification ou lissage de processus. D'autres exemples d'applications sont proposés dans [IEEE,1971; BOZZO,1983].

5.3.1   Commande optimale stochastique

L'estimation statistique de l'état d'un système est généralement effectuée dans le but de réaliser une commande par retour d'état. Nous avons utilisé, dans le cadre déterministe, la notion de régulateur-observateur pour générer une commande à partir de l'état reconstruit. Dans le cadre stochastique, le principe de séparation indique que cette approche est la bonne. En effet, le résultat suivant, que nous ne démontrerons pas, montre que la commande optimale d'un système stochastique est obtenue en construisant la commande optimale obtenue sur le système déterministe associé à l'aide de l'état estimé à partir d'un filtre de Kalman.

Considérons le système continu stochastique :

$$\begin{aligned}\dot{x}(t) &= A(t)x(t) + B(t)u(t) + G(t)w(t),\\ y(t) &= C(t)x(t) + v(t),\end{aligned} \tag{5.186}$$

où les notations sont définies en (5.107). Rappelons que $w(t)$ et $v(t)$ sont des vecteurs aléatoires centrés, de matrices de covariance :

$$\begin{aligned}\mathrm{E}\{w(t)w^T(t')\} &= Q(t)\delta(t-t'),\\ \mathrm{E}\{v(t)v^T(t')\} &= R(t)\delta(t-t'),\\ \mathrm{E}\{v(t)v^T(t')\} &= 0.\end{aligned} \tag{5.187}$$

Le problème d'**optimisation stochastique** consiste à chercher la commande optimale minimisant le critère :

$$\begin{aligned}J =\ & \frac{1}{2}\mathrm{E}\{x^T(t_f)S_{t_f}x(t_f)\\ & + \int_{t_O}^{t_f}(x^T(t)M(t)x(t) + u^T(t)N(t)u(t))\mathrm{d}t\}.\end{aligned} \tag{5.188}$$

Dans le cas d'un système où l'état est complètement accessible, la commande optimale a la forme classique :

$$u^*(t) = +N^{-1}B^T(t)P(t)x(t), \tag{5.189}$$

où $P(t)$ est solution de l'équation de Riccati:

$$\dot{P}(t) = -A^T(t)P(t) - P(t)A(t) + M(t) - P(t)B(t)N^{-1}(t)B^T(t)P(t), \tag{5.190}$$

avec $P(t_f) = -S_{t_f}$.

Par contre, dans le cas où seule la sortie est accessible (systèmes à état non complètement accessible), la commande optimale s'écrit sous la forme :

$$\hat{u}^*(t) = +N^{-1}B^T(t)P(t)\hat{x}(t), \tag{5.191}$$

où $P(t)$ est définie par l'équation de Riccati (5.190) et $\hat{x}(t)$ est l'estimation optimale de $x(t)$ obtenue à l'aide du filtre de Kalman :

$$\dot{\hat{x}}(t) = A(t)\hat{x}(t) + B(t)\hat{u}^*(t) + \Sigma(t)C^T R(t)^{-1}[y(t) - C(t)\hat{x}(t)], \tag{5.192}$$

où $\Sigma(t)$ est solution de l'équation de Riccati :

$$\begin{aligned}\dot{\Sigma}(t) &= A(t)\Sigma(t) + \Sigma(t)A^T(t) + G(t)Q(t)G^T(t) \\ &\quad -\Sigma(t)C^T(t)R(t)^{-1}C(t)\Sigma(t),\end{aligned} \tag{5.193}$$

avec $\Sigma(t_0) = E\{(x(t_0) - m_0)(x(t_0) - m_0)^T\}$ et $m_0 = E\{(x(t_0)\}$.

Ces différentes relations (dont la démonstration complète se trouve dans [ROITENBERG, 1974]) constituent le **principe de séparation** : si la commande et l'observateur sont calculés séparément, mais de façon optimale, alors l'ensemble, réuni dans une structure de commande de type régulateur-observateur, sera également optimal.

5.3.2   Lissage

5.3.2.1   Principe du lissage

A partir d'un ensemble de mesures sur $[t_I, t_F]$, il s'agit d'estimer l'état x d'un système à l'instant $t, t_I < t < t_F$. Le principe du lissage [FRASER, POTTER, 1969] consiste à déterminer deux estimations de la même grandeur : $\hat{x}_A(t)$, à partir des informations passées $(< t)$ et $\hat{x}_R(t)$, à partir des informations futures $(> t)$. Puis on réalise une moyenne $\hat{x}_L(t)$ entre ces deux estimations, sous la forme :

$$\hat{x}_L(t) = P_L(P_A^{-1}\hat{x}_A(t) + P_R^{-1}\hat{x}_R(t)), \tag{5.194}$$

où $P_L = (P_A^{-1} + P_R^{-1})^{-1}$, P_A est la matrice de covariance d'erreur d'estimation obtenue par le filtrage "Aller" à t, et P_R est celle obtenue par le filtrage "Retour". La formule (5.194) peut être interprétée immédiatement : les matrices de covariance d'erreur représentent la précision avec laquelle est connue l'estimation (lorsque $\| P \|$ diminue, la précision augmente), il est naturel de prendre comme valeur lissée une pondération, à l'aide des matrices de covariance, de chacune des estimations obtenues. Ce qu'il faut noter ici, c'est que cette pondération est optimale. En effet, on cherche une estimation d'une variable $x(t)$ à partir :

— d'une condition initiale $\hat{x}_A(t)$ de variance P_A ;
— d'une mesure $\hat{x}_R(t)$ de variance P_R.

Comme tout se déroule au même instant, on peut considérer que $x(t)$ est un "système" indépendant du temps :

$$A_k = I, \ B_k = 0, \ C_k = I, \ R_k = P_R, \ P_{k/k-1} = P_A, \qquad (5.195)$$

et l'application d'un filtre de Kalman sur ce "système" conduit, suivant les formules (4.26), (4.29) et (4.18) aux expressions optimales :

— covariance de l'erreur d'estimation $(P_{k/k} = P_T)$:

$$P_L^{-1} = P_A^{-1} + P_R^{-1}; \qquad (5.196)$$

— gain du filtre optimal :

$$K = P_L P_R^{-1}; \qquad (5.197)$$

— estimation optimale :

$$
\begin{aligned}
\hat{x}_L(t) &= \hat{x}_A(t) + K(\hat{x}_R(t) - \hat{x}_A(t)), \\
&= [I - P_L P_R^{-1}]\hat{x}_A(t) + P_L P_R^{-1}\hat{x}_R(t), \qquad (5.198) \\
&= P_L(P_A^{-1}\hat{x}_A(t) + P_R^{-1}\hat{x}_R(t)).
\end{aligned}
$$

Ces relations justifient les formules de lissage (5.194).

5.3.2.2 Equations du filtre lisseur

Nous établirons, pour être plus brefs, les équations du filtre lisseur dans le cas d'un système continu, la transposition au cas d'un système discret étant immédiate. Considérons le système continu :

$$
\begin{aligned}
\dot{x}(t) &= Ax(t) + Bu(t) + Gw(t), \\
y(t) &= Cx(t) + v(t),
\end{aligned}
\qquad (5.199)
$$

où les notations sont définies en (5.107). Nous rappelons simplement ici que le vecteur initial $x(0)$ a pour moyenne *a priori* m_0 et pour covariance centrée *a priori* P_0 ; les bruits $v(t)$ et $w(t)$ sont centrés, non corrélés et de covariances respectives R et Q. Toutes ces matrices peuvent dépendre éventuellement du temps mais l'argument t est ici omis. On suppose donc que l'on connait $y(t)$ pour $t \in [0, T]$ et on désire construire un filtre lisseur décrivant l'évolution de l'estimation lissée $\hat{x}_L(t)$ et la matrice de covariance d'erreur de lissage $P_L(t)$, pour $t \in [0, T]$.

A. Filtres "Aller" et "Retour"

Le filtre "Aller" est le filtre de Kalman continu associé au système (5.199). Ce filtre décrit l'évolution de $\hat{x}_A(t)$ et $P_A(t)$ sous la forme des équations :

$$\begin{aligned}
\dot{\hat{x}}_A(t) &= A\hat{x}_A(t) + Bu(t) + P_A(t)C^T R^{-1}[y(t) - C\hat{x}_A(t)], \\
\dot{P}_A(t) &= AP_A(t) + P_A(t)A^T + GQG^T - P_A(t)C^T R^{-1}CP_A(t),
\end{aligned} \qquad (5.200)$$

à partir des conditions initiales, $\hat{x}_A(0) = m_0$ et $P_A(0) = P_0$.

Pour obtenir le filtre "Retour", le changement de variable, $t' = T - t$, conduit l'équation d'évolution rétrograde du système (5.199) :

$$\begin{aligned}
\frac{\mathrm{d}x(t')}{\mathrm{d}t'} &= -Ax(t') - Bu(t) - Gw(t'), \\
y(t') &= Cx(t') + v(t').
\end{aligned} \qquad (5.201)$$

Comme la covariance des bruits est inchangée par cette transformation, le filtre de Kalman continu sur (5.201) conduit aux équations d'évolution de $\hat{x}_R(t')$ et $P_R(t')$:

$$\begin{aligned}
\frac{\mathrm{d}\hat{x}_R(t')}{\mathrm{d}t'} &= -A\hat{x}_R(t') - Bu(t') + P_R(t')C^T R^{-1}[y(t') - C\hat{x}_R(t')], \\
\frac{\mathrm{d}P_R(t')}{\mathrm{d}t'} &= -AP_R(t') - P_R(t')A^T + GQG^T - P_R(t')C^T R^{-1}CP_R(t').
\end{aligned} \qquad (5.202)$$

Le filtre "Retour" est obtenu en revenant à la variable t, ce qui donne :

$$\begin{aligned}
\dot{\hat{x}}_R(t) &= A\hat{x}_R(t) + Bu(t) - P_R(t)C^T R^{-1}[y(t) - C\hat{x}_R(t)], \\
\dot{P}_R(t) &= AP_R(t) + P_R(t)A^T - GQG^T + P_R(t)C^T R^{-1}CP_R(t),
\end{aligned} \qquad (5.203)$$

qui doivent être intégrées à rebours, à partir des conditions finales $\hat{x}_R(T)$ et $P_R(T)$.

B. Evolution de la covariance d'erreur de lissage

L'utilisation de la relation :

$$(\dot{P^{-1}}) = -P^{-1}\dot{P}P^{-1}, \qquad (5.204)$$

permet d'écrire, à partir de (5.200) et (5.203) :

$$\begin{aligned}
(\dot{P}_A^{-1}(t)) &= -P_A^{-1}(t)A - A^T P_A^{-1}(t) \\
&\quad - P_A^{-1}(t)GQG^T P_A^{-1}(t) + C^T R^{-1}C, \\
(\dot{P}_R^{-1}(t)) &= -P_R^{-1}(t)A - A^T P_R^{-1}(t) \\
&\quad + P_R^{-1}(t)GQG^T P_R^{-1}(t) - C^T R^{-1}C.
\end{aligned} \qquad (5.205)$$

On obtient donc, d'après (5.205) :

$$(\dot{P_L^{-1}(t)}) = -P_L^{-1}(t)[A + GQG^T P_A^{-1}(t)]$$
$$-[A + GQG^T P_A^{-1}(t)]^T P_L^{-1}(t) + P_L^{-1}(t)GQG^T P_L^{-1}(t).$$
$$(5.206)$$

$P_L(t)$ est donc défini par l'équation différentielle linéaire :

$$(\dot{P_L(t)}) = [A + GQG^T P_A^{-1}(t)]P_L(t)$$
$$P_L(t)[A + GQG^T P_A^{-1}(t)]^T - GQG^T,$$
$$(5.207)$$

avec $P_L(T) = P_A(T)$ comme condition terminale.

C.   Evolution de l'état lissé

A partir de la relation (5.194), on obtient :

$$\dot{\hat{x}}_L(t) = \dot{P}_L(t)[P_A^{-1}(t)\hat{x}_A(t) + P_R^{-1}(t)\hat{x}_R(t)]$$
$$+P_L(t)\ [(\dot{P_A^{-1}(t)})\hat{x}_A(t) + (\dot{P_R^{-1}(t)})\hat{x}_R(t)$$
$$+P_A^{-1}(t)\dot{\hat{x}}_A(t) + P_R^{-1}(t)\dot{\hat{x}}_R(t)].$$
$$(5.208)$$

Ce qui, en utilisant les relations précédentes, s'écrit, après quelques simplifications, sous la forme :

$$\dot{\hat{x}}_L(t) = A\hat{x}_L(t) + Bu(t) + GQG^T P_A^{-1}(t)[\hat{x}_L(t) - \hat{x}_A(t)],   (5.209)$$

avec $x_L(T) = x_A(T)$.

Ainsi le lissage continu peut être obtenu par :

— un filtrage "Aller" à partir de la condition initiale m_0, P_0 ; on déduit alors $\hat{x}_A(t), P_A(t)$ pour tout t dans $[0, T]$, en particulier les valeurs finales $\hat{x}_A(T)$ et $P_A(T)$;

— un lissage "Retour" à partir de ces valeurs finales, sur tout l'intervalle $[0, T]$ par intégration à rebours du système (5.209).

5.3.3   Identification

Le filtrage permettant d'estimer des variables dynamiques à partir d'un ensemble de mesures, il est naturel qu'un des principaux domaines d'application du filtre de Kalman (après la génération de commande par retour d'état) soit l'estimation de paramètres du système. En tant que méthode d'identification nous verrons que l'utilisation du filtre de Kalman peut se faire directement à partir d'une régression linéaire ou bien sous la **forme filtre** ou **processus d'innovation**.

5.3.3.1   Estimation de paramètres

De nombreuses méthodes d'identification conduisent à exprimer la relation entre les paramètres inconnus du système et les mesures, sous la forme d'une régression linéaire :

$$y_k = C_k \Theta_k + l_k, \qquad (5.210)$$

où Θ_k est le vecteur des paramètres à estimer, y_k et C_k sont un vecteur et une matrice issus des mesures et l_k est un bruit (ou erreur) d'équation.

Si l'on suppose que la séquence $\{l_k\}$ est la réalisation d'une variable aléatoire centrée dont on connait la variance Σ, on peut, en considérant les paramètres à déterminer comme constants, résoudre ce problème de façon récurrente par un filtre de Kalman. En effet, les paramètres constants sont décrits par l'équation d'état :

$$\Theta_{k+1} = \Theta_k, \qquad (5.211)$$

ce qui, associé à l'équation de mesure (5.210) conduit au filtre estimateur optimal des paramètres :

$$
\begin{aligned}
\hat{\Theta}_{k+1} &= \hat{\Theta}_k + K_k(y_k - C_k\hat{\Theta}_k), \\
K_k &= P_k C_k^T (C_k P_k C_k^T + \Sigma)^{-1}, \\
P_{k+1} &= P_k - K_k C_k P_k.
\end{aligned}
\qquad (5.212)
$$

dont les expressions sont à rapprocher des formules de moindres carrés récurrents.

Cette méthode peut également être employée (contrairement aux moindres carrés récursifs) dans des cas plus généraux comme, par exemple, les systèmes non stationnaires où les paramètres dépendent du temps. L'équation (5.211) est alors remplacée par l'équation d'évolution :

$$\Theta_{k+1} = \Theta_k + w_k, \qquad (5.213)$$

où w_k est un bruit blanc.

Dans le cas où l'on ne peut se ramener à la forme (5.210) (par exemple : modèle à régression non linéaire ou identification simultanée de paramètres et de l'état d'un système), on utilise le **filtre de Kalman étendu** qui est une extension aux systèmes non-linéaires du filtre de Kalman. Le principe du filtre étendu consiste à appliquer un filtrage linéaire sur le système non-linéaire, linéarisé autour d'un point de fonctionnement (avec toutes les réserves sur les limites de validité que cela comporte).

Considérons le système défini par l'équation d'état :

$$
\begin{aligned}
x_{k+1} &= A(\Theta)x_k + B(\Theta)u_k + Gw_k, \\
y_k &= C(\Theta)x_k + v_k,
\end{aligned}
\qquad (5.214)
$$

où A, B, C sont des matrices dépendant de paramètres regroupés dans le vecteur Θ, et l'on veut, dans un même filtre, estimer simultanément l'état x_k et Θ. On construit le vecteur d'état augmenté :

$$X_k = \begin{bmatrix} x_k \\ \Theta_k \end{bmatrix}, \tag{5.215}$$

où Θ_k est défini par l'équation (5.211).

Il est évident que le système décrivant X_k est non-linéaire. Après linéarisation, un filtre de Kalman peut permettre d'estimer correctement toutes les variables.

5.3.3.2 Forme filtre

La forme filtre (ou processus d'innovation) a été introduite par [KAILATH, 1968]. L' **innovation** est la différence, non prévisible, entre la mesure réalisée à l'instant t et la prédiction optimale de cette mesure, compte tenu des informations passées. Elle a pour expression (suivant les formules des filtres de Kalman) :

— pour le cas continu :

$$\tilde{y}(t) = y(t) - C\hat{x}(t), \tag{5.216}$$

— pour le cas discret :

$$\tilde{y}_k = y_k - C\hat{x}_{k/k-1}, \tag{5.217}$$

et l'évolution de la valeur filtrée (dans le cas discret stationnaire) est donnée par :

$$\hat{x}_{k+1/k} = A\hat{x}_{k/k-1} + Bu_k + K\tilde{y}_k, \tag{5.218}$$

où K est la valeur limite du gain optimal.

Si le filtre est optimal, $\tilde{y}_k$ possède la propriété d'être une séquence blanche (en effet, $\tilde{x}_{k/k-1}$ et w_k sont orthogonaux à toutes les mesures de y_0 à y_{k-1}). Suivant les équations 5.217 et 5.218, que l'on peut mettre sous la forme (en posant $\hat{x}_{k+1/k} = X_{k+1}$) :

$$\begin{aligned} X_{k+1} &= AX_k + Bu_k + K\tilde{y}_k, \\ y_k &= CX_k + \tilde{y}_k, \end{aligned} \tag{5.219}$$

on montre que la sortie du système initial, sur lequel intervenait un bruit d'entrée et un bruit de mesure, peut être considérée comme la sortie d'un système d'état X_k perturbé par une seule séquence blanche de dimension inférieure aux séquences aléatoires $\{w_k^T, v_k^T\}$ initiales. On a donc intérêt à chercher directement une modélisation d'un système sous la forme filtre (5.219). L'autre intérêt de considérer cette forme est de pouvoir déterminer directement K, gain limite optimal du filtre de Kalman du système.

Si l'on prend la transformée en z du processus d'innovation, il vient :

$$X(z) = (zI - A)^{-1}[BU(z) + K\tilde{Y}(z)], \tag{5.220}$$

soit :

$$Y(z) = [C(zI - A)^{-1}B]U(z) + [I + C(zI - A)^{-1}K]\tilde{Y}(z). \qquad (5.221)$$

On reconnait alors un modèle ARMAX de la forme :

$$\mathcal{A}(z)Y(z) = \mathcal{B}(z)U(z) + \mathcal{C}(z)\tilde{Y}(z), \qquad (5.222)$$

dont on peut déterminer les paramètres par des méthodes classiques d'identification [FAVIER,1982; LJUNG,1988].

CHAPITRE 6

Problèmes et exercices résolus

6.1 Alunissage

Ce problème est tiré de [J. MEDITCH, 1964].

6.1.1 Présentation du problème

Une fusée se déplace dans le champ de pesanteur g de la lune. La poussée dirigée vers le bas s'effectue par éjection des gaz et est proportionnelle à la consommation de masse. Il vient en notant respectivement m et z la masse et l'altitude de la fusée à l'instant t :

$$m\ddot{z} = -k\dot{m} - mg, \tag{6.1}$$

avec k et g positifs.

L'objectif est, à partir des conditions initiales $z(t_0) = z_0$, $\dot{z}(t_0) = \dot{z}_0$, $m(t_0) = m_0$, de se poser sans heurt, c'est-à-dire avec $z(t_f) = \dot{z}(t_f) = 0$ en minimisant la consommation de carburant ($m(t_f) = m_f$ maximum), l'instant t_f étant non fixé et la consommation de carburant étant soumise à la contrainte :

$$0 \leq -\dot{m} \leq \delta. \tag{6.2}$$

6.1.2 Mise en équation

En posant :

$$x_1 = z,$$
$$x_2 = \dot{z},$$
$$x_3 = m,$$
$$u = -\dot{m},$$

il vient les équations d'état :

$$\dot{x}_1 = x_2,$$

$$\dot{x}_2 = -g + \frac{ku}{x_3},$$

$$\dot{x}_3 = -u,$$

avec les conditions terminales $x_1(t_0) = z_0$, $x_2(t_0) = \dot{z}_0$, $x_3(t_0) = m_0$, $x_1(t_f) = 0$, $x_2(t_f) = 0$.

Le critère conduit à minimiser :

$$J = \int_{t_0}^{t_f} u \, dt, \qquad (6.3)$$

avec la contrainte :

$$0 \le u \le \delta. \qquad (6.4)$$

6.1.3   Résolution

A.   *Expression du Hamiltonien*

$$H = -u + \lambda_1 x_2 + \lambda_2 \left(-g + \frac{ku}{x_3}\right) - \lambda_3 u. \qquad (6.5)$$

B.   *Maximisation du Hamiltonien*

Le Hamiltonien étant une fonction linéaire de u :

$$H = \lambda_1 x_2 - \lambda_2 g + \left(-1 - \lambda_3 + \frac{\lambda_2 k}{x_3}\right) u, \qquad (6.6)$$

le maximum de H sera obtenu en saturant la contrainte.

Il vient, en notant :

$$\alpha = -1 - \lambda_3 + \frac{k\lambda_2}{x_3}, \qquad (6.7)$$

$$u = \begin{cases} \delta \text{ si } \alpha > 0, \\ 0 \text{ si } \alpha < 0 \end{cases} . \qquad (6.8)$$

On doit donc étudier le signe de α. A l'aide des relations tirées de $\dot{\lambda} = -H_x$, le calcul de $\frac{d\alpha}{dt}$ donne :

$$\frac{d\alpha}{dt} = -\dot{\lambda}_3 + k\frac{\dot{\lambda}_2}{x_3} - \frac{k\lambda_2 \dot{x}_3}{x_3^2}, \qquad (6.9)$$

$$= -\frac{ku\lambda_2}{x_3^2} - \frac{k\lambda_1}{x_3} + \frac{k\lambda_2 u}{x_3^2} = -\frac{k\lambda_1}{x_3}. \qquad (6.10)$$

Comme $\lambda_1 = c_1 = $ cste et $x_3 > 0$, $\frac{\mathrm{d}\alpha}{\mathrm{d}t}$ est de signe constant, il en résulte que α s'annule, et donc change de signe, au plus une fois.

Il est évident que la poussée ne peut être coupée avant alunissage terminé, sinon la fusée tomberait. On doit donc avoir $u = 0$ de t_0 à t_c puis $u = \delta$ de t_c à t_f.

C.   Etudes des trajectoires

— pour $t \in [t_0, t_c[$, $u = 0$, il vient :

$$\dot{x}_1 = x_2,$$
$$\dot{x}_2 = -g,$$
$$\dot{x}_3 = 0,$$

soit

$$x_1(t) = z_0 - \tfrac{1}{2}g(t - t_0)^2 + \dot{z}_0(t - t_0),$$
$$x_2(t) = \dot{z}_0 - gt,$$
$$x_3(t) = m_0.$$

La trajectoire de la fusée est donc représentée par une parabole dans le plan (x_1, x_2), d'équation :

$$x_1 = z_0 - \frac{1}{2g}(x_2^2 - z_0^2), \tag{6.11}$$

et pour $t = t_c$, on a $x_1(t_c) = x_{1c}$, $x_2(t_c) = x_{2c}$, $x_3(t_c) = x_{3c}$;
— pour $t \in [t_c, t_f[$, $u = \delta$, il vient :

$$\dot{x}_1 = x_2,$$
$$\dot{x}_2 = -g + \frac{k\delta}{x_3},$$
$$\dot{x}_3 = -\delta,$$

en partant des conditions initiales x_{1c}, x_{2c}, x_{3c}, à l'instant t_c. Il vient :

$$x_3(t) \quad = \quad m_0 - \delta(t - t_c), \tag{6.12}$$

$$\dot{x}_2 \quad = \quad \frac{k\delta}{m_0 - \delta(t - t_c)} - g. \tag{6.13}$$

L'intégration par la formule :

$$\int \log x \, \mathrm{d}x = x(\log x - 1) \tag{6.14}$$

conduit à la trajectoire définie par :

$$x_2(t) = x_{2c} - g(t - t_c) - k \log(1 - \frac{\delta(t - t_c)}{m_0}), \qquad (6.15)$$

$$x_1(t) = x_{1c} - \frac{1}{2} g(t - t_c)^2 + x_{2c}(t - t_c)$$

$$+ \frac{km_0}{\delta}(1 - \frac{\delta(t - t_c)}{m_0}) \log(1 - \frac{\delta(t - t_c)}{m_0})$$

$$+ k(t - t_c). \qquad (6.16)$$

Les conditions terminales imposant $x_1(t_f) = x_2(t_f) = 0$, on obtient dans le plan (x_1, x_2) la courbe de commutation définie par x_{1c} et x_{2c} paramètrée en τ telle que :

$$x_{2c} = g\tau + k \log(1 - \frac{\delta\tau}{m_0}), \qquad (6.17)$$

$$x_{1c} = \frac{3}{2} g\tau^2 + \frac{km_0}{\delta} \log(1 - \frac{\delta\tau}{m_0}) + k\tau. \qquad (6.18)$$

La variable z qui représente en fait $t_f - t_c$, évolue de 0 à $\frac{m_0 - m_f}{\delta}$.

Les trajectoires dans le plan (x_1, x_2) sont représentées figure 6.1.

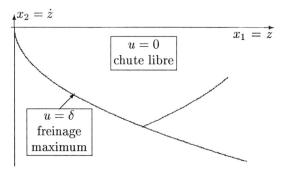

FIG. 6.1 : Résolution du problème d'alunissage.

En réalité, la masse évoluant à partir de l'instant d'allumage des réacteurs, il serait préférable de définir une surface de commutation dans $\mathcal{R}^3$, ce qui explique la non concordance effective de la courbe d'allumage dans le plan (x_1, x_2) avec la trajectoire dans le même plan une fois cet allumage effectué. La ligne de commutation de la figure 6.1 correspondant à l'intersection de cette surface de $\mathcal{R}^3$ avec le plan $x_3 = m_0$.

Il est évident que si le point $x_1 = z_0$, $x_2 = \dot{z}_0$ appartient à la zone située sous la surface de commutation, il n'y a pas de solution car il est trop tard pour effectuer le freinage.

En pratique, on lance la poussée de freinage avant d'atteindre la commutation, ce qui permet, en fin d'alunissage, d'annuler la poussée par un freinage linéaire plus doux et permettant de plus, de compenser d'éventuelles perturbations ou erreurs par rapport au modèle utilisé.

6.2 Problème du brachistochrone

6.2.1 Formulation du problème

Une particule de masse m partant de l'origine glisse sous l'action de la pesanteur le long d'une courbe située dans le plan vertical (x, z) (fig.6.2). Le problème est de déterminer la courbe qui permette d'atteindre le point (x_f, z_f) fixé en temps minimum, le départ se faisant à vitesse nulle.

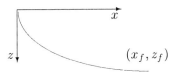

FIG. 6.2 : Profil de glissement.

Notons u_1 et u_2 les vitesses horizontales et verticales. L'énergie cinétique de la particule est égale à sa variation d'énergie potentielle. Il vient :

$$\frac{1}{2}m(u_1^2 + u_2^2) = mgz, \tag{6.19}$$

soit :

$$u_1^2 + u_2^2 = 2gz.$$

Pour une altitude z fixée, le vecteur vitesse est parfaitement défini par la variable α :

$$u_1 = \sqrt{2gz}\cos\alpha, \tag{6.20}$$

$$u_2 = \sqrt{2gz}\sin\alpha, \tag{6.21}$$

il vient la mise en équation :

$$\dot{x} = u_1, \tag{6.22}$$

$$\dot{z} = u_2. \tag{6.23}$$

6.2.2   Résolution

Le Hamiltonien prend la forme :

$$H = -1 + \lambda_1 u_1 + \lambda_2 u_2. \tag{6.24}$$

Le vecteur adjoint est donc caractérisé par :

$$\dot{\lambda}_1 \;=\; 0 \quad \rightarrow \quad \lambda_1 = c_1, \tag{6.25}$$

$$\dot{\lambda}_2 \;=\; 0 \quad \rightarrow \quad \lambda_2 = c_2. \tag{6.26}$$

La maximisation du Hamiltonien, pour z donné, conduit à prendre le vecteur adjoint colinéaire au vecteur vitesse, soit :

$$\lambda_1 \;=\; \beta \cos\alpha, \tag{6.27}$$

$$\lambda_2 \;=\; \beta \sin\alpha. \tag{6.28}$$

Le processus étant stationnaire, le Hamiltonien est constant. Comme de plus, l'instant final est non fixé, le Hamiltonien est nul à l'instant final, et donc, constamment nul. Il vient :

$$-1 + \lambda_1 u_1 + \lambda_2 u_2 = 0, \tag{6.29}$$

soit

$$-1 + \beta\sqrt{2gz} = 1, \quad \rightarrow \beta = \frac{1}{\sqrt{2gz}}. \tag{6.30}$$

d'où puisque $\lambda_1 = c_1$:

$$\cos\alpha = c_1\sqrt{2gz}, \tag{6.31}$$

soit :

$$2gzc_1 = \dot{x}. \tag{6.32}$$

En multipliant termes à termes cette expression et la relation exprimant la conservation de l'énergie, on obtient :

$$(2gzc_1)^2 \left\{ \left(\frac{dx}{dt}\right)^2 + \left(\frac{dz}{dt}\right)^2 \right\} = 2gz \left(\frac{dx}{dt}\right)^2, \tag{6.33}$$

soit :

$$z\left(1 + \left(\frac{dz}{dx}\right)^2\right) = \text{cste}, \tag{6.34}$$

qui correspond à l'équation d'une cycloïde.

La courbe de glissement optimale est donc définie par les relations :

$$x \;=\; l(\Theta - \sin\Theta), \tag{6.35}$$

$$z \;=\; l(1 - \cos\Theta), \tag{6.36}$$

avec les conditions $x(t_f) = x_f$ et $z(t_f) = z_f$, qui permettent de déterminer la valeur de l.

6.3 Mobile en déplacement dans un milieu résistant

6.3.1 Présentation du problème

Dans ce problème, un véhicule de masse m à l'instant t se déplace selon une trajectoire linéaire avec une poussée proportionnelle à la consommation de masse, la résistance du milieu étant proportionnelle au carré de sa vitesse.

Il vient la loi d'évolution :

$$m\ddot{x}^2 = -k_1 \dot{m} - k_2 \dot{x}^2,$$

expression dans laquelle x désigne l'abscisse du véhicule à l'instant t et k_1, k_2 deux coefficients positifs.

La masse du véhicule, égale à m_0 à l'instant t_0, ne peut descendre en dessous de m_f, masse du véhicule vide de carburant. La vitesse de consommation de masse est bornée $0 \leq -\dot{m} \leq \delta$.

Le problème posé est, partant des conditions initiales m_0, x_0, $\dot{x}_0$ de déterminer la loi de poussée (consommation de masse) permettant de maximiser le déplacement (x_f maximum avec $\dot{x}_0 \geq 0$) avec la vitesse finale $\dot{x}_f$ fixée.

6.3.2 Formulation

Notons $x_1 = \dot{x}, x_2 = m$, et $u = -\dot{m}$, il vient l'équation d'état :

$$\dot{x}_1 = k_1 \frac{u}{x_2} - k_2 \frac{x_1^2}{x_2},$$
$$\dot{x}_2 = -u.$$

pour laquelle il s'agit de minimiser le critère :

$$J = \int_{t_0}^{t_f} -x_1 \, \mathrm{d}t. \tag{6.37}$$

Les contraintes se mettent sous la forme :

$$0 \leq u \leq \delta,$$
$$m_f \leq m \leq m_0,$$

et les conditions terminales sont, à l'instant initial, $x_1(t_0) = \dot{x}_0$, $x_2(t_0) = m_0$, t_0, fixés, à l'instant final $x_1(t_f) = \dot{x}_f$, $x_2(t_f) = m_f$, fixés, et t_f non fixé.

6.3.3   Recherche de la solution optimale

Pour ce problème, le Hamiltonien a pour expression :

$$H = x_1 + \lambda_1(k_1\frac{u}{x_2} - k_2\frac{x_1^2}{x_2}) - \lambda_2 u, \tag{6.38}$$

le vecteur adjoint est donc régi par les équations :

$$\dot{\lambda}_1 = -1 + 2\lambda_1 k_2\frac{x_1}{x_2},$$

$$\dot{\lambda}_2 = \frac{\lambda_1(k_1 u - k_2 x_1^2)}{x_2^2}.$$

H étant linéaire par rapport à u, il sera maximum en saturant les contraintes, il vient :

$$u = \begin{cases} 0 \text{ si } \dfrac{\lambda_1 k_1}{x_2} - \lambda_2 \leq 0, \\[2mm] \delta \text{ si } \dfrac{\lambda_1 k_1}{x_2} - \lambda_2 > 0. \end{cases} \tag{6.39}$$

La loi de commande dépend donc du signe de α :

$$\alpha = \frac{\lambda_1 k_1}{x_2} - \lambda_2.$$

Le temps final étant non fixé, le maximum du Hamiltonien est nul à l'instant final. Comme de plus, le Hamiltonien ne dépend pas explicitement du temps, il vient :

$$\frac{\mathrm{d}H}{\mathrm{d}t} = H_t = 0, \tag{6.40}$$

ce qui avec $H(t_f) = 0$, implique $H \equiv 0$.

Calculons le signe de $\dot{\alpha}$ au moment où α s'annule. Compte tenu des équations d'état et de la relation $H = 0$, il vient, au moment où $\alpha = 0$:

$$\dot{\alpha} = \frac{x_1 + k_1}{x_2}, \tag{6.41}$$

c'est-à-dire $\dot{\alpha} > 0$. Il en résulte que α est une fonction croissante du temps lorsqu'elle s'annule, elle change donc de signe au plus une fois. Comme la solution $u \equiv 0$ n'est pas envisageable, on a donc $u = 0$ puis $u = \delta$, ou $u = \delta$ dès le début.

La solution envisagée ne présente de sens que si la valeur $\dot{x}_f$ choisie est atteignable en partant de $\dot{x}_0$ tout en conservant la liberté du choix de la commande, c'est-à-dire tant que $x_2 > m_f$.

Notons t_c l'instant de commutation, c'est-à-dire l'instant où u passe de la valeur 0 à la valeur δ. Il vient pour $t \in [t_0\,,\,t_c[$:

$$u = 0,$$

$$\dot{x}_1 = -k_2\frac{x_1^2}{x_2},$$

$$\dot{x}_2 = 0,$$

soit :

$$-\frac{\dot{x}_1}{x_1^2} = \frac{k_2}{m_0}, \tag{6.42}$$

ce qui par intégration donne :

$$\frac{1}{x_1} - \frac{1}{\dot{x}_0} = \frac{k_2}{m_0}(t - t_0) \, , \, x_2 = m_0, \tag{6.43}$$

Pour $t \in [t_c \, , \, t_f[$, $u = \delta$, soit :

$$\dot{x}_1 = \frac{k_1\delta}{x_2} - k\frac{x_1^2}{x_2},$$

$$\dot{x}_2 = -\delta.$$

Il vient, par élimination de $\mathrm{d}t$:

$$\frac{\mathrm{d}x_1}{\mathrm{d}x_2} = -\frac{k_1}{x_2} + \frac{k_2 x^2}{\delta x_2}, \tag{6.44}$$

$$\frac{\mathrm{d}x_1}{x_1^2 - A^2} = \frac{k_2}{\delta}\frac{\mathrm{d}x_2}{x_2}, \tag{6.45}$$

avec :

$$A = \sqrt{\frac{\delta k_1}{k_2}}. \tag{6.46}$$

Après intégration avec les conditions finales fixées, on obtient :

$$\frac{1}{2A}\log\left(\left|\frac{A - x_1}{A + x_1}\right|\right) - \frac{1}{2A}\log\left(\left|\frac{A - \dot{x}_f}{A + \dot{x}_f}\right|\right) = \frac{k_2}{\delta}\log\frac{x_2}{m_f}. \tag{6.47}$$

La commutation a lieu lorsque $x_2 = m_0$, soit pour t_c tel que :

$$\frac{1}{2A}\log\left(\left|\frac{A - x_{1c}}{A + x_{1c}}\right|\left|\frac{A + \dot{x}_f}{A - \dot{x}_f}\right|\right) = \frac{k_2}{\delta}\log\frac{m_0}{m_f}, \tag{6.48}$$

$$\frac{1}{x_{1c}} - \frac{1}{\dot{x}_0} = \frac{k_2}{m_0}(t_c - t_0), \tag{6.49}$$

comme $t_c \geq t_0$, la solution, lorsqu'elle existe, vérifie $x_{1c} < \dot{x}_0$, cette condition exprime qu'en l'absence de poussée la vitesse décroît, et $\dot{x}_f > x_{1c}$ qui exprime que la vitesse croît sous l'action de la poussée.

Remarque :

La recherche de la commande assurant la maximisation de la distance parcourue avec une contrainte sur la vitesse finale $\dot{x}_f$ fixée, ne vérifiant pas les conditions précédentes implique d'effectuer l'étude en deux étapes :

— exprimer sous forme littérale la commande optimale entre t_0 et $t_{f'}$ pour $x_{1f'} \simeq \dot{x}(t_{f'})$ fixé compatible avec (6.48) et (6.49) où $t_{f'}$ désigne l'instant où tout le combustible a été utilisé ;

— exprimer l'évolution de $x(t)$ sans poussée à partir de $t_{f'}$ jusqu'à l'instant t_f où $x_1(t_f) = \dot{x}_f \neq 0$, il vient pour $t \in [t_{f'}, t_f]$:

$$\frac{1}{x_1} - \frac{1}{x_{1f'}} = \frac{k_2}{m_f}(t - t_{f'}), \qquad (6.50)$$

l'instant t_f étant tel que $x_1(t_f) = \dot{x}_f$.

La distance parcourue pour le système évoluant sans poussée entre les instants $t_{f'}$ et t_f s'écrit alors :

$$x(t_f) - x(t_{f'}) = \int_{t_{f'}}^{t_f} x_1(t)\mathrm{d}t = \int_{t_{f'}}^{t_f} \frac{\mathrm{d}t}{\dfrac{k_2}{m_f}(t - t_{f'}) + \dfrac{1}{x_{1f'}}}, \qquad (6.51)$$

avec $x(t_{f'})$ solution du problème précédent, il vient :

$$x(t_f) = x(t_{f'}) + \frac{m_f}{k_2}\log(1 + \frac{k_2 \dot{x}_f}{m_f}(t_f - t_{f'})), \qquad (6.52)$$

il convient alors de choisir $\dot{x}(t_{f'}) = x_{1f'}$ compatible avec les contraintes (6.48) et (6.49) et tel que $x(t_f)$ soit maximum ce qui correspond à un problème d'optimisation classique.

6.4   Commande d'un moteur de laminoir

6.4.1   Formulation du problème

Le moteur de laminoir envisagé est commandé par l'induit à flux constant. L'objectif est de laminer une barre de longueur donnée L avec un couple résistant C_r considéré indépendant de la vitesse. Les vitesses du produit à l'engagement et à l'éjection, notées x_0 et x_f ainsi que le temps $t_f - t_0$ de laminage sont fixés.

Le problème est de déterminer l'évolution optimale du couple d'accélération et de la vitesse du moteur en vue de minimiser les pertes ohmiques dans l'induit, puis d'optimiser le temps de laminage avec le même objectif. Pour mettre en équations ce problème, notons u le couple d'accélération du moteur, x la vitesse de déplacement, C_T le couple électro-magnétique total du moteur, C_r le couple résistant. Cela conduit à l'équation d'état :

$$\dot{x} = u, \qquad (6.53)$$

avec les conditions terminales, $t_0 = 0$, $x(0) = x_0$, t_f et $x(t_f) = x_f$ fixés.

Le courant dans l'induit est proportionnel au couple total $C_T = C_r + u$, la minimisation des pertes ohmiques conduit donc à minimiser :

$$J = \int_0^{t_f} (C_r + u)^2 \mathrm{d}t, \qquad (6.54)$$

avec la contrainte :

$$\int_0^{t_f} x \mathrm{d}t = L. \tag{6.55}$$

6.4.2   Recherche de la solution optimale

Pour tenir compte de la contrainte intégrale, nous utiliserons le hamiltonien modifié :

$$\mathcal{H} = -(C_r + u)^2 + \lambda u + \gamma x. \tag{6.56}$$

Le vecteur adjoint est donc régi par :

$$\dot{\lambda} = -\mathcal{H}_x = -\gamma, \tag{6.57}$$

soit, puisque γ est constant (contrainte intégrale) :

$$\lambda = -\gamma t + c_1. \tag{6.58}$$

La maximisation du Hamiltonien conduit à :

$$\mathcal{H}_u = -2(C_r + u) + \lambda = 0, \tag{6.59}$$

soit :

$$u^* = +\frac{\lambda}{2} - C_r = \frac{c_1}{2} - C_r - \frac{\gamma t}{2}. \tag{6.60}$$

Après intégration de l'équation d'état, on obtient :

$$x = (\frac{c_1}{2} - C_r)t - \frac{\gamma t^2}{4} + c_2. \tag{6.61}$$

Il vient pour les conditions terminales :

$$x_0 = c_2,$$

$$x_f = (\frac{c_1}{2} - C_r)t_f - \frac{\gamma t_f^2}{4} + x_0,$$

et la contrainte intégrale s'écrit alors :

$$(\frac{c_1}{2} - C_r)\frac{t_f^2}{2} - \frac{\gamma t_f^3}{12} + x_0 t_f = L, \tag{6.62}$$

d'où :

$$\frac{c_1}{2} - C_r = \frac{6}{t_f^2}[L - x_0 t_f - (x_f - x_0)\frac{t_f}{3}],$$

$$\gamma = \frac{24}{t_f^3}[L - x_0 t_f - (x_f - x_0)\frac{t_f}{2}].$$

Le couple optimal u^* évolue donc suivant une loi linéaire alors que l'évolution de la vitesse x^* est parabolique :

$$u^* = -\frac{12}{t_f^3}[L - x_0 t_f - (x_f - x_0)\frac{t_f}{2}]t + \frac{6}{t_f^2}[L - x_0 t_f - (x_f - x_0)\frac{t_f}{3}],$$

$$x^* = -\frac{6}{t_f^3}[L - x_0 t_f - (x_f - x_0)\frac{t_f}{2}]t^2 + \frac{6}{t_f^2}[L - x_0 t_f - (x_f - x_0)\frac{t_f}{3}]t + x_0.$$

La solution est indépendante du couple résistant, et pour $x_0 = x_f$, les expressions se simplifient et il vient :

$$u^* = \frac{6(L - x_0 t_f)}{t_f^2}[1 - \frac{2t}{t_f}],$$

$$x^* = -6(L - x_0 t_f)\frac{t^2}{t_f^3} + 6(L - x_0 t_f)\frac{t}{t_f^2} + x_0.$$

Pour $x_0 = x_f$, il vient en portant u^* dans J :

$$J = 12\frac{(L - x_0 t_f)^2}{t_f^3} + C_r^2 t_f,$$

dont le minimum est obtenu pour $J_{t_f} = 0$, soit :

$$C_r^2 t_f^4 - 24 x_0 t_f(L - x_0 t_f) - 36(L - x_0 t_f)^2 = 0, \qquad (6.63)$$

la solution à retenir doit bien sûr vérifier $t_f > 0$ et $t_f < \frac{L}{x_0}$, valeur qui correspond à un laminage à vitesse constante.

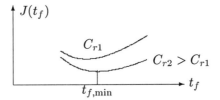

FIG. 6.3 : Evolution du critère.

La figure 6.3 qui représente l'évolution de $J(t_f)$ pour diverses valeurs du couple résistant fait apparaître que le minimum obtenu diminue lorsque C_r augmente, résultat non prévisible à partir de raisonnements physiques.

6.4.3   Recherche directe de la solution optimale à t_f non fixé

Nous étudierons le cas pour lequel $x_0 = x_f$. Dans ce cas, le maximum du Hamiltonien est nul à l'instant final et il vient la relation :

$$-(C_r + u_f)^2 + \lambda_f u_f + \gamma x_f = 0, \qquad (6.64)$$

soit en remplaçant u_f, λ_f, γ et x_f par leurs valeurs :

$$+2(C_r - \frac{6(L - x_0 t_f)}{t_f^2})(-6\frac{(L - x_0 t_f)}{t_f^2})$$

$$+\frac{24(L - x_0 t_f)}{t_f^3}x_0 - (C_r - 6\frac{(L - x_0 t_f)}{t_f^2})^2 = 0, \qquad (6.65)$$

soit :

$$- C_r^2 t_f^4 + 24 x_0 t_f (L - x_0 t_f) + 36(L - x_0 t_f)^2 = 0. \qquad (6.66)$$

On retrouve bien la condition :

$$J_{t_f} = 0, \qquad (6.67)$$

calculée dans précédemment et la suite de la résolution est identique.

6.5 Détermination de la commande optimale d'un système linéaire

6.5.1 Présentation du problème

L'objet de cet exercice est de préciser comment tenir compte d'un état final fixé, dans la commande optimale en temps fini pour un critère quadratique, le système étant linéaire stationnaire.

Nous utiliserons comme principe général de détermination de la commande étudiée, la méthode de la programmation dynamique, qui a déjà été présentée dans la section correspondante, et nous allons nous attacher ici à montrer plus en détail comment initialiser l'équation récurrente d'optimalité.

Envisageons un processus d'ordre $n = 3$, la commande étant de dimension 2 :

$$x_{k+1} = Ax_k + Bu_k, \qquad (6.68)$$

avec $A \in \mathcal{R}^{3 \times 3}$ et $B \in \mathcal{R}^{3 \times 2}$, matrices constantes, le revenu à minimiser s'exprimant sous la forme :

$$J(x_0, \{u_i\}) = \sum_0^{N-1} r(x_k, u_k), \qquad (6.69)$$

avec

$$r(x_k, u_k) = \frac{1}{2}(x_k^T Q x_k + 2 x_k^T S u_k + u_k^T R u_k), \qquad (6.70)$$

les matrices Q, S et R étant constantes. Les conditions terminales étant définies par :

$$x_0 \text{ et } x_N = x_f \text{ fixés.}$$

Nous avons vu que la commande optimale doit vérifier :

$$J_k^*(x_k) = \min_u \left\{ \frac{1}{2}(x_k^T Q x_k + 2x_k^T S u + u^T R u) + J_{k+1}^*(Ax_k + Bu) \right\}, \quad (6.71)$$

la récurrence étant initialisée à l'aide de :

$$J_{N-q}^*(x_{N-q}) = -\frac{1}{2}x_{N-q}^T K_{N-q} x_{N-q} + 2\beta_{N-q}^T x_{N-q} + \alpha_{N-q}, \quad (6.72)$$

le problème est donc de déterminer q, K_{N-q}, β_{N-q} et α_{N-q}.

6.5.2   Recherche de l'initialisation

Dans le problème étudié ici, il faut imposer :

$$x_N = Ax_{N-1} + Bu_{N-1} = x_f. \quad (6.73)$$

Pour x_{N-1} donné, le système comportant trois équations et deux inconnues, il n'est pas suffisant pour imposer x_N d'agir sur la seule commande u_{N-1}.

En écrivant :

$$x_N = A^2 x_{N-2} + ABu_{N-2} + Bu_{N-1} = x_f, \quad (6.74)$$

pour x_{N-2} donné, on obtient cette fois trois équations avec quatre inconnues, il reste donc un degré de liberté par rapport auquel il faut réaliser une optimisation. Le revenu $J_{N-2}(x_{N-2}, u_{N-1}, u_{N-2})$ s'écrit :

$$
\begin{aligned}
J_{N-2}(.) = {} & \frac{1}{2}(x_{N-2}^T Q x_{N-2} + 2x_{N-2}^T S u_{N-2} + u_{N-2}^T R u_{N-2}) \\
& + \frac{1}{2}((Ax_{N-2} + Bu_{N-2})^T Q (Ax_{N-2} + Bu_{N-2}) \\
& + 2(Ax_{N-2} + Bu_{N-2})^T S u_{N-1} + u_{N-1}^T R u_{N-1})), \quad (6.75)
\end{aligned}
$$

soit, pour x_{N-2} donné :

$$J_{N-2}(.) = \varphi(u_{N-1}, u_{N-2}). \quad (6.76)$$

Cette expression est à minimiser avec la contrainte :

$$A^2 x_{N-2} + ABu_{N-2} + Bu_{N-1} - x_f = 0, \quad (6.77)$$

il est donc équivalent d'optimiser sans contrainte l'expression :

$$
\begin{aligned}
\phi(u_{N-1}, u_{N-2}, \mu) = {} & \varphi(u_{N-1}, u_{N-2}) + \mu^T(A^2 x_{N-2} + ABu_{N-2} \\
& + Bu_{N-1} - x_f).
\end{aligned}
$$

il vient :

$$\phi_{u_{N-1}} = S^T(Ax_{N-2} + Bu_{N-2}) + Ru_{N-1} + B^T\mu = 0, \qquad (6.78)$$

$$\phi_{u_{N-2}} = S^T x_{N-2} + Ru_{N-2} + B^T Q(Ax_{N-2} + Bu_{N-2})$$

$$+ B^T Su_{N-1} + B^T A^T\mu = 0, \qquad (6.79)$$

$$\phi_\mu = A^2 x_{N-2} + ABu_{N-2} + Bu_{N-1} - x_f = 0. \qquad (6.80)$$

Nous avons cette fois un système de 7 équations à 7 inconnues qui, si le système est commandable, admet une solution et une seule :

$$\begin{bmatrix} R & S^T B & B^T \\ B^T S & R + B^T QB & B^T A^T \\ B & AB & 0 \end{bmatrix} \begin{bmatrix} u_{N-1} \\ u_{N-2} \\ \mu \end{bmatrix} = \begin{bmatrix} -S^T Ax_{N-2} \\ -(S^T + B^T QA)x_{N-2} \\ x_f - A^2 x_{N-2} \end{bmatrix}. \qquad (6.81)$$

La résolution de ce système linéaire conduit à la séquence des commandes optimales de la forme :

$$u_{N-1}^* = L_{N-1}x_{N-2} + \lambda_{N-1}, \qquad (6.82)$$

$$u_{N-2}^* = L_{N-2}x_{N-2} + \lambda_{N-2}. \qquad (6.83)$$

En portant ces expressions dans le revenu $J_{N-2}(x_{N-2}, u_{N-1}, u_{N-2})$, il vient $J_{N-2}^*(x_{N-2})$ de la forme :

$$J_{N-2}^*(x_{N-2}) = -\frac{1}{2}x_{N-2}^T K_{N-2} x_{N-2} + 2\beta_{N-2}^T x_{N-2} + \alpha_{N-2}, \qquad (6.84)$$

les valeurs de L_{N-1}, L_{N-2}, λ_{N-1}, λ_{N-2}, étant parfaitement définies, on en déduit les expressions de K_{N-2}, β_{N-2} et α_{N-2}.

Cette valeur de $J_{N-2}^*(x_{N-2})$ sert alors à initialiser l'équation récurrente d'optimalité :

$$J_k^*(x_k) = \min_u \left\{ \frac{1}{2}(x_k^T Q x_k + 2x_k^T S u_k + u_k^T R u_k) \right.$$

$$-\frac{1}{2}(Ax_k + Bu_k)^T K_{k+1}(Ax_k + Bu_k)$$

$$\left. +2\beta_{k+1}^T(Ax_k + Bu_k) + \alpha_{k+1} \right\}. \qquad (6.85)$$

Ce problème a déjà été résolu dans la section "programmation dynamique", et il vient la solution, pour $k = N - 3, \ldots, 0$:

$$u_k = L_k x_k + \lambda_k, \qquad (6.86)$$

avec

$$K_k = -Q + A^T K_{k+1} A - (S - A^T K_{k+1} B)$$
$$(-R + B^T K_{k+1} B)^{-1} (S^T - B^T K_{k+1} A), \qquad (6.87)$$

$$L_k = (-R + B^T K_{k+1} B)^{-1} (S^T - B^T K_{k+1} A), \qquad (6.88)$$

$$\lambda_k = 2(-R + B^T K_{k+1} B)^{-1} B^T \beta_{k+1}, \qquad (6.89)$$

$$\beta_k = (A + B L_k)^T \beta_{k+1}, \qquad (6.90)$$

$$\alpha_k = \alpha_{k+1} + \lambda_k^T B^T \beta_{k+1}, \qquad (6.91)$$

l'initialisation $K_{N-2}, L_{N-2}, \lambda_{N-2}, \beta_{N-2}$ et α_{N-2} résultant du calcul précédent.

6.5.3   Application numérique

Le processus étudié est décrit par la relation :

$$x_{k+1} = \begin{bmatrix} 1 & -2 & 3 \\ 2 & 1 & 1 \\ 0 & -1 & 2 \end{bmatrix} x_k + \begin{bmatrix} 1 & -1 \\ 0 & 2 \\ 1 & 1 \end{bmatrix} u_k,$$
$$y_k = \begin{bmatrix} 1 & 1 & 1 \\ 1 & 2 & 0 \end{bmatrix} x_k. \qquad (6.92)$$

L'objectif est de déterminer la loi d'évolution permettant en six séquences d'aller d'un état initial donné x_0 vers l'état final $x_6 = x_f$:

$$x_f^T = [5 \quad 4 \quad 3], \qquad (6.93)$$

en minimisant :

$$J(x_0) = \sum_{k=0}^{5} \frac{1}{2} \left(y_k^T y_k + u_k^T \begin{bmatrix} 1 & 0 \\ 0 & 2 \end{bmatrix} u_k \right). \qquad (6.94)$$

La détermination de la loi de commande conduit, pour $k = 0, 1, \ldots, 4$, selon la méthode définie ci-dessus, à une relation de la forme :

$$u_k = L_k x_k + \lambda_k, \qquad (6.95)$$

L_k et λ_k étant solutions des récurrences précédemment définies initialisées pour $k = 4$.

Il vient :

$$u_5^* = \begin{bmatrix} 3.851 & 0.014 & 2.570 \\ -0.206 & -0.028 & -0.141 \end{bmatrix} x_4 + \begin{bmatrix} 0.201 \\ 0.597 \end{bmatrix},$$
$$u_4^* = \begin{bmatrix} -0.823 & 1.507 & -2.714 \\ -1.117 & -0.464 & -0.572 \end{bmatrix} x_4 + \begin{bmatrix} 1.100 \\ -0.496 \end{bmatrix}. \qquad (6.96)$$

Les dernières valeurs de L_4 et λ_4 servent à initialiser la récurrence, on obtient après calcul :

$$L_3 = \begin{bmatrix} -0.620 & 1.481 & -2.549 \\ -1.229 & -0.449 & -0.663 \end{bmatrix} , \lambda_3 = \begin{bmatrix} 0.045 \\ -0.095 \end{bmatrix} ,$$

$$L_2 = \begin{bmatrix} -0.603 & 1.476 & -2.537 \\ -1.241 & -0.445 & -0.675 \end{bmatrix} , \lambda_2 = \begin{bmatrix} -0.095 \\ 0.044 \end{bmatrix} ,$$

$$L_1 = \begin{bmatrix} -0.603 & 1.475 & -2.532 \\ -1.241 & -0.445 & -0.676 \end{bmatrix} , \lambda_1 = \begin{bmatrix} -0.048 \\ 0.034 \end{bmatrix} ,$$

$$L_0 = \begin{bmatrix} -0.603 & 1.475 & -2.532 \\ -1.240 & -0.445 & -0.676 \end{bmatrix} , \lambda_0 = \begin{bmatrix} -0.011 \\ 0.010 \end{bmatrix} .$$

$$(6.97)$$

Pour cette commande, en partant de $x_0 = \begin{bmatrix} 1 & 0 & -1 \end{bmatrix}^T$, il vient les vecteurs états successifs :

$$x_0 = \begin{bmatrix} 1 \\ 0 \\ -1 \end{bmatrix} , x_1 = \begin{bmatrix} 0.472 \\ -0.108 \\ -0.636 \end{bmatrix} , x_2 = \begin{bmatrix} -0.028 \\ 0.053 \\ -0.118 \end{bmatrix} , x_3 = \begin{bmatrix} -0.326 \\ 0.150 \\ 0.147 \end{bmatrix} ,$$

$$x_4 = \begin{bmatrix} -0.229 \\ -0.074 \\ 0.379 \end{bmatrix} , x_5 = \begin{bmatrix} 1.628 \\ -1.000 \\ 0.556 \end{bmatrix} , x_6 = \begin{bmatrix} 5 \\ 4 \\ 3 \end{bmatrix} = x_f.$$

$$(6.98)$$

On atteint donc bien l'état souhaité en six périodes, le critère quadratique étant minimisé.

Annexes

Forme observable de Luenberger

Soit le système multivariable :

$$\dot{x}(t) = Ax(t) + Bu(t),$$
$$y(t) = Cx(t),$$
$$C = \begin{bmatrix} C_1 \\ \vdots \\ C_m \end{bmatrix}, \tag{A.1}$$

où $x(t) \in \Re^n$, $u(t) \in \Re^l$, $y(t) \in \Re^m$, $A \in \Re^{n \times n}$, $B \in \Re^{n \times l}$, et $\forall i \in \{1, \ldots, m\}$, $C_i \in \Re^n$.

On supposera que C est de rang maximal, rang$C = m$, et que le système est observable :

$$\text{rang} \underbrace{\begin{bmatrix} C \\ CA \\ \vdots \\ CA^{n-1} \end{bmatrix}}_{\mathcal{O}_{(\mathcal{A},\mathcal{C})}} = n. \tag{A.2}$$

Nous allons décrire, dans cette annexe, les différents pas permettant de mettre l'équation d'état (A.1) sous la forme canonique observable de Luenberger [LUENBEGER,1967].

Il s'agit, dans un premier temps, de sélectionner n lignes linéairement indépendantes dans $\mathcal{O}_{(\mathcal{A},\mathcal{C})}$. Il existe plusieurs façons de le faire qui conduisent à des formes canoniques de structures différentes. Pour obtenir la forme observable de Luenberger, on considère d'abord les lignes $C_1, \ldots, C_m$; puis on sélectionne la ligne $C_i A$, $i \in \{1, \ldots, m\}$, si elle est linéairement indépendante des lignes $C_1, \ldots, C_m$, $C_1 A, \ldots, C_{i-1} A$; puis on sélectionne la ligne $C_i A^2$, $i \in \{1, \ldots, m\}$, si elle est linéairement indépendante des lignes $C_1, \ldots, C_m$, $C_1 A, \ldots, C_m A$, $C_1 A^2, \ldots, C_{i-1} A^2$; et ainsi de suite, jusqu'à obtenir une matrice régulière. On peut remarquer que si la ligne de $C_i A^j$ est éliminée de la sélection, alors toute ligne de la forme $C_i A^k$, $k > j$, peut également être éliminée.

Lorsque cet algorithme se termine, ce qui est toujours le cas pour un système observable, on obtient, après permutation des lignes, la matrice régulière suivante :

$$
V = \begin{bmatrix}
C_1 \\
\vdots \\
C_1 A^{d_1-1} \\
C_2 \\
\vdots \\
C_2 A^{d_2-1} \\
\vdots \\
C_m \\
\vdots \\
C_m A^{d_m-1}
\end{bmatrix}, \tag{A.3}
$$

où les d_i, $i \in \{1, \ldots, m\}$, sont les **indices d'observabilité**. On utilisera également les indices σ_i, $i \in \{1, \ldots, m\}$, définis par :

$$
\sigma_i = \sum_{j=1}^{i} d_j \tag{A.4}
$$

ainsi que l'**index d'observabilité**, $\nu = \max_{i=1}^{m}\{d_i\}$.

Notons g_i, $i \in \{1, \ldots, m\}$, la $i^{\text{ème}}$ colonne de V^{-1} et N la matrice définie par :

$$
\begin{aligned}
N = [\, g_{\sigma_1} \quad A g_{\sigma_1} \quad \ldots \quad A^{d_1-1} g_{\sigma_1} \quad g_{\sigma_2} \quad A g_{\sigma_2} \quad \ldots \\
\ldots \quad A^{d_2-1} g_{\sigma_2} \quad \ldots \quad g_{\sigma_m} \quad A g_{\sigma_m} \quad \ldots \quad A^{d_m-1} g_{\sigma_m} \,].
\end{aligned} \tag{A.5}
$$

Alors la transformation dans l'espace d'état $\bar{x}(t) = N^{-1}x(t)$ met le système (A.1) sous la forme :

$$
\begin{aligned}
\dot{\bar{x}}(t) &= \bar{A}\bar{x}(t) + N^{-1}Bu(t), \\
y(t) &= \bar{C}\bar{x}(t),
\end{aligned} \tag{A.6}
$$

où $\bar{A} = N^{-1}AN$ et $\bar{C} = CN$ possèdent la structure suivante [1] :

$$\bar{A} = \begin{bmatrix} \bar{A}_{ij} \end{bmatrix}_{\substack{i\downarrow 1,\ldots,m \\ j\rightarrow 1,\ldots,m}}, \quad \bar{A}_{ij} \in \Re^{d_i \times d_j},$$

$$\bar{A}_{ii} = \begin{bmatrix} 0 & \ldots & 0 & \times \\ 1 & \ldots & 0 & \times \\ \vdots & \ddots & \vdots & \vdots \\ 0 & \ldots & 1 & \times \end{bmatrix} \quad \text{et pour} \quad j \neq i, \ \bar{A}_{ij} = \begin{bmatrix} 0 & \ldots & 0 & \times \\ 0 & \ldots & 0 & \times \\ \vdots & & \vdots & \vdots \\ 0 & \ldots & 0 & \times \end{bmatrix},$$

$$\bar{C} = \begin{bmatrix} \bar{C}_i \end{bmatrix}_{i\rightarrow 1,\ldots,m}, \quad \bar{C}_i \in \Re^{m \times d_i}, \tag{A.7}$$

$$\bar{C}_i = \begin{bmatrix} 0 & \ldots & 0 & 0 \\ \vdots & & \vdots & \vdots \\ 0 & \ldots & 0 & 0 \\ 0 & \ldots & 0 & 1 \\ 0 & \ldots & 0 & \times \\ \vdots & & \vdots & \vdots \\ 0 & \ldots & 0 & \times \end{bmatrix} \leftarrow (i).$$

Soit M la matrice triangulaire inférieure formée en éliminant toutes les colonnes non nulles de $\bar{C}$. Il vient la relation $\bar{C} = M\bar{H}$, où $\bar{H} = M^{-1}CN$ a la structure suivante :

$$\bar{H} = \begin{bmatrix} \bar{H}_i \end{bmatrix}_{i\rightarrow 1,\ldots,m}, \quad \bar{H}_i \in \Re^{m \times d_i},$$

$$\bar{H}_i = \begin{bmatrix} 0 & \ldots & 0 & 0 \\ \vdots & & \vdots & \vdots \\ 0 & \ldots & 0 & 0 \\ 0 & \ldots & 0 & 1 \\ 0 & \ldots & 0 & 0 \\ \vdots & & \vdots & \vdots \\ 0 & \ldots & 0 & 0 \end{bmatrix} \leftarrow (i). \tag{A.8}$$

La transformation dans l'espace des sorties, $\bar{y}(t) = M^{-1}y(t)$, met finalement le système (A.6) sous la forme canonique observable :

$$\begin{aligned} \dot{\bar{x}}(t) &= \bar{A}\bar{x}(t) + N^{-1}Bu(t), \\ \bar{y}(t) &= \bar{H}\bar{x}(t) \end{aligned} \tag{A.9}$$

---

[1] Les $\times$ localisent les éléments non nuls de ces matrices.

Calcul de dérivées

B.1 Dérivées

B.1.1 Dérivée partielle première

B.1.1.1 Cas général, m quelconque

Soit $f(x,.)$ un vecteur de dimension m dépendant, entre autres variables, de la variable x de dimension n. La matrice **jacobienne** des dérivées partielles premières en x du vecteur f est en général notée sous la forme :

$$F_x = \left[\frac{\partial f_i}{\partial x_j} \right], \tag{B.1}$$

dans laquelle $\frac{\partial f_i}{\partial x_j}$, élément de la i-ème ligne et de la j-ème colonne de F_x, est la dérivée partielle première de la i-ème composante de f par rapport à la j-ème composante de x.

B.1.1.2 Cas particulier, $m = 1$

Lorsque $m = 1$, c'est-à-dire lorsque f est scalaire, l'habitude de la notion de **gradient** a conduit à noter :

$$f_x = \left[\frac{\partial f}{\partial x_i} \right], \tag{B.2}$$

le vecteur colonne dont la i-ème ligne est la dérivée partielle de f par rapport à la i-ème composante de x.

Cette convention peut sembler en contradiction avec la notation précédente, et il peut parfois y avoir ambiguïté lorsque la dimension m de f n'est pas connue. Une méthode communément utilisée consiste à noter F_x, la dérivée partielle de f par rapport à x lorsque m est inconnu ou supérieur à 1, et à la noter f_x lorsque $m = 1$.

B.1.2   Dérivée partielle seconde d'une fonction scalaire

Si $f(x, .)$ est une fonction scalaire du vecteur $x \in \mathcal{R}^n$, on note F_{xx} la matrice des dérivées secondes :

$$F_{xx} = \left[\frac{\partial^2 f}{\partial x_i \partial x_j} \right], \tag{B.3}$$

où $\frac{\partial^2 f}{\partial x_i \partial x_j}$, élément de la i-ème ligne et de la j-ème colonne de F_{xx}, est la dérivée partielle de f par rapport à x_i et x_j.

B.2   Opération sur les dérivées

B.2.1   Dérivée de somme et produit de fonctions

— si $f(x) = g(x) + h(x)$, avec $f, g, h \in \Re^m$, alors :

$$F_x = G_x + H_x; \tag{B.4}$$

— si $f(x) = g(x) + h(x)$, avec $f, g, h \in \Re$, alors :

$$f_x = g_x + h_x; \tag{B.5}$$

— si $f(x) = g^T(x).h(x)$, avec $g, h \in \Re^m$, alors :

$$f_x = G_x^T h + H_x^T g. \tag{B.6}$$

B.2.2   Dérivée d'une fonction de fonction

— soit $f(x) = h(y)$ avec $y = g(x)$, il vient :

$$F_x = G_x H_y. \tag{B.7}$$

B.3   Utilisation

B.3.1   Exemples

— si $f(x) = y^T x$ ou $f(x) = x^T y$, avec $x \in \Re^n$ et $y \in \Re^n$ constant ou indépendant de x, il vient :

$$f_x = y; \tag{B.8}$$

— si $f(x) = Ax$, avec $A \in \Re^{m \times n}$ constant ou indépendant de x, il vient :

$$F_x = A^T; \tag{B.9}$$

— si $f(x) = x^T A x$, avec $A \in \Re^{n \times n}$ constant ou indépendant de x, il vient :

$$f_x = Ax + A^T x,$$
$$F_{xx} = A + A^T,$$

soit, si A symétrique :

$$f_x = 2Ax,$$
$$F_{xx} = 2A;$$

— si $f(x) = x^T A y$, avec $x, y \in \Re^n$, et A et y indépendants de x, il vient :

$$f_x = Ay; \tag{B.10}$$

— si $f(x) = y^T A x$, avec $x, y \in \Re^n$ et A et y indépendants de x, il vient :

$$f_x = A^T y; \tag{B.11}$$

— si $f(x) = y^T Q y = h(y), x \in \mathcal{R}^n, y \in \mathcal{R}^m$, avec $y = Ax + B = g(x)$, A, B et Q indépendants de x :

$$G_x = A^T,$$
$$h_y = Qy + Q^T y,$$
$$f_x = A^T Q(Ax + B) + A^T Q^T (Ax + B),$$
$$F_{xx} = A^T (Q + Q^T)A,$$

soit, si Q est symétrique :

$$f_x = 2A^T Q(Ax + B),$$
$$F_{xx} = 2A^T Q A.$$

B.3.2   Règle pratique

Si $f(x)$ dépend linéairement de x, pour effectuer la dérivation, si x est en tête, le supprimer, et si x n'est pas en tête transposer l'expression pour placer x en tête, puis le supprimer.

— $f(x) = x^T A y$, alors $f_x = Ay$;
— $f(x) = y^T A x$, si f est scalaire, alors :

$$f = f^T = x^T A^T y \rightarrow f_x = A^T y. \tag{B.12}$$

Si f est une fonction quadratique de x, $f(x) = x^T A x$, il faut dériver successivement par rapport à chacun des x.
Posons $f(x) = y^T A z$, avec $y = z = x$, alors :

$$f_x = [f_y + f_z]_{y=z=x}, \tag{B.13}$$

comme $f_y = Az$, et $f_z = A^T y$, il vient :

$$f_x = (A + A^T)x. \tag{B.14}$$

Estimation d'une variable aléatoire

Nous décrivons, dans cette annexe, quelques principes de base de la théorie de l'estimation d'une variable aléatoire par la mesure ou l'observation d'une autre variable aléatoire. De façon générale les variables considérées sont vectorielles et nous distinguerons la variable aléatoire (en lettres capitales) de sa réalisation (en lettres minuscules). Les notions abordées sont utilisées dans l'élaboration et la démonstration des équations du filtre de Kalman.

C.1 Estimation au sens des moindres carrés

Soient, X et Y des vecteurs aléatoires liés; on peut s'attendre à ce que le fait d'observer une valeur y pour Y puisse apporter une information quelconque sur la valeur correspondante (mais non mesurée) x de X. De façon plus précise, en sachant que Y prend la valeur y, la "meilleure" estimation $\hat{x}$ est celle qui minimisera, parmi tous les vecteurs z de même dimension, l'espérance conditionnelle :

$$\mathrm{E}\{\|X - z\|^2/Y = y\} = \mathrm{E}\{[X - z]^T[X - z]/Y = y\}, \qquad (\mathrm{C}.1)$$

où E est l'espérance mathématique.

Cette estimation $\hat{x}$, qui minimise une mesure d'incertitude, est appelée estimation **au sens des moindres carrés** ou estimation au **minimum de variance**. L'utilisation de la propriété de linéarité de E{.} conduit à écrire le critère à minimiser sous la forme :

$$
\begin{aligned}
\mathrm{E}\{\|X - z\|^2/Y = y\} \;=\;& \mathrm{E}\{X^TX - 2z^TX + z^Tz/Y = y\}, \\
=\;& \mathrm{E}\{X^TX/Y = y\} - 2z^T\mathrm{E}\{X/Y = y\} + z^Tz, \\
=\;& \mathrm{E}\{X^TX/Y = y\} - \|\mathrm{E}\{X/Y = y\}\|^2 \\
& + \|z - \mathrm{E}\{X/Y = y\}\|^2.
\end{aligned}
$$

$$(\mathrm{C}.2)$$

Comme seul le dernier terme dépend de z, le minimum de cette expression est obtenue pour :

$$z = \hat{x} = \mathrm{E}\{X/Y = y\}. \tag{C.3}$$

Ainsi l'estimation au sens des moindres carrés est l'espérance conditionnelle de X sachant que Y prend la valeur y, et si $f_Z(z)$ désigne la **densité de probabilité** de la variable aléatoire $\mathcal{Z}$, elle est donnée par :

$$\hat{x} = \int_{-\infty}^{+\infty} x f_{X/Y}(x,y)\,dx = \int_{-\infty}^{+\infty} x \frac{f_{X,Y}(x,y)}{f_Y(y)}\,dx. \tag{C.4}$$

Remarque : Dans (C.4), $f_{X/Y}(x,y)$ et $f_{X,Y}(x,y)$ sont respectivement les densités de probabilité **conditionnelles** et **conjointes** de X et Y. Elles peuvent être introduites en considérant (fig. C.1) un nombre N de couples (x,y), réalisations de (X,Y).

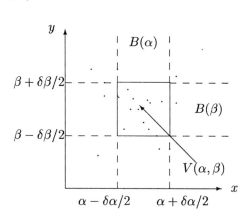

FIG. C.1 : Réalisations de variables aléatoires.

Si $n_{V(\alpha,\beta)}$ est le nombre de réalisations observées dans $V(\alpha,\beta)$, $f_{X,Y}(\alpha,\beta)$ est définie comme la densité de réalisation que l'on observe au point (α,β), soit :

$$f_{X,Y}(\alpha,\beta) = \lim_{\substack{N \to \infty \\ \delta\alpha \to 0 \\ \delta\beta \to 0}} \frac{n_{V(\alpha,\beta)}}{N\,\delta\alpha\,\delta\beta}. \tag{C.5}$$

La densité de probabilité de chacune des variables se déduit aisément de $f_{X,Y}(x,y)$:

$$\begin{aligned} f_X(\alpha) &= \int_{-\infty}^{+\infty} f_{X,Y}(\alpha,\beta)\,d\beta, \\ f_Y(\beta) &= \int_{-\infty}^{+\infty} f_{X,Y}(\alpha,\beta)\,d\alpha. \end{aligned} \tag{C.6}$$

Soit $n_{B(\beta)}$ le nombre de réalisations observées dans $B(\beta)$, ce nombre peut être considéré comme la réalisation d'une variable aléatoire **conditionnelle** de densité de probabilité :

$$f_{X/Y}(\alpha, \beta) = \lim_{\substack{N \to \infty \\ \delta\beta \to 0}} \frac{n_{B(\beta)}}{N \, \delta\beta}. \tag{C.7}$$

C'est la densité de probabilité de X sachant que $y = \beta$.

Le **Théorème de Bayes** permet de relier ces différentes notions :

$$\begin{aligned} f_{X,Y}(\alpha, \beta) &= f_{X/Y}(\alpha, \beta) f_Y(\beta), \\ &= f_{Y/X}(\beta, \alpha) f_X(\alpha). \end{aligned} \tag{C.8}$$

C.2   Estimateur au sens des moindres carrés

Il est nécessaire de remarquer que l'estimation optimale $\hat{x}$ (C.3) dépend de la valeur de y ; $\hat{x}$ peut être considérée comme la réalisation d'une variable aléatoire pour une valeur y donnée :

$$\hat{x} = \hat{X}(y). \tag{C.9}$$

L'**estimateur** au sens des moindres carrés est le vecteur aléatoire :

$$\hat{X} = \mathrm{E}\{X/Y\}, \tag{C.10}$$

qui réalise l'opération (C.9). Par construction, pour toute fonction g du vecteur aléatoire Y, on a :

$$\mathrm{E}\{\|X - \hat{X}(Y)\|^2 / Y = y\} \le \mathrm{E}\{\|X - g(Y)\|^2 / Y = y\}. \tag{C.11}$$

Si l'on tient compte de l'égalité suivante :

$$\int_{-\infty}^{+\infty} \mathrm{E}\{./Y\} f_Y(y) \, \mathrm{d}y = \mathrm{E}\{.\}, \tag{C.12}$$

la relation (C.11) s'écrit sous la forme :

$$\mathrm{E}\{\|X - \hat{X}(Y)\|^2\} \le \mathrm{E}\{\|X - g(Y)\|^2\}. \tag{C.13}$$

Ainsi, $\hat{X}$ possède la propriété de minimiser $E\{\|X - g(Y)\|^2$ pour toute fonction g de Y.

Dans le cas sans contrainte on peut construire $\hat{X}$ en déterminant $\hat{x}$ pour chaque y ; lorsque l'on impose des contraintes sur la structure de $\hat{X}$ (par exemple être linéaire) cette démarche n'est plus valable et il peut exister des cas où l'inégalité (C.13) n'est plus vérifiée. Nous verrons dans la suite quelle peut-être la forme d'un estimateur optimal linéaire et que dans le cas de vecteurs aléatoires gaussiens l'estimateur optimal est linéaire.

C.2.1 Estimation linéaire

Supposons connues les propriétés statistiques des vecteurs aléatoire X et Y :

— moyennes :
$$\mathrm{E}\{X\} = m_X, \ \mathrm{E}\{Y\} = m_Y; \tag{C.14}$$

— matrices de covariance :
$$\begin{aligned}
\mathrm{E}\{(X - m_X)(X - m_X)^T\} &= P_{XX}, \\
\mathrm{E}\{(X - m_X)(Y - m_Y)^T\} &= P_{XY}, \\
\mathrm{E}\{(Y - m_Y)(Y - m_Y)^T\} &= P_{YY}.
\end{aligned} \tag{C.15}$$

Dans ces relations, $X - m_X = X_C$ et $Y - m_Y = Y_C$ représentent les vecteurs aléatoires centrés. On cherche ici à construire **l'estimateur linéaire** optimal :
$$\hat{X} = A_o Y + B_o, \tag{C.16}$$

minimisant la variance de l'erreur d'estimation :
$$\mathrm{E}\{\|X - AY - B\|^2\}. \tag{C.17}$$

En développant le deuxième terme de l'identité :
$$\mathrm{E}\{\|X - AY - B\|^2\} = \mathrm{tr}\,\mathrm{E}\{\ [X_C - AY_C - B_C] \tag{C.18}$$
$$[X_C - AY_C - B_C]^T\},$$

où $B_C = B - m_x + A m_Y$, il vient :
$$\begin{aligned}
\mathrm{E}\{\|X - AY - B\|^2\} &= \mathrm{tr}\,[P_{XX} - P_{XY}A^T - AP_{XY}^T + AP_{YY}A^T] \\
&\quad + \|B_C\|^2.
\end{aligned} \tag{C.19}$$

Si P_{YY} est régulière, l'utilisation de l'égalité suivante :
$$P_{XX} - P_{XY}A^T - AP_{XY}^T + AP_{YY}A^T =$$
$$P_{XX} - P_{XY}P_{YY}^{-1}P_{XY}^T + [A - P_{XY}P_{YY}^{-1}]P_{YY}[A - P_{XY}P_{YY}^{-1}]^T, \tag{C.20}$$

conduit, à écrire (C.19) sous la forme :
$$\begin{aligned}
\mathrm{E}\{\|X - AY - B\|^2\} &= \mathrm{tr}[P_{XX} - P_{XY}P_{YY}^{-1}P_{XY}^T] + \|B_C\|^2 + \\
&\quad \mathrm{tr}([A - P_{XY}P_{YY}^{-1}][A - P_{XY}P_{YY}^{-1}]^T).
\end{aligned} \tag{C.21}$$

Cette expression est minimale, si l'on a :
$$\begin{aligned}
A = A_o &= P_{XY}P_{YY}^{-1}, \\
B = B_o &= m_X - P_{XY}P_{YY}^{-1}m_Y.
\end{aligned} \tag{C.22}$$

Dans ce cas, l'estimateur linéaire optimal se met sous la forme :

$$\hat{X} = m_X + P_{XY}P_{YY}^{-1}(Y - m_Y), \tag{C.23}$$

où P_{XY} et P_{YY} sont les matrices de covariance des variables centrées définies en (C.15). La matrice de covariance de l'erreur de l'estimateur est alors, d'après (C.21) :

$$\mathrm{E}\{[X - \hat{X}][X - \hat{X}]^T\} = P_{XX} - P_{XY}P_{YY}^{-1}P_{XY}^T. \tag{C.24}$$

L'estimateur linéaire (C.23), qui minimise *a priori* la variance d'erreur, possède les propriétés suivantes :

— il est sans biais : (C.23) conduit directement à :

$$\mathrm{E}\{X - \hat{X}\} = 0. \tag{C.25}$$

Remarque : il est a noter que ceci reste vrai pour tout estimateur de la forme $m_X + A(Y - m_Y)$ avec A quelconque ;

— l'erreur d'estimation et la mesure sont non corrélées (principe d'orthogonalité) :

$$
\begin{aligned}
\mathrm{E}\{(X - \hat{X})Y^T\} &= \mathrm{E}\{(X - \hat{X})(Y - m_Y)^T\}, \\
&= \mathrm{E}\{[X_C - P_{XY}P_{YY}^{-1}Y_C]Y_C^T\}, \\
&= P_{XY} - P_{XY}P_{YY}^{-1}P_{YY} = 0.
\end{aligned}
\tag{C.26}
$$

Remarque : l'erreur d'estimation est non corrélée avec toute fonction linéaire de Y (en particulier $\hat{X}$).

Il est possible de montrer également que si un estimateur linéaire vérifie ces deux propriétés alors il minimise la variance d'erreur et on retrouve (C.23). Les relations que l'on vient d'obtenir seront utilisées pour établir les expressions du filtrage linéaire.

C.2.2   Estimateur optimal de variables gaussiennes

Nous allons montrer que, dans le cas particulier important de vecteurs, X et Y, aléatoires **gaussiens**, l'estimateur optimal est linéaire ; il sera donc de la forme (C.23).

Un vecteur aléatoire Z de dimension n est gaussien (ou **normal**) si sa loi de densité de probabilité est de la forme :

$$f_Z(z) = \frac{1}{(2\pi)^{n/2}|P|^{1/2}} \exp\left[-\frac{1}{2}(z - m)^T P^{-1}(z - m)\right], \tag{C.27}$$

où m (vecteur) et P (matrice) sont les paramètres de la loi de densité de probabilité de dimensions convenables et $|P|$ désigné le déterminant de P. On peut montrer que m représente la moyenne de Z et P la matrice de covariance de la variable aléatoire centrée, $Z - m$:

$$E\{Z\} = m,$$
$$E\{(Z - m)(Z - m)^T\} = P. \tag{C.28}$$

L'importance des variables gaussiennes (designées par la notation $\mathcal{N}(m, P)$) réside dans leurs propriétés mathématiques (dues à (C.27)) et dans leur modélisation de nombreux phénomènes aléatoires naturels.

Dans le cas où X et Y sont gaussiens, nous allons déterminer la forme de l'estimateur $\hat{X} = E\{X/Y\}$ minimisant la variance d'erreur *a posteriori* (C.2).

Posons les notations suivantes :

$$Z = \begin{bmatrix} X \\ Y \end{bmatrix},$$
$$m = \begin{bmatrix} m_X \\ m_Y \end{bmatrix}, \tag{C.29}$$
$$P = \begin{bmatrix} P_{XX} & P_{XY} \\ P_{XY} & P_{YY} \end{bmatrix},$$

où $m_X, m_Y, P_{XX}, P_{XY}, P_{YY}$ sont définies en (C.14), (C.15), et calculons la loi de densité de probabilité $f_{X/Y}(x, y)$. Suivant la loi de Bayes (multivariable), on a :

$$f_{X/Y}(x, y) = f_Z(z)[f_Y(y)]^{-1}. \tag{C.30}$$

Or Z et Y sont de la forme $\mathcal{N}(m, P)$ et $\mathcal{N}(m_Y, P_{YY})$, ce qui donne, avec $p = \dim X$ et P^{-1} décomposée sous la forme :

$$P^{-1} = \begin{bmatrix} S_{XX} & S_{XY} \\ S_{XY}^T & S_{YY} \end{bmatrix},$$

$$f_{X/Y}(x, y) = \frac{|P_{YY}|^{1/2}}{(2\pi)^{p/2}|P|^{1/2}}$$
$$\exp\left\{-\frac{1}{2}(z - m)^T \begin{bmatrix} S_{XX} & S_{XY} \\ S_{XY}^T & S_{YY} - P_{YY}^{-1} \end{bmatrix} (z - m)\right\}. \tag{C.31}$$

L'utilisation de la formule d'inversion d'une matrice par blocs, conduit à :

$$\begin{aligned} S_{XX} &= \Delta^{-1}, \\ S_{XY} &= -\Delta^{-1} P_{XY} P_{YY}^{-1}, \\ S_{YY} &= P_{YY}^{-1} + P_{YY}^{-1} P_{XY}^T \Delta^{-1} P_{XY} P_{YY}^{-1}, \\ \Delta &= P_{XX} - P_{XY} P_{YY}^{-1} P_{XY}^T. \end{aligned} \tag{C.32}$$

Ainsi, l'argument de l'exponentielle dans (C.31) se met sous la forme :

$$-\frac{1}{2}[x - m_X - P_{XY} P_{YY}^{-1}(y - m_Y)]^T \Delta^{-1} [x - m_X - P_{XY} P_{YY}^{-1}(y - m_Y)], \tag{C.33}$$

et, comme de plus :

$$|P| = |P_{YY}||\Delta|. \tag{C.34}$$

on tire, de (C.31), (C.33) et (C.34), la conclusion que $\mathrm{E}(X/Y)$ est un vecteur aléatoire gaussien $\mathcal{N}(m_x + P_{XY}P_{YY}^{-1}(y - m_Y), \Delta)$.

L'estimateur optimal $\hat{X} = \mathrm{E}(X/Y)$ est donc linéaire et l'on retrouve (C.23) sous la forme :

$$\hat{X} = P_{XY}P_{YY}^{-1}Y + [m_X - P_{XY}P_{YY}^{-1}m_Y], \tag{C.35}$$

associé à la variance d'erreur minimale *a posteriori* (C.24).

Démonstration des relations du filtre de Kalman

Pour établir les relations du filtre de Kalman (discret), nous utiliserons les principes d'estimation de variables aléatoires (Annexe C), complétés par le résultat sur l'estimation récursive d'une variable aléatoire par une suite de variables aléatoires. Nous démontrerons ensuite les équations du filtre de Kalman sous la forme du prédicteur-à-un-pas.

D.1 Estimation récursive

Soient Y et Z, deux vecteurs aléatoires. L'estimateur linéaire optimal d'un vecteur aléatoire X, à partir de Y et Z, s'écrit d'après (C.23) :

$$\mathrm{E}\{X/W\} = m_X + P_{XW}P_{WW}^{-1}(W - m_W), \tag{D.1}$$

où $W^T = [Y^T, Z^T]$ et $m_W^T = [m_Y^T, m_Z^T]$.

Dans le cas où Y et Z sont non corrélés, on a :

$$P_{XW} = [P_{XY}, P_{XZ}],$$
$$P_{WW} = \begin{bmatrix} P_{YY} & 0 \\ 0 & P_{ZZ} \end{bmatrix}, \tag{D.2}$$

et il vient :

$$\mathrm{E}\{X/Y\} = m_X + P_{XY}P_{YY}^{-1}(Y - m_Y) + P_{XZ}P_{ZZ}^{-1}(Z - m_Z). \tag{D.3}$$

Soient :

$$\hat{X}_{/Y} = \mathrm{E}\{X/Y\} = m_X + P_{XY}^{-1}(Y - m_Y),$$
$$\tilde{X}_{/Y} = X - \hat{X}_{/Y}, \tag{D.4}$$

alors :

$$\mathrm{E}\{\tilde{X}_{/Y}/Z\} = \mathrm{E}\{X/Z\} - m_X - P_{XY}P_{YY}^{-1}\mathrm{E}\{(Y - m_Y)/Z\}. \tag{D.5}$$

Or, Y et Z sont supposées non corrélés, donc l'estimateur (D.1) devient :

$$\hat{X}_{/Y,Z} = \hat{X}_{/Y} + \mathrm{E}\{\tilde{X}_{/y}/z\}. \tag{D.6}$$

La matrice de covariance d'erreur est donnée, d'après (C.24), par :

$$P_{XX} - P_{XY}P_{YY}^{-1}P_{XY}^{T} - P_{XZ}P_{ZZ}^{-1}P_{XZ}^{T} = P_{\tilde{X}/Y,\tilde{X}/Y} - P_{\tilde{X}/Y,Z}P_{ZZ}^{-1}P_{\tilde{X}/Y,Z}^{T}, \tag{D.7}$$

où $P_{\tilde{X}/Y,\tilde{X}/Y} = \mathrm{E}\{\tilde{X}_{/Y}\tilde{X}_{/y}^{T}\}$, et $P_{\tilde{X}/Y,Z} = \mathrm{E}\{\tilde{X}_{/Y}Z^{T}\}$.

Dans le cas où Y et Z sont corrélées on se ramène au cas précédent par l'intermédiaire de la variable :

$$\tilde{Z}_{/y} = Z - \mathrm{E}\{Z/Y\}, \tag{D.8}$$

qui est non corrélée avec Y (cf. (C.26)), et l'on a :

$$\mathrm{E}\{X/W\} = \mathrm{E}\{X/Y, \tilde{Z}_{/Y}\}. \tag{D.9}$$

Ainsi l'estimateur linéaire optimal prend la forme :

$$\mathrm{E}\{X/W\} = \hat{X}_{/Y} + \mathrm{E}\{\tilde{X}_{/Y}/\tilde{Z}_{/Y}\}, \tag{D.10}$$

où $\hat{X}_{/Y} = \mathrm{E}\{\tilde{X}/Y\}$, et $\tilde{X}_{/Y} = X - \tilde{X}_{/Y}$.

La matrice de covariance de l'erreur de l'estimation est alors, dans ce cas, égale à :

$$P_{\tilde{X}/Y,\tilde{X}/Y} - P_{\tilde{X}/Y,\tilde{Z}/Y}P_{\tilde{Z}/Y,\tilde{Z}/Y}^{-1}P_{\tilde{X}/Y,\tilde{Z}/Y}^{T}. \tag{D.11}$$

De ces considérations on peut tirer la détermination de l'estimateur linéaire optimal récursif d'un vecteur aléatoire X à partir d'une suite de vecteurs aléatoires $Y_1, Y_2, \ldots, Y_{k+1}$. Cet estimateur noté $\hat{X}_{/k+1}$ est donné d'après ce qui précède par :

$$\hat{X}_{/k+1} = \hat{X}_{/k} + \mathrm{E}\{\tilde{X}_{/k}/\tilde{Y}_{k+1/k}\}, \tag{D.12}$$

où :

$$\begin{aligned} \tilde{X}_{/k} &= X - \hat{X}_{/k} = X - \mathrm{E}\{X/Y_1, \ldots, Y_k\}, \\ \tilde{Y}_{k+1/k} &= Y_{k+1} - \mathrm{E}\{Y_{k+1}/Y_1, \ldots, Y_k\}. \end{aligned} \tag{D.13}$$

D'après (D.11), la matrice de covariance de l'erreur d'estimation $\tilde{X}_{/k+1}$ est donnée par :

$$\begin{aligned} P_{\tilde{X}_{/k+1}\tilde{X}_{/k+1}} =\ & P_{\tilde{X}_{/k}\tilde{X}_{/k}} \\ & - P_{\tilde{X}_{/k}\tilde{Y}_{k+1/k}} P_{\tilde{Y}_{k+1/k}\tilde{Y}_{k+1/k}}^{-1} P_{\tilde{X}_{/k}\tilde{Y}_{k+1/k}}^{T}. \end{aligned} \tag{D.14}$$

D.2 Démonstration des équations du filtre de Kalman

Dans toute la suite, pour ne pas alourdir les notations, nous confrondrons les variables aléatoires et leurs réalisations.

Pour le système stochastique (dont nous rappelons les équations pour plus de clarté) :

$$\begin{aligned} x_{k+1} &= A_k x_k + B_k u_k + G_k w_k, \\ y_k &= C_k x_k + v_k, \end{aligned} \tag{D.15}$$

l'entrée u_k, ainsi que les matrices A_k, B_k, G_k, C_k sont des grandeurs certaines. L'état initial x_0 est non corrélé avec les bruits de sortie (v_k) et de dynamique (w_k) qui sont connus par :

$$\begin{aligned} &\mathrm{E}\{x_0\} = m_0, \ \mathrm{E}\{(x_0 - m_0)(x_0 - m_0)^T\} = P_0, \\ &\mathrm{E}\{w_k\} = 0, \ \mathrm{E}\{v_k\} = 0, \ \mathrm{E}\{w_k v_j^T\} = 0, \\ &\mathrm{E}\{w_k w_j^T\} = Q_k \delta_{kj}, \ \mathrm{E}\{v_k v_j^T\} = R_k \delta_{kj}. \end{aligned} \tag{D.16}$$

Le problème du filtre de Kalman est de déterminer l'équation récurrente de l'estimateur optimal $\hat{x}_{k+1/k}$ de x_{k+1} à partir de la séquence de sortie $\mathcal{Y}_k = y_0, y_1, \dots, y_k$.

Supposons connus $\hat{x}_{k/k-1} = \mathrm{E}\{x_k / \mathcal{Y}_{k-1}\}$ et la matrice de covariance $P_{k/k-1}$ de l'erreur d'estimation $\tilde{x}_{k/k-1} = x_k - \hat{x}_{k/k-1}$. L'utilisation de la formule d'estimation récursive (D.12) conduit à écrire :

$$\hat{x}_{k+1/k} = \hat{x}_{k+1/k-1} + \mathrm{E}\{\tilde{x}_{k+1/k-1} / \tilde{y}_{k/k-1}\}, \tag{D.17}$$

où :

$$\begin{aligned} \tilde{x}_{k+1/k-1} &= x_{k+1} - \hat{x}_{k+1/k-1}, \\ \tilde{y}_{k/k-1} &= y_k - \hat{y}_{k/k-1}, \\ &= y_k - C_k \hat{x}_{k/k-1}, \\ &= C_k \tilde{x}_{k/k-1} + v_k. \end{aligned} \tag{D.18}$$

D'après les principes d'estimation linéaire optimale, on a :

$$\begin{aligned} &\mathrm{E}\{\tilde{x}_{k+1/k-1} / \tilde{y}_{k/k-1}\} = \\ &\mathrm{E}\{\tilde{x}_{k+1/k-1} \tilde{y}_{k/k-1}^T\} [\mathrm{E}\{\tilde{y}_{k/k-1} \tilde{y}_{k/k-1}^T\}]^{-1} (\tilde{y}_{k/k-1}), \end{aligned} \tag{D.19}$$

car $\tilde{x}_{k+1/k-1}$ et $\tilde{y}_{k/k-1}$ sont des variables centrées. D'autre part, la matrice $P_{k+1/k}$ de covariance de l'erreur d'estimation $\tilde{x}_{k+1/k} = x_{k+1} - \hat{x}_{k+1/k}$ est donnée, suivant (D.14), par :

$$\begin{aligned} P_{k+1/k} &= \mathrm{E}\{\tilde{x}_{k+1/k-1} \tilde{x}_{k+1/k-1}^T\} - \mathrm{E}\{\tilde{x}_{k+1/k-1} \tilde{y}_{k/k-1}^T\} \\ &\quad [\mathrm{E}\{\tilde{y}_{k/k-1} \tilde{y}_{k/k-1}^T\}]^{-1} [\mathrm{E}\{\tilde{x}_{k+1/k-1} \tilde{y}^T k/k-1\}]^T. \end{aligned} \tag{D.20}$$

Or par linéarité de l'estimateur linéaire optimal, il vient :

$$\hat{x}_{k+1/k-1} = A_k \hat{x}_{k/k-1} + B_k u_k, \qquad (D.21)$$

car y_{k-1} ne dépend (linéairement) que de x_0, w_0, ..., w_{k-2} et v_{k-1}, il est donc non corrélé à w_k. Ainsi (C.16) et (C.15) conduisent à :

$$\tilde{x}_{k+1/k-1} = A_k \tilde{x}_{k/k-1} + G_k w_k. \qquad (D.22)$$

De (D.22) et (D.18), on tire les matrices de covariance :

$$
\begin{aligned}
\mathrm{E}\{\tilde{x}_{k+1/k-1}\tilde{x}_{k+1/k-1}^T\} &= A_k P_{k/k-1} A_k^T + G_k Q_k G_k^T, \\
\mathrm{E}\{\tilde{x}_{k+1/k-1}\tilde{y}_{k/k-1}^T\} &= A_k P_{k/k-1} C_k^T, \\
\mathrm{E}\{\tilde{y}_{k/k-1}\tilde{y}_{k/k-1}^T\} &= C_k P_{k/k-1} C_k^T + R_k.
\end{aligned}
\qquad (D.23)
$$

La structure récursive du filtre de Kalman prédicteur-à-un pas est donc, en combinant les relations précédentes :

$$\hat{x}_{k+1/k} = A_k \hat{x}_{k/k-1} + B_k u_k + K_k(y_k - C_k \hat{x}_{k/k-1}), \qquad (D.24)$$

où :

$$
\begin{aligned}
K_k &= A_k P_{k/k-1} C_k^T (C_k P_{k/k-1} C_k^T + R_k)^{-1}, \\
P_{k+1/k} &= A_k P_{k/k-1} A_k^T + G_k Q_k G_k^T - K_k C_k P_{k/k-1} A_k^T.
\end{aligned}
\qquad (D.25)
$$

L'initialisation de ces récurrences se fait, pour $k = 0$, par $\hat{x}_{0/-1} = m_0$ et $P_{0/-1} = P_0$. En effet, en l'absence du toute information, il est naturel de prendre comme meilleures estimations, les données statistiques que l'on possède sur l'état initial.

D.3   Décomposition du filtre

Si l'on pose :

$$
\begin{aligned}
\Sigma_k &= C_k P_{k/k-1} C_k^T + R_k, \\
K_k &= P_{k/k-1} C_k^T \Sigma_k^{-1}, \\
\hat{x}_{k/k} &= \hat{x}_{k/k-1} + K_k(y_k - C_k \hat{x}_{k/k-1}).
\end{aligned}
\qquad (D.26)
$$

la dernière étape apparaît bien comme une étape de correction compte-tenu des informations reçues à l'instant k. Si l'on note $P_{k/k}$ la matrice de covariance de l'erreur d'estimation après correction, on obtient :

$$
\begin{aligned}
P_{k/k} = {} & P_{k/k-1} - \mathrm{E}\{\tilde{x}_{k/k-1}\tilde{y}_{k/k-1}^T\}K_k^T \\
& - K_k[\mathrm{E}\{\tilde{x}_{k/k-1}\tilde{y}_{k/k-1}^T\}]^T + K_k \Sigma_k K_k^T.
\end{aligned}
\qquad (D.27)
$$

Or l'utilisation de (D.22), (D.23) et de la non corrélation des bruits de sortie et de dynamique permet de montrer que :

$$E\{\tilde{x}_{k/k-1}\tilde{y}_{k/k-1}^T\} = P_{k/k-1}C_k^T,\qquad(D.28)$$

ce qui conduit à :

$$\begin{aligned}P_{k/k} &= P_{k/k-1} - K_k\Sigma_k K_k^T,\\ &= P_{k/k-1} - P_{k/k-1}C_k^T\Sigma_k^{-1}C_k P_{k/k-1},\qquad(D.29)\\ &= [I - K_k C_k]P_{k/k-1},\end{aligned}$$

qui termine l'étape de correction.

L'utilisation de (D.26) et (D.29) permet de mettre (D.25) sous la forme d'une étape de prédiction :

$$\begin{aligned}\hat{x}_{k+1/k} &= A_k\hat{x}_{k/k} + B_k u_k,\\ P_{k+1/k} &= A_k P_{k/k}A_k^T + G_k Q_k G_k^T.\end{aligned}\qquad(D.30)$$

L'application de ce filtre en deux parties peut se faire en commençant par l'étape de prédiction ou l'étape de correction. Dans le premier cas l'initialisation se fera par $\hat{x}_{0/0} = m_0$, et $P_{0/0} = P_0$, alors que dans le second cas les conditions initiales seront les conditions initiales du filtre prédicteur-à-un-pas (D.24).

Dualité entre filtrage et commande optimale

Dans cette annexe, nous résumons, en les comparant, les résultats essentiels des problèmes de commande optimale linéaire quadratique (COQ) et de filtrage (F) des systèmes linéaires. Ces résultats sont donnés sans rappeler les démonstrations.

E.1 Problème (COQ)

E.1.1 Cas des systèmes discrets

— **problème (COQD)** :
— système :
$$x_{k+1} = A_k x_k + B_k u_k,$$
$$y_k = H_k x_k; \tag{E.1}$$

— critère à minimiser :
$$J_0^N = \sum_{i=0}^{N-1} [y_i^T Q_i y_i + u_i^T R_i u_i] + x_N^T P_N x_N, \tag{E.2}$$

avec $Q_i > 0$, $R_i > 0$, et $P_N \geq 0$;
— **résolution** : la commande optimale u_k^* est donnée par :
$$
\begin{aligned}
u_k^* &= K_k^* x_k, \\
K_k^* &= (\Sigma_k^*)^{-1} B_k^T P_{k+1} A_k, \\
\Sigma_k^* &= R_k + B_k^T P_{k+1} B_k,
\end{aligned} \tag{E.3}
$$

où P_k est solution de l'équation de Riccati :
$$
\begin{aligned}
P_k &= A_k^T P_{k+1} A_k - H_k^T Q_k H_k \\
&\quad + A_k^T P_{k+1} B_k (R_k + B_k^T P_{k+1} B_k)^{-1} B_k^T P_{k+1} A_k,
\end{aligned} \tag{E.4}
$$

intégrée dans le sens rétrograde, à partir de la valeur initiale P_N.

E.1.2   Cas des systèmes continus

— **problème (COQC)** :
  — système :
  $$\dot{x}(t) = A(t)x(t) + B(t)u(t),$$
  $$y(t) = H(t)x(t); \tag{E.5}$$
  — critère à minimiser :
  $$J_0^T = \int_0^T [y^T(t)Q(t)y(t) + u^T(t)R(t)u(t)]\,dt + x^T(T)P_T x(T), \tag{E.6}$$
  avec $Q(t) > 0$, $R(t) > 0$, et $P_T \geq 0$;
— **résolution** : la commande optimale $u^*(t)$ est donnée par :
  $$u^*(t) = K^*(t)x(t),$$
  $$K^*(t) = R^{-1}(t)B^T(t)P(t), \tag{E.7}$$
  où $P(t)$ est solution de l'équation de Riccati :
  $$\begin{aligned} \dot{P}(t) &= P(t)A(t) + A^T(t)P(t) - H^T(t)Q(t)H(t) \\ &\quad + P(t)B(t)R^{-1}(t)B^T(t)P(t), \end{aligned} \tag{E.8}$$
  intégrée dans le sens rétrograde, à partir de la valeur initiale P_T.

E.1.3   Remarque

Les systèmes optimaux s'écrivent, dans chacun des cas :
$$\begin{aligned} x_{k+1}^* &= [A_k - B_k K_k^*]x_k^*, \ x_0^* = x_0, \\ \dot{x}^*(t) &= [A(t) - B(t)K^*(t)]x^*(t), x^*(0) = x(0). \end{aligned} \tag{E.9}$$

E.2   Problème (F)

On se place ici dans le cas particulier (mais non restrictif) de systèmes sans entrées à bruits décorrélés centrés.

E.2.1   Cas de systèmes discrets

— **problème (FD)**: détermination du meilleur estimateur linéaire pour le système stochastique :
  $$\begin{aligned} x_{k+1} &= A_k x_k + G_k w_k, \\ y_k &= C_k x_k + v_k, \end{aligned} \tag{E.10}$$

où

$$E\{w_k w_j^T\} = Q_k \delta_{kj}, \ Q_k > 0,$$
$$E\{w_k v_j^T\} = 0,$$
$$E\{v_k v_j^T\} = R_k \delta_{kj}, \ R_k > 0,$$
$$E\{x_0 x_0^T\} = m_0, \ E\{(x_0 - m_0)((x_0 - m_0)^T\} = P_0;$$

(E.11)

— **résolution** : sous la forme prédicteur-à-un-pas, le meilleur estimateur linéaire est :

$$\hat{x}_{k+1/k} = [A_k - K_k^* C_k]\hat{x}_{k/k-1} + K_k^* y_k, \ x_{0/-1} = m_0,$$
$$K_k^* = A_k P_{k/k-1} C_k^T \Sigma_k^{-1},$$
$$\Sigma_k = R_k + C_k^T P_{k/k-1} C_k,$$

(E.12)

où $P_{k/k-1}$ est solution de l'équation de Riccati :

$$P_{k+1/k} = A_k P_{k/k-1} A_k^T + G_k Q_k G_k^T$$
$$-A_k P_{k/k-1} C_k^T (R_k + C_k^T P_{k/k-1} C_k)^{-1} C_k P_{k/k-1} A_k^T,$$

(E.13)

initialisée à $P_{0/-1} = P_0$.

E.2.2 Cas des systèmes continus

— **problème (FC)** : détermination du meilleur estimateur linéaire pour le système stochastique :

$$\dot{x}(t) = A(t)x(t) + G(t)w(t),$$
$$y(t) = C(t)x(t) + v(t),$$

(E.14)

où :

$$E\{w(t)w^T(\tau)\} = Q(t)\delta(t - \tau), \ Q(t) > 0,$$
$$E\{w(t)v^T(\tau)\} = 0,$$
$$E\{v(t)v^T(\tau)\} = R(t)\delta(t - \tau), \ R(t) > 0,$$
$$E\{x(0)x^T(0)\} = m_0, \ E\{(x(0) - m_0)(x(0) - m_0)^T\} = P_0;$$

(E.15)

— **résolution** : le meilleur estimateur linéaire est régi par :

$$\dot{\hat{x}}(t) = [A(t) - K^*(t)C(t)]\hat{x}(t) + K^*(t)y(t), \ \hat{x}(0) = m_0,$$
$$K^*(t) = P(t)C^T(t)R(t)^{-1},$$

(E.16)

où $P(t)$ est solution de l'équation de Riccati :

$$\dot{P}(t) = A(t)P(t) + P(t)A^T(t) + G(t)Q(t)G^T(t)$$
$$-P(t)C^T(t)R(t)^{-1}C(t)P(t),$$

(E.17)

initialisée à $P(0) = P_0$.

E.2.3   Remarque

Dans chacun des cas, l'équation de l'espérance mathématique de l'erreur d'estimation, $\tilde{x}_{k/k-1} = x_k - \hat{x}_{k/k-1}$ ou $\tilde{x}(t) = x(t) - \hat{x}(t)$, suivant le cas, s'écrit :

$$
\begin{aligned}
\mathrm{E}\{\tilde{x}_{k+1/k}\} &= [A_k - K_k^* C_k]\mathrm{E}\{\tilde{x}_{k/k-1}\}, \\
\mathrm{E}\{\dot{\tilde{x}}(t)\} &= [A(t) - K^*(t)C(t)]\mathrm{E}\{\tilde{x}(t)\}.
\end{aligned}
\tag{E.18}
$$

E.3   Dualité des problèmes (COQ) et (F)

La comparaison des résultats concernant la résolution de chacun de ces problèmes permet d'établir la dualité résumée par le tableau suivant :

TABLEAU E.1

DUALITÉ ENTRE COMMANDE OPTIMALE ET FILTRAGE

Problème (COQ) Continu / Discret	Problème (F) Continu / Discret
A_k / $A(t)$	A_k^T / $A^T(t)$
B_k / $B(t)$	C_k^T / $C^T(t)$
H_k / $H(t)$	G_k^T / $G^T(t)$
K_k^* / $K^*(t)$	K_k^{*T} / $K^{*T}(t)$
Q_k / $Q(t)$	Q_k / $Q(t)$
R_k / $R(t)$	R_k / $R(t)$
Riccati rétrograde	Riccati directe
P_N / $P(T)$	P_0

Cette dualité permet d'utiliser les théorèmes généraux et les méthodes de résolution de l'équation de Riccati dans l'un ou l'autre des cas.

Factorisation "Racine Carrée"

On appelle "racine carrée" d'une matrice $A(n \times n)$, toute matrice carrée S d'ordre n, telle que $A = SS^T$; S est souvent notée $A^{1/2}$, et S^{-1}, S^T sont alors notées respectivement $A^{-1/2}$, et $A^{T/2}$.

F.1 Lemme de factorisation matricielle

Théorème 6

Pour toute matrice $\Lambda(n, p)$, on peut factoriser la matrice $(I_n - \Lambda\Lambda^T)$ sous la forme :

$$(I_n - \Lambda\Lambda^T) = (I_n - \Lambda\Psi^{-1}\Lambda^T)(I_n - \Lambda\Psi^{-1}\Lambda^T)^T, \qquad (F.1)$$

avec $\Psi = I_p + (I_p - \Lambda^T\Lambda)^{1/2}$.

Démonstration : En développant (F.1), on doit avoir :

$$\Lambda\Lambda^T = \Lambda[\Psi^{-1} + \Psi^{-T} - \Psi^{-1}\Lambda^T\Lambda\Psi^{-T}]\Lambda^T. \qquad (F.2)$$

Soient :

$$D = (I_p - \Lambda^T\Lambda)^{1/2}, \qquad (F.3)$$

$$\Psi = I_p + D. \qquad (F.4)$$

on obtient les relations suivantes :

$$DD^T = I_p - \Lambda^T\Lambda, \qquad (F.5)$$

$$\begin{aligned} \Psi + \Psi^T - \Lambda^T\Lambda &= I_p + D + D^T + DD^T, \\ &= (I_p + D)(I_p + D)^T, \qquad (F.6) \end{aligned}$$

ce qui conduit à :

$$\Psi^{-1} + \Psi^{-T} - \Psi^{-1}\Lambda^T\Lambda\Psi^{-T} = I_p, \qquad (F.7)$$

et l'identité (F.2) est vérifiée.

Une forme équivalente de ce théorème est :

$$I_n + \Lambda\Lambda^T = (I_n + \Lambda\Psi^{-1}\Lambda^T)(I_n + \Lambda\Psi^{-1}\Lambda^T)^T, \qquad (F.8)$$

avec $\Psi = I_p + (I_p + \Lambda^T\Lambda)^{1/2}$.

F.2   Décomposition de Cholewsky

La décomposition de Cholewsky permet de factoriser une matrice symétrique $P(q \times q)$ sous la forme :

$$P = T_I T_I^T,$$ (F.9)

où T_I est une matrice triangulaire inférieure d'ordre q.

Cette décomposition permet donc de déterminer une racine carrée d'une matrice symétrique, sous forme triangulaire inférieure. Un algorithme dual permettrait également de trouver une racine carrée sous la forme triangulaire supérieure. Les coefficients t_{ij} de T_I sont obtenus en écrivant les relations :

$\forall i \in \{1, \ldots, q\}, \ p_{ii} = \sum_{k=1}^{i} t_{ik}^2,$

$\forall i \in \{1, \ldots, q\}, \ \forall j \in \{1, \ldots, i-1\} \ p_{ij} = \sum_{k=1}^{i} t_{ik} t_{jk},$ (F.10)

où : $P = [p_{ij}] \underset{j \rightarrow 1,\ldots,q}{\scriptstyle i \downarrow 1,\ldots,q}, \ T_I = [t_{ij}] \underset{j \rightarrow 1,\ldots,q}{\scriptstyle i \downarrow 1,\ldots,q}$, avec $t_{ij} = 0$ pour $j > i$.

Les égalités (F.10) permettent donc la détermination des coefficients non nuls de T_I par l'algorithme suivant :

$$i \rightarrow 1, \ldots, q \ : \ t_{i1} = \frac{p_{i1}}{\sqrt{p_{11}}},$$

$$j \rightarrow 2, \ldots, i-1 \qquad : \ t_{ij} = \frac{1}{t_{ii}} [p_{ij} - \sum_{k=1}^{j-1} t_{ik} t_{jk}],$$ (F.11)

$$t_{ii} = \sqrt{p_{ii} - \sum_{k=1}^{i-1} t_{ik}^2}.$$

Le calcul des coefficients t_{ij} de T_I est alors effectué ligne par ligne, de la gauche vers la droite et de haut en bas.

Résolution des équations algébriques de Riccati

La réalisation de la commande optimale d'un système linéaire stationnaire (en horizon infini) ou l'estimation optimale de l'état d'un système linéaire stationnaire stochastique demandent la résolution d'équations algébriques de Riccati. Ces équations sont de la forme :

— dans le cas de systèmes continus :

$$- Q + PA + A^T P + PBR^{-1}B^T P = 0; \qquad (\text{G.1})$$

— dans le cas de systèmes discrets :

$$- Q + A^T PA + A^T PB(R + B^T PB)^{-1}B^T PA = P; \qquad (\text{G.2})$$

où P est la matrice cherchée et le quadruplet (A, B, Q, R) est défini par le cadre du problème posé. L'annexe E rappelle le sens à donner à ce quadruplet dans chacun des cas.

Dans cette annexe nous allons passer en revue quelques méthodes permettant de résoudre ces équations, après avoir rappelé quelques notions utilisées dans la suite.

G.1 Préliminaires

G.1.1 Quelques définitions

- Une matrice $M(n \times n)$ est :
— **orthogonale** si : $M^T = M^{-1}$;
— **unitaire** si : $\bar{M}^T = M^{-1}$, où $\bar{M}$ est la cojuguée de M;
— de **Hurwitz** si ses valeurs propres sont à parties réelles négatives;
— de **Schur** si ses valeurs propres sont, en module, inférieures à 1.

On notera $\text{Sp}(M)$, l'ensemble des valeurs propres de M, et $\lambda(M)$, une valeur propre particulière de M.

• Une matrice $H(2n \times 2n)$ est **hamiltonienne** si $H = ZH^TZ$ avec :

$$Z = \begin{bmatrix} 0 & I \\ -I & 0 \end{bmatrix}.$$

Si l'on décompose H en quatres blocs de même dimensions :

$$H = \begin{bmatrix} H_{11} & H_{12} \\ H_{21} & H_{22} \end{bmatrix},$$

cette définition équivaut à :

$$H_{22} = -H_{11}^T, \ H_{12}^T = H_{12}, \ H_{21}^T = H_{21}.$$

Théorème 7

Soit H une matrice hamiltonienne. On a :

$$\lambda \in \text{Sp}(H) \Rightarrow -\lambda \in \text{Sp}(H),$$

avec le même ordre de mutiplicité.

• Une matrice $S(2n \times 2n)$ est **symplectique** si :

$$S^{-1} = -ZS^TZ.$$

Lorsque S est décomposée en quatre blocs de même dimensions, cette définition équivaut à :

$$S_{11}S_{22}^T - S_{12}S_{21}^T = I,$$
$$S_{22}S_{21}^T = S_{21}S_{22}^T, \ S_{12}^TS_{22} = S_{22}^TS_{12},$$
$$S_{11}S_{12}^T = S_{12}S_{11}^T, \ S_{11}^TS_{21} = S_{21}^TS_{11}.$$

Théorème 8

Soit S une matrice symplectique. On a :

$$\lambda \in \text{Sp}(S) \Rightarrow 1/\lambda \in \text{Sp}(S),$$

avec le même ordre de mutiplicité.

Soit la transformation **bilinéaire** involutive (également appelée transformation homographique ou transformation de Laguerre) :

$$\mu = \frac{\lambda + 1}{\lambda - 1}.$$

A l'aide de cette transformation, on peut associer de façon biunivoque une matrice hamiltonienne H, telle que : $\forall \mu \in \text{Sp}(H)$, réel$(\mu) \neq 0$, à une matrice symplectique S, telle que : $\forall \lambda \in \text{Sp}(S)$, $|\lambda| \neq 1$, par la correspondance :

$$S = (H-1)^{-1}(H+1) = (H+1)(H-1)^{-1}$$
$$\Leftrightarrow H = (S-1)^{-1}(S+1) = (S+1)(S-1)^{-1}.$$

• Une matrice $H_n (n \times n)$ est de **Householder** si :

$$\exists v \in \mathcal{C}^n - \{0\}, \; H_n = H_n(v) = I - 2 \frac{v \bar{v}^T}{\bar{v}^T v}.$$

A cette définition on ajoute la convention : I est la matrice de Houserholder $H(0)$. Toute matrice de Householder est unitaire, et l'on a la propriété suivante :

Théorème 9

Soient $e_1 = [1, 0, \ldots, 0]$, et a un vecteur quelconque de $\Re^n$, alors :

$$v = a + \sqrt{a^T a} e_1 \Rightarrow H(v)a = \begin{bmatrix} -\sqrt{a^T a} \\ 0 \\ \vdots \\ 0 \end{bmatrix}.$$

G.1.2 Recherche de valeurs propres

La méthode QR, due à Francis et Kublanovskaya [HOUSEHOLDER, 1964], est la plus couramment utilisée pour le calcul de l'ensemble des valeurs propres d'une matrice carrée quelconque. Cette méthode utilise le principe de **factorisation QR** d'une matrice.

G.1.2.1 Factorisation QR

La factorisation QR permet de décomposer une matrice quelconque $M(n \times n)$ sous la forme du produit d'une matrice unitaire Q par une matrice triangulaire supérieure R, à l'aide d'un ensemble de matrices de Householder. L'algorithme utilise, à chaque itération, la propriété d'annulation des $(n-1)$ dernières composantes d'un vecteur quelconque par une matrice de Householder particulière.

Posons $M_1 = M$, et supposons que la matrice :

$$M_k = H_{k-1} H_{k-2} \cdots H_2 H_1 M,$$

se présente sous la forme :

$$M_k = \begin{bmatrix} T_{\sup}^k & X_{12}^k \\ 0 & X_{22}^k \end{bmatrix},$$

où $T_{\sup}^k$ est une matrice $(k-1) \times (k-1)$ triangulaire supérieure, et X_{22}^k une matrice $(n-k+1) \times (n-k+1)$. L'application à M_k de la matrice de Householder :

$$H_k = \begin{bmatrix} I_{k-1} & 0 \\ 0 & H_{n-k+1}(m_k) \end{bmatrix},$$

où m_k désigne la première colonne de X_{22}^k, conduit à $M_{k+1} = H_k M_k = [m_{ij}^{k+1}]$, telle que : $m_{ik}^{k+1} = 0$ pour $i = k+1, \ldots, n$. On continue ainsi jusqu'à M_n, qui est triangulaire par construction. Dans le cas réel les matrices H_i sont orthogonales et symétriques, M se décompose donc sous la forme :

$$M = \underbrace{H_1 H_2 \cdots H_{n-1}}_{Q} \underbrace{M_n}_{R}.$$

G.1.2.2   Recherche des valeurs propres

L'algorithme de recherche des valeurs propres de la matrice M construit un ensemble de matrices A_k, $k > 1$, $A_1 = M$, semblables à M par :

— pas 1 : factorisation QR de A_k sous la forme $A_k = Q_k R_k$;
— pas 2 : construction de $A_{k+1} = R_k Q_k$.

Dans le cas d'une matrice M réelle, la suite des matrices :

$$A_{k+1} = Q_k \cdots Q_1 M Q_1 \cdots Q_k,$$

converge vers une matrice A_∞, appelée **forme de Schur réelle**, triangulaire-par-blocs supérieure, où sur la bloc-diagonale, se trouvent des blocs (1×1) correspondants aux valeurs propres réelles, et des blocs (2×2) antisymétriques correspondants aux valeurs propres complexes. Par une dernière transformation arbitraire, il est possible de mettre les valeurs propres de A_∞ (donc celles de M) dans un ordre arbitraire.

G.1.3   Fonction signe et produit étoile

G.1.3.1   Fonction signe

Soient une matrice $M(n \times n)$, sa forme de Jordan associée, $M = PJP^{-1}$, où :

$$J = \operatorname{diag}_{i=1}^{k}[J_i], \; J_i \in \Re^{n_i}, \; J_i = \begin{bmatrix} \lambda_i & 1 & & \\ & \ddots & \ddots & \\ & & \ddots & 1 \\ & & & \lambda_i \end{bmatrix},$$

et la fonction signe d'une variable complexe :

$$signe(z) = \begin{cases} 1 & \text{si réel}(z) > 0; \\ -1 & \text{si réel}(z) < 0; \\ 0 & \text{si réel}(z) = 0. \end{cases}$$

On définit [BARRAUD, 1979] la matrice S, **signe** de M, par :

$$S = \operatorname{signe}(M) = P\operatorname{diag}_{i=1}^{k}[\operatorname{signe}(J_i)],$$

où $\operatorname{signe}(J_i) = \operatorname{signe}(\lambda_i)I_{n_i}$.

Dans le cas où aucune valeurs propres de M n'est à parties réelle nulle, l'algorithme :

$$M_{k+1} = \frac{1}{2}(M_k + M_k^{-1}), \; M_0 = M,$$

converge vers S. Une forme plus rapide de cet algorithme est :

$$M_{k+1}^* = \frac{1}{2}[\alpha_k M_k^* + 1/\alpha_k (M_k^*)^{-1}], \; M_0^* = M,$$

$$\alpha_k = \frac{1}{\sqrt{|\lambda_{\max}(M_k^*)\lambda_{\min}(M_k^*)|}},$$

permet d'obtenir S en un nombre fini de pas.

G.1.3.2 Produit étoile

Soit une matrice M décomposée sous la forme :

$$M = \begin{bmatrix} A & B \\ C & D \end{bmatrix},$$

où D est inversible et définissons la transformation matricielle involutive :

$$\psi(M) = \begin{bmatrix} A - BD^{-1}C & BD^{-1} \\ -D^{-1}C & D^{-1} \end{bmatrix}.$$

Le **produit étoile** $(*)$ [BARRAUD, 1980] est l'opération matricielle isomorphe par ψ au produit matriciel :

$$\psi(M_1 * M_2) = \psi(M_1)\psi(M_2),$$

où M_1 et M_2 sont deux matrices de même forme que M. Il vient donc :

$$M_1 * M_2 = \psi\big(\psi(M_1)\psi(M_2)\big),$$

soit :

$$\begin{bmatrix} A_1 & B_1 \\ C_1 & D_1 \end{bmatrix} * \begin{bmatrix} A_2 & B_2 \\ C_2 & D_2 \end{bmatrix} =$$
$$\begin{bmatrix} A_2(I - B_1C_2)^{-1}A_1 & B_2 + A_2(I - B_1C_2)^{-1}B_1D_2 \\ C_1 + D_1C_2(I - B_1C_2)^{-1}A_1 & D_1(I - C_2B_1)^{-1}D_2 \end{bmatrix},$$

où les matrices $(I - B_1C_2)$ et $(I - C_2B_1)$ sont supposées inversibles.

Théorème 10

Soit $S = \begin{bmatrix} A & B \\ C & D \end{bmatrix}$, *une matrice symplectique, alors :*

$$\psi(S) = \begin{bmatrix} D^{-T} & D^{-T}B^T \\ -C^TD^{-T} & D^{-1} \end{bmatrix}.$$

Si $M = \begin{bmatrix} A & -V \\ Q & A^T \end{bmatrix}$, *alors :*

$$\psi(M) = \begin{bmatrix} A + VA^{-T}Q & -VA^{-T} \\ -A^{-T}Q & A^{-T} \end{bmatrix},$$

est une matrice symplectique.

G.2   Equation de Riccati continue

Soit l'équation (G.1) à résoudre, où on suppose que les matrices vérifient les hypothèses suivantes :

$$R = R^T,\ R > 0,\ Q = Q^T,\ Q \geq 0,$$

$$(A, B) \text{ stabilisable,}$$

$$(A, C) \text{ détectable,}$$

alors, dans ces conditions [1][KUCERA, 1972], une solution symétrique de (G.1) existe, est unique, définie non négative, et $(A - BR^{-1}B^T P)$ est une matrice de Hurwitz.

G.2.1   Méthode itérative par quasi-linéarisation

On décompose l'équation (G.1) sous la forme :

$$PF + F^T P = -Q - K^T RK,$$

où $K = R^{-1}B^T P$ et $F = A - BK$. La solution de l'équation de Riccati est alors donnée par l'algorithme :

$$\begin{aligned}
F_i &= A - BK_i, \\
P_i F_i + F_i^T P_i &= -K_i^T RK_i - Q, \\
K_{i+1} &= R^{-1}B^T P_i,
\end{aligned} \qquad (G.3)$$

qui demande à chaque itération la résolution de l'équation linéaire de Lyapounov (G.3). L'initialisation K_0 est telle que F_0 soit une matrice de Hurwitz (si A possède cette propriété, on choisit $K_0 = 0$). Dans ces conditions, l'algorithme génère une suite croissantes de matrices, symétriques par construction, qui converge vers P, solution de (G.1).

L'avantage de cet algoritme est de fournir également la matrice-gain de retour d'état $-R^{-1}B^T P$, l'inconvénient réside dans la résolution, à chaque étape, d'une équation de Lyapounov.

---

[1]Associons au triplet (A, B, C), le système dynamique (Σ) :

$$\dot{x} = Ax + Bu,\ y = Cx.$$

— la condition (A, B) stabilisable équivaut à : les états non commandables de (Σ) sont asymptotiquement stables;

— la condition (A, C) détectable équivaut à : les états non observables de (Σ) sont asymptotiquement stables.

G.2.2   Méthodes hamiltoniennes

De façon à contourner ceci, plusieurs méthodes de détermination explicite de la solution de (G.1) ont été proposées. Elles sont basées sur l'utilisation de la matrice hamiltonienne :

$$H = \begin{bmatrix} A & -BR^{-1}B^T \\ -Q & -A^T \end{bmatrix},$$

associée à l'équation (G.1). Cette matrice peut être décomposée en :

$$H = \begin{bmatrix} I & -V \\ P & I - PV \end{bmatrix} \begin{bmatrix} F & 0 \\ 0 & -F \end{bmatrix} \begin{bmatrix} I - VP & V \\ -P & I \end{bmatrix},$$

où $F = A - BR^{-1}B^T P$ et V est la matrice symétrique solution unique de l'équation de Lyapounov :

$$FV + VF^T = -BR^{-1}B^T.$$

Cette décomposition indique que, si les hypothèses de départ sont satisfaites, H n'a pas de valeurs propres à partie réelle nulle.

G.2.2.1   Utilisation de la forme de Jordan

Soit la factorisation de H sous forme de Jordan :

$$H = \begin{bmatrix} W_{11} & W_{12} \\ W_{21} & W_{22} \end{bmatrix} \begin{bmatrix} J & 0 \\ 0 & -J \end{bmatrix} \begin{bmatrix} V_{11} & V_{12} \\ V_{21} & V_{22} \end{bmatrix},$$

alors la solution de (G.1) est donnée par :

$$P = W_{22}W_{12}^{-1} = -V_{12}^{-1}V_{11},$$

et F a pour expression :

$$F = W_{12}(-J)W_{12}^{-1}.$$

L'inconvénient de cette méthode est de nécessiter l'expression de H sous forme de Jordan, ce qui est pratiquement insoluble si H n'est pas diagonalisable.

G.2.2.2   Utilisation de la forme de Schur réelle

Pour contourner cette difficulté, on peut utiliser [LAUB,1979] la décomposition de H sous forme de Schur réelle :

$$U^T H U = \begin{bmatrix} S_{11} & S_{12} \\ 0 & S_{22} \end{bmatrix},$$

où U est une matrice orthogonale et les valeurs propres de S_{11} sont à partie réelle négative et celles de S_{22} sont à partie réelle positive. Rappelons que cette forme, obtenue par l'algorithme QR, est une étape intermédiaire du calcul pratique des valeurs propres d'une matrice.

Si l'on décompose U sous la forme :

$$U = \begin{bmatrix} U_{11} & U_{12} \\ U_{21} & U_{22} \end{bmatrix},$$

la solution de (G.1) est alors obtenue par :

$$P = U_{21} U_{11}^{-1}.$$

G.2.2.3   Utilisation de la fonction signe

Cette troisième approche [BARRAUD, 1979], qui demande une hypothèse plus restrictive que les précédentes, il faut que la paire (A, B) soit commandable, fournit un algorithme plus rapide du calcul de la solution. Sous cette condition, comme signe$(F) = -I$, il vient :

$$S = \text{signe}(H) = \mathcal{U} \begin{bmatrix} -I & 0 \\ 0 & I \end{bmatrix} \mathcal{U}^{-1},$$

$$\mathcal{U} = \begin{bmatrix} I & -V \\ P & I - PV \end{bmatrix}.$$

Soit $F = \frac{1}{2}(I_{2n} + S)$, on a :

$$F = \begin{bmatrix} F_{11} & F_{12} \\ F_{21} & F_{22} \end{bmatrix} = \begin{bmatrix} VP & -V \\ -(I - PV) & (I - PV) \end{bmatrix}.$$

Il vient donc l'expression de la solution de (G.1) :

$$P = -F_{12}^{-1} F_{11},$$

par une méthode qui supprime toute factorisation de la matrice hamiltonienne.

G.3   Equation de Riccati discrète

Soit l'équation (G.2) à résoudre, où on suppose que les matrices vérifient les hypothèses suivantes :

$B^T Q B + R = (B^T Q B + R)^T, \ B^T Q B + R > 0, \ Q = C^T C, \ Q \geq 0,$

(A, B) stabilisable,

(A, C) détectable,

alors, dans ces conditions, la solution symétrique P de (G.2), existe, est unique et définie non-négative, et la matrice $F = A - B(B^T Q B + R)^{-1} B^T P A$ est une matrice de Schur.

Bien que l'équation (G.2) soit d'une forme plus complexe que l'équation (G.1), les méthodes de résolution sont analogues à celles présentées dans la partie précédente.

G.3.1 Méthodes itératives

G.3.1.1 Equation itérative de Riccati

Soit la fonction matricielle, $\phi(P)$, telle que (G.2) s'écrive : $P = \phi(P)$. Alors, la suite P_k, définie par l'équation de récurrence :

$$P_{k+1} = \phi(P_k), \ P_0 \geq 0,$$

possède les propriétés suivantes :

— $\forall P_0 \geq 0$, $\lim_{k \to \infty} P_k = P = \phi(P)$;
— $P_0 = 0 \Rightarrow \forall k \ P \geq \cdots \geq P_{k+1} \geq P_k \geq \cdots \geq 0$.

Cette méthode est très lourde à mettre en œuvre et converge lentement vers la solution cherchée. Pour ces raisons, elle n'est jamais utilisée en pratique, mais il est possible d'utiliser la décomposition en racine carrée ou les équations de Chandrasekhar pour en améliorer les performances.

G.3.1.2 Quasilinéarisation

L'équation (G.2) peut être décomposée sous la forme :

$$P = F^T P F + G^T R G + Q$$

où $G = (B^T P B + R)^{-1} B^T P A$ et $F = A - BG$. Cela conduit à l'algorithme itératif :

$$\begin{aligned}
P_k - F_k^T P_k F_k &= G_k^T R G_k + Q, & \text{(G.4)} \\
G_k &= (B^T P_{k-1} B + R)^{-1} B^T P_{k-1} A, \\
F_k &= A - BG_k,
\end{aligned}$$

qui demande à chaque itération la résolution de l'équation de Lyapounov (donc linéaire) (G.4). De la même façon que dans le cas continu, l'initialisation G_0 est choisie telle que F_0 soit une matrice de Schur. Dans ces conditions, l'algorithme génère une suite monotone de matrices qui converge vers la solution de (G.2).

G.3.1.3 Utilisation du produit étoile

Soit la matrice M associée aux équations hamiltoniennes correspondant à (G.2) :

$$M = \begin{bmatrix} A & -BR^{-1}B^T \\ Q & A^T \end{bmatrix}, \tag{G.5}$$

P est donnée par l'algorithme [BARRAUD, 1980] :

$$\begin{aligned}
M_{k+1} &= M * M_k, \ M_0 = M, \\
P &= \lim_{k \to \infty} [(M_k)_{21}],
\end{aligned}$$

que l'on peut accélérer par :

$$M_{2^{k+1}} = M_{2^k} * M_{2^k}, \ M_1 = M.$$

Si l'on décompose M_{2^k} sous la forme :

$$M_{2^k} = \begin{bmatrix} U_k & V_k \\ W_k & U_k^T \end{bmatrix},$$

on obtient la récurrence :

$$U_{k+1} = U_k(I + V_k W_k)^{-1} U_k, \ U_0 = A,$$
$$V_{k+1} = V_k + U_k(I + V_k W_k)^{-1} V_k U_k^T, \ V_0 = BR^{-1}B^T,$$
$$W_{k+1} = W_k + U_k^T W_k(I + V_k W_k)^{-1} U_k, \ W_0 = Q,$$

et la solution de (G.2) est donnée par :

$$P = \lim_{k \to \infty} W_k.$$

G.3.2   Méthodes symplectiques

Ces méthodes, qui fournissent une expression explicite de la solution de (G.2), sont basées sur l'utilisation de la matrice symplectique S :

$$S = \begin{bmatrix} A + GA^{-T}Q & -GA^{-T} \\ -A^{-T}Q & A^{-T} \end{bmatrix}, \ G = BR^{-1}B^T,$$

qui est la transformée par ψ de la matrice hamiltonienne M (G.5). Ainsi ces méthodes demandent une hypothèse supplémentaire concernant la régularité de A : il ne faut pas de retard pur dans le système en boucle ouverte. Dans ces conditions S n'a pas de valeurs propres sur le cercle unité.

G.3.2.1   Utilisation de la forme de Jordan

Soit la factorisation de S sous forme de Jordan :

$$S = \begin{bmatrix} W_{11} & W_{12} \\ W_{21} & W_{22} \end{bmatrix} \begin{bmatrix} J^{-1} & 0 \\ 0 & J \end{bmatrix} \begin{bmatrix} V_{11} & V_{12} \\ V_{21} & V_{22} \end{bmatrix},$$

où J et J^{-1} sont des blocs de Jordan tels que $|\lambda(J)| > 1$ et $|\lambda(J^{-1})| < 1$. Alors la solution de (G.2) est donnée par :

$$P = W_{21}W_{11}^{-1}.$$

Cependant, compte tenu des aspects numériques, cette méthode ne peut être utilisée que lorsque S est diagonalisable.

G.3.2.2 Utilisation de la forme de Schur réelle

Par l'algorithme QR, on peut trouver une matrice de transformation orthogonale U telle que :

$$U^T S U = \begin{bmatrix} S_{11} & S_{12} \\ 0 & S_{22} \end{bmatrix}, \ U = \begin{bmatrix} U_{11} & U_{12} \\ U_{21} & U_{22} \end{bmatrix},$$

où les valeurs propres de S_{11} sont à l'intérieur du cercle unité et celles de S_{22} sont à l'extérieur. Suivant [LAUB, 1979] la solution de (G.2) est obtenue par :

$$P = U_{21} U_{11}^{-1}.$$

G.3.2.3 Utilisation de la fonction signe

Décomposons S sous la forme :

$$S = V^{-1} L,$$

$$V = \begin{bmatrix} I & G \\ 0 & A^T \end{bmatrix},$$

$$L = \begin{bmatrix} A & 0 \\ -Q & I \end{bmatrix}.$$

L'utilisation de la transformation bilinéaire, transforme S en la matrice hamiltonienne :

$$H = (L - V)^{-1}(L + V),$$

qui existe si A est singulière. La méthode suivante [BARRAUD, 1980], qui utilise la fonction signe, permet de contourner l'hypothèse restrictive de régularité de A :

$$\text{signe}(H) + \begin{bmatrix} -I & 0 \\ 0 & I \end{bmatrix} = \begin{bmatrix} F_{11} & F_{12} \\ F_{21} & F_{22} \end{bmatrix},$$

fournit la solution de (G.2), sous la forme :

$$P = F_{21} F_{11}^{-1}.$$

En contrepartie, comme dans le cas continu, il est nécéssaire d'imposer l'hypothèse de commandabilité de (A, B).

Il est à noter que les 3 méthodes explicites que nous venons de décrire ne garantissent pas le caractère symétrique de P, contrairement aux méthodes itératives.

Bibliographie

K.J. ASTRÖM, B. WITTENMARK, *Computer controled systems*, Prentice Hall, 1984.

A.Y. BARRAUD, "Investigations autour de la fonction signe d'une matrice. Application à l'équation de Riccati", *RAIRO Automatique*, vol.13, n.4, pp.335–368, 1979.

A.Y. BARRAUD, "Produit étoile et fonction signe d'une matrice. Application à l'équation de Riccati dans le cas discret", *RAIRO Automatique*, vol.14, n.1, pp.55–85, 1980.

A. BARRAUD, S. GENTIL, "La CAO de l'Automatique", *Hermes*, 1989.

R.W. BASS, I. GURA, "High-order system design via state-space considerations", *Proc. Joint Autom. Control Conf. Atlanta*, pp.311–318, 1965.

A. BEN-ISRAEL, T.N.E. GREVILLE, *Generalized inverses : theory and applications*, Pure and applied mathematics, Wiley-Interscience, 1974.

P. BORNE, G. DAUPHIN-TANGUY, J.P. RICHARD, F. ROTELLA, I. ZAMBETTAKIS, *Modélisation et identification des processus,* Technip, à paraître.

P. BORNE, G. DAUPHIN-TANGUY, J.P. RICHARD, F. ROTELLA, I. ZAMBETTAKIS, *Analyse et régulation des processus,* Technip, à paraître.

R. BOUDAREL, J. DELMAS, P. GUICHET, *Commande optimale des processus. T.1 : Concepts fondamentaux de l'Automatique*, Dunod, 1967.

R. BOUDAREL, J. DELMAS, P. GUICHET, *Commande optimale des processus. T.2 : Programmation non linéaire et ses applications*, Dunod, 1968.

R. BOUDAREL, J. DELMAS, P. GUICHET, *Commande optimale des processus. T.3 : Programmation dynamique et ses applications*, Dunod, 1969.

R. BOUDAREL, J. DELMAS, P. GUICHET, *Commande optimale des processus. T.4 : Méthodes variationnelles et leurs applications*, Dunod, 1969.

C.A. BOZZO, *Le filtrage optimal. T.1 : Suites aléatoires et représentations Markoviennes*, Technique et documentation, 1982.

C.A. BOZZO, *Le filtrage optimal. T.2 : Théorie de l'estimation, propriétés des estimateurs en temps discret et applications*, Technique et documentation, 1983.

P. FAURRE, M. CLERGET, F. GERMAIN, *Opérateurs rationnels positifs*, Modèles mathématiques de l'informatique, vol.8, Dunod, 1979.

G. FAVIER, *Filtrage, modélisation et identification de systèmes linéaires stochastiques à temps discret*, CNRS, 1982.

A. FOSSARD, *Commande des systèmes multidimensionnels,* Techniques de l'automatisme, Dunod, 1972.

C. FOULARD, S. GENTIL, J.P. SANDRAZ, *Commande et régulation par calculateur numérique,* Eyrolles, 1977.

B.A. FRANCIS, W.M. WONHAM, "The internal model principle of control theory", *Automatica,* vol.12, pp.457–465, 1976.

D.C. FRASER, J.E. POTTER, "The optimum linear smoother as a combination of two optimum linear filters", *IEEE Trans. Aut. Control,* vol.AC-14, pp.387–390, 1969.

G.C. GOODWIN, P.J. RAMADGE, P.E. CAINES, J. SIAM, "Discrete time stochastic adaptive control", *Control and Optimization,* vol.19, n.6, 1981.

C. GOODWIN, K.S. SIN, *Adaptive filtering prediction and control,* Prentice Hall, 1984.

M.F. HASSAN, "Mixed method of coordination", *Systems and Control Encyclopedia,* vol.5, pp.3012–3013, Pergamon Press, 1987.

A.S. HOUSEHOLDER, *The theory of matrices in numerical analysis,* Blaisdell, 1964.

E. IRVING, "Improving power network stability and unit stress with adaptive generator control", *Automatica,* vol.15, pp.31, 1979.

A. ISIDORI, *Nonlinear control systems : an introduction,* Springer-Verlag, 1985.

T. KAILATH, "An innovation approach to least-squares estimation. Part 1 : Linear filtering in additive white noise", *IEEE Trans. Aut. Control,* vol.AC-13, pp.646–655, 1968.

T. KAILATH, P. FROST, "An innovation approach to least-squares estimation. Part 2 : Linear smoothing in additive white noise", *IEEE Trans. Aut. Control,* vol.AC-13, pp.655–660, 1968.

T. KAILATH, *Linear Systems,* Prentice-Hall, 1980.

R.E. KALMAN, " A new approach to linear filtering and prediction problems", *Trans. ASME Ser. D, J. Basic Eng.,* vol.82, pp.35–45, 1960.

R.E. KALMAN, R.S. BUCY, "New results in linear filtering and prediction theory", *Trans. ASME Ser. D, J. Basic Eng.,* vol.83, pp.95–108, 1961.

E. KONDO, T. SUNAGA, "A systematic design of single linear functional observers", *Int. J. Control,* vol.44, n.3, pp.597–611, 1986.

T.W. KRAUS, T.J. MYRON, "Self tuning PID controllers uses pattern recognition approach", *Control Engineering,* pp.106–111, juin 1984.

V. KUCERA, "A contribution to matrix quadratic equations", *IEEE Trans. Aut. Control,* vol.AC-18, pp.344–347, 1972.

I.D. LANDAU, *Adaptive control : the model reference approach,* Dekker, 1979.

I.D. LANDAU, R. LOZANO, "Unification of discrete time explicit model reference adaptive control designs", *Automatica,* vol.17, pp.593–611, 1981.

P. DE LARMINAT, Y. THOMAS, *Automatique des systèmes linéaires.*
T.2 : Identification, Flammarion Sciences, 1977.

P. DE LARMINAT, Y. THOMAS, *Automatique des systèmes linéaires.*
T.3 : Commande, Flammarion Sciences, 1977.

A.J. LAUB, "A Schur method for solving algebraic Riccati equations", *IEEE Trans. Aut. Control*, vol.AC-24, pp.913–921, 1979.

L. LJUNG, *System identification : Theory for the user*, Prentice-Hall, 1987.

D.G. LUENBERGER, "Canonical forms for linear multivariable systems", *IEEE Trans. Aut. Control*, vol.AC-12, pp.290–293, 1967.

D.G. LUENBERGER, "An introduction to observers", *IEEE Trans. Aut. Control*, vol.AC-16, n.16,pp.596–602, 1971.

H. MAEDA, H. HINO, "Design of optimal observers for linear time-invariant systems", *Int. J. Control*, vol.19, n.5, pp.993–1004, 1974.

M.S. MAHMOUD, "Multilinear systems control and applications : a survey", *IEEE Trans. Syst. Man Cybern.*, vol.SMC-7, n.1, pp.125–143, 1977.

M.S. MAHMOUD, M.F. HASSAN, M.F. DARWISH, *Large scale control systems, theories and techniques*, Dekker, 1985.

J. MEDITCH, " On the problem of optimal thrust programming for a lunar soft landing", *Joint Automatic Control Conference*, Jacc, 1964.

C.W. MERRIAM, *Optimisation theory and the design of feedback control systems*, Mc Graw-Hill, 1964.

P. MURDOCH, "Observer design for a linear functional of the state vector", *IEEE Trans. Aut. Control*, vol.AC-18, pp.308–310,1973.

P. MURDOCH, "Design of degenerate observers", *IEEE Trans. Aut. Control*, vol.AC-19, pp.441–442, 1974.

J. O'REILLY, *Observers for linear systems*, Academic Press, 1983.

A. PAPOULIS, *Probability, random variables and stochastic processes*, Mc-Graw Hill, 1965.

J.D. PEARSON, "Dynamic decomposition techniques", *Optimization methods for large scale systems with applications*, Mc Graw-Hill, 1971.

B. PORTER, "Singular perturbation methods in the design of full-order observers for multivariable linear systems", *Int. J. Control*, vol.26, n.4, pp.589–594, 1977.

J.C. RADIX, *Introduction au filtrage numérique*, Eyrolles, 1970.

J.C. RADIX, *Filtrage et lissage statistiques optimaux linéaires*, Cepadues, 1984.

I.B. RHODES, "A tutorial introduction to estimation and filtering", *IEEE Trans. Aut. Control*, vol.AC-16, n.6, pp.688–706, 1971.

I. ROÏTENBERG, *Théorie du contrôle automatique*, MIR, 1974.

S. SAELID, O. EGELAND, B. FOSS, "A solution to the blow up problem in adaptive controllers". *Modelling Identification and Control*, vol.6, n.1, pp.39–56 , pp.639-659, 1985.

M.G. SINGH, *Dynamical hierarchical control*, North-Holland, 1977.

M.G. SINGH, *Systems and Control Encyclopedia*, 8 Volumes, Pergamon Press, 1987.

M.G. SINGH, A. MAHMOUD, *Large Scale Systems Modelling*, Pergamon Press, 1981.

M.G. SINGH, A. TITLI, *Decomposition, optimisation and control*, Pergamon Press, 1978.

H.R. SIRISENA, "Minimal-order observers for linear functions of a state vector", *Int. J. Control*, vol.29, n.2, pp.235-254, 1979.

O.J.M. SMITH, "Closer control of loops with dead time", *Chemical Engineering Process*, vol.53, n.5, pp.217-219, 1957.

Y. THOMAS, A. BARRAUD, "Commande optimale à horizon fuyant", *RAIRO*, Avril 1974, J-1, pp. 126-140.

A. TITLI, *Commande hiérarchisée et optimisation des processus complexes*, Dunod Automatique, 1975.

N. WIENER, *Extrapolation, interpolation and smoothing of stationnary time series*, MIT Press, 1949.

J.L. WILLEMS, "Optimal state reconstruction algorithms for linear discrete time systems", *Int. J. Control*, vol.31, n.3, pp.495-506, 1980.

E. ZAFIROU, M. MORARI, "Design of Robust digital controllers and sampling-time selection for SISOsystems", Int. J. Cont., Vol.44, n.3, pp.711-735, 1986.

Index

ACHEVÉ D'IMPRIMER
EN AOÛT 1990
PAR L'IMPRIMERIE LOUIS-JEAN
05002 GAP
N^O d'éditeur : 821
Dépôt légal : 508 - AOÛT 1990
IMPRIMÉ EN FRANCE